高含沙水流远距离管道输送技术研究与实践

端木礼明　吕文堂　王　刚　崔　武　刘云生　等著

黄河水利出版社

·郑州·

内 容 提 要

本书是作者对现场试验研究内容的总结,全书共分为7章,主要介绍了管道输送理论的研究进展、小浪底库区概况及水沙运移规律、小浪底库区现场试验的试验布置、现场试验中工程技术措施、管道输沙理论分析、抽沙及输沙试验的可行性分析等。本书从工程技术和理论上阐述了高含沙水流远距离管道输送技术试验的研究成果。

本书可供水利水电工程相关技术人员和大专院校师生阅读和参考。

图书在版编目(CIP)数据

高含沙水流远距离管道输送技术研究与实践/端木礼明等著.—郑州:黄河水利出版社,2016.5

ISBN 978-7-5509-1441-4

Ⅰ.①高…　Ⅱ.①端…　Ⅲ.①高含沙水流-长距离-管道输送-研究　Ⅳ.①TV142

中国版本图书馆CIP数据核字(2016)第120859号

组稿编辑:李洪良　电话:0371-66026352　E-mail:hongliang0013@163.com

出 版 社:黄河水利出版社

地址:河南省郑州市顺河路黄委会综合楼14层　　邮政编码:450003

发行单位:黄河水利出版社

发行部电话:0371-66026940、66020550、66028024、66022620(传真)

E-mail:hhslcbs@126.com

承印单位:郑州龙洋印务有限公司

开本:787 mm×1 092 mm　1/16

印张:13.25

字数:231千字　　印数:1—1 000

版次:2016年5月第1版　　印次:2016年5月第1次印刷

定价:48.00元

前　言

小浪底水库运用至今，泥沙淤积已达 29.77 亿 m^3，且主要淤积在主槽部分，严重影响了小浪底水库的兴利库容；水库淤积中，大约有 70% 左右的细泥沙和 95% 以上的中粗泥沙被拦在库内，而且水库在淤积的过程中，由于泥沙的自然分选作用，粗颗粒的泥沙大量淤积在库尾，比较细的泥沙则集中在坝前淤积。此外，在淤积过程中出现了支流拦门沙端倪、库区淤积顶点向坝前推移过快、横断面平坦等不理想形态，非常不利于水库总库容的利用和异重流排沙。为此，在水利部公益性行业科研专项（项目编号 201301063）资助下，开展了高含沙水流远距离管道输送技术试验研究。本书作为研究成果的总结，主要包括以下内容：

以小浪底水库水沙运移规律为基础，在库区现场开展抽沙、输沙试验，现场测量管道输沙的主要数据参数，对高含沙水流进行远距离管道输送研究。本书主要从工程技术和理论分析两方面介绍了高含沙远距离管道输沙。工程技术方面主要包括：试验整体方案的布设；试验设备的选择和布置；主要试验设备在小浪底库区的固定与移动技术以及水下抽沙技术。在实测数据资料的基础上，理论研究中分析选取与管道阻力坡降关系密切的相关因素——泥沙浓度、泥沙粒径、输送流速进行分析研究，并利用多种阻力模型对其物理规律进行深入研究。以小浪底库区现场试验的管道参数为依据，采用混合多相流数学模型，模拟了试验相同管径下的水沙损失规律。在其物理规律和数学模拟研究的基础上，提出了高浓度泥沙在远距离管道输送中对阻力损失影响较大且可控的因子参数建议，并从工程技术和试验设备等方面分析研究其具体的可行性。

本书由端木礼明、吕文堂、王刚、崔武、刘云生等共同撰写，主要编写人员还有李东阳、宗虎城、谢有成、张汉华、杨莉、李永强、王振利、刘红卫、刘有占、司晓云、张延兵、李鹏、王建新、姬瀚达、李振博、崔天娇、杜娟、高超、曹林燕。

西安理工大学的秦毅、李国栋和黄河水利科学研究院的李远发、武彩萍、朱超等专家、教授参与了该项任务的研究工作,并在本书编写过程中提出了宝贵的修改意见。由于作者水平有限,书中难免有疏漏和不当之处,敬请广大读者批评指正。

作 者

2016 年 4 月

目　录

第 1 章　管道输送理论研究

1.1　管道输送研究进展

1.1.1　管道输送试验研究概况

国外的发达工业国家从 20 世纪 50 年代开始就投入了大量的人力物力进行管道输送的研究工作。其中,试验研究占相当大的比例,陆续建成了一批现代化的试验设施。由于课题特点不同,所以研究规模的大小不同,系统的繁简程度也视情况而各不相同。研究规模小的主要以基础理论研究为主,例如 Newit(英国帝国理工学院)的管道试验模型采用 ϕ1 in 的黄铜管;而研究规模较大的主要以工业应用研究为主,例如德国萨尔茨吉特采用 ϕ20 in 的大型管道系统;而相对简单的系统主要进行专题研究,例如巴德本大学进行泵和管道磨损试验的试验台;而复杂的系统可以用于综合参数的研究,例如位于加拿大的 Saskatchewan 研究所(S. R. C)使用的管道试验系统。20 世纪初,奥布莱恩和海伍德对有压管道内浑水运动特性进行了研究,特别是布莱奇发表了固液混合浆体的首批室内试验研究报告,为管道输送技术的发展奠定了基础。试验研究的成果在美国浆体技术协会(STA)所举办的国际浆体技术会议及英国皇家流体力学协会(BHRA)所主办的国际固体管道水力输送会议上每年都有发表。针对管道输送的各个技术环节都有涉及,包括流体类型试验、临界流速试验、阻力特性试验、有压管道浆体水击试验、管道铺设坡度试验、管道磨损试验等。管道输送所选择的固体颗粒物料种类也比较广泛,包括钾盐、铁矿粉、动力煤、石灰石、焦煤、铜精矿粉、锌粉、石油沙、盐、砾石、石英砂、胶料块和各种矿井尾料等。由于受国外远距离浆体管道输送发展水平影响和生产的需要,我国于 20 世纪 70 年代也开展了对管道输送试验的研究工作,陆续在一些高校和研究院等科研机构建立了比较完整的试验系统平台。我国首次对管道输送较完整的试验研究为北京有色冶金总院和西北水利科学研究所于 1974 年合作完成的金堆城矿的管道输送试验(含沙浓度 $C_w=5\%\sim10\%$,管道直径 $d=67\sim149$ mm,泥沙中值粒径 $D_{50}=2.92\sim4.51$ mm)。此后,中国水利水电科学研究院的华景生等完成了对管道输沙阻力的试验;而长沙矿冶研究所的黄家祯和矿山研究院的尹慰农等分别完成了管道充填原矿的输送试验;王光谦、倪晋仁对固液两相流流速分布特性进行了试验研究;赵利安、徐振良对水平管道中粗颗粒浆体摩阻损失进行了研究。尤其值得注意的是,20 世纪 80 年代,清华大学、浙江大学、北京科技大学、中国矿业大学、山东工业大学、唐山煤炭研究院等单位为配合我国几条大型输煤管道的规划建设任务,进行了一系列大规模的管道煤浆输送试验。岑可法、费祥俊、丁宏达、翟大潜、赵洪烈、戴继岚、杨小生、孙东坡、韩旭等先后发表了关于试验方面的论文,对管道输沙进行了富有成效的探索与讨论。此外,一些部门在生产现场直接进行试验,从生产实践角度获得了很多有价值的实践经验和研究成果。

1.1.2 管道输送理论研究进展

管道水力输送技术研究的核心是输送载体动力特性与系统输送参数研究,其余涉及的问题众多,就其应用来说,最主要的是阻力损失的计算和临界不淤流速的确定。

1.1.2.1 阻力损失

近代研究指出,管道摩阻损失与流速、颗粒大小、密度、级配、浓度以及管道直径等都有关系。根据现有的理论基础,当前支撑管道阻力损失预测模型的主要理论有三种,即扩散理论、重力理论和能量理论。

扩散理论最早由 M. Маккавеев 于 1931 年提出,两相流中固体颗粒与流体一起参与扩散是其中心论点,因此固体颗粒的特性可以不做考虑,此时固液两相的介质可以作为一种类似于单相流的流体来对待。由于扩散理论对固体颗粒与液体之间的相互影响和作用以及扩散的不同并未加以考虑,所以仅限用于粒度细、浓度低的情况。

重力理论认为,固体颗粒的悬浮需要从平均水流中消耗一部分能量,从而使阻力损失增加。它将阻力损失表示为清水阻力和附加阻力两部分之和,应该指出,重力理论仅对输送粗颗粒的情况适用较好。

鉴于上述两种理论的局限性,近年来又提出了能量理论。这一理论综合了扩散理论和重力理论的要点,因此目前较为流行。

1.1.2.2 临界不淤流速

近几十年来,对于临界不淤流速(简称临界流速)的研究,国内外的众多学者都进行了相关的工作,获得了一系列有价值的研究成果,提出了不少关于临界流速的计算公式。但迄今为止,对临界流速的定义不尽相同。Durnad 所使用的是管道底部刚刚出现固体颗粒淤积时的流速——极限淤积流速，见图 1-1。川岛俊夫对于“临界淤积流速”的定义采用了观察管道中固体颗粒运动状态的方法，降低流速到颗粒在管道底部的运动形态为间断跳动时，若使管道流速进一步降低，而固体颗粒在管道底部开始产生一层固定的床层面，这时相对应的流速即为临界淤积流速（见图 1-1）。一些学者还建立了断面平均流速与管道阻力损失之间的关系曲线，采用曲线上阻力最小的断面平均流速作为临界流速。国内的一些研究人员包括费祥俊、张兴荣、王绍周等使用的“临界不淤流速”，指的是颗粒由悬浮的状态过渡为在床面滑动或滚动时的流速。白晓宁等在论文中曾对这三种方法进行了讨论与比较，图 1-2 所示为极限淤积流速 v_{c_1}、阻力最小流速 v_{c_2} 与临界不淤流速 v_{c_3} 三者的关系。v_{c_2} 和 v_{c_3} 在固体颗粒较粗且相对均匀时可能重合。

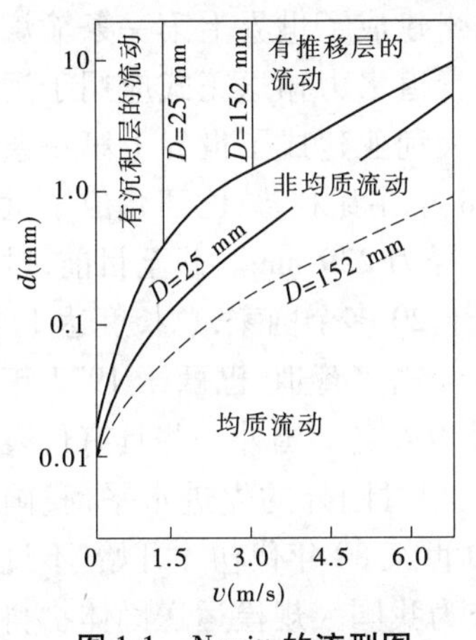

图 1-1　Newitt 的流型图

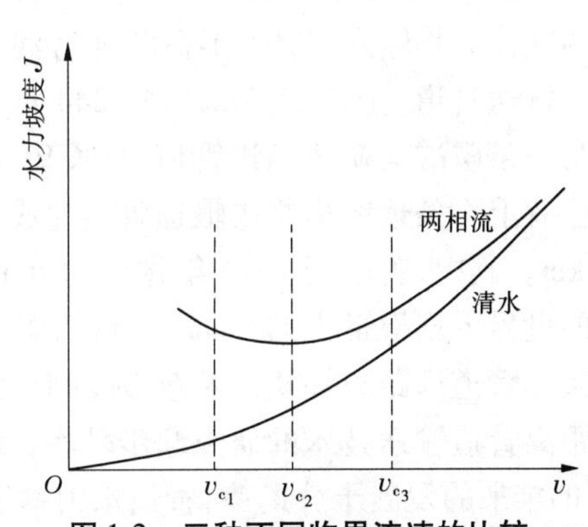

图 1-2　三种不同临界流速的比较

虽然在之前的研究中得到了大量的临界流速计算公式，但公式形态不尽相同，而且针对的应用范围也有所不同，没有得到一个统一的表达形式，原因在于对临界流速的定义不尽相同，同时试验方法的区别、试验条件不同、观察角度的差异、观测误差和试验仪器产生的误差、数据处理方法的区别也会导致公式形态不尽相同。国外有 Durand、Zaudi、Wasp、Shook 等，国内有蒋素绮、韩文亮、刘德忠、丁宏达、李培芳、王绍周、费祥俊等在大量试验的基础上提出了各自的经验或半经验性的公式，但同一条件下采用不同的公式计算，其结果差异很大，甚至会出现完全相反的变化规律。这是由于影响临界流速的因素错综复杂，变化机制还没有完全被人们弄清。

1.1.3 管道输送应用与发展概况

管道输送的应用起始于19世纪中叶。位于加利福尼亚州的Merry Weather是盛产金矿砂的地方,当地的淘金者于1852年就通过管道来运输金矿砂。而人类则在1866年才开始使用管道来运输砂子和粮食。直到1891年,美国人沃莱斯安德留斯第一个完成了采用管道输送煤浆的试验,并取得了第一个关于管道输送固体物料的专利权。由于当时的工艺技术水平较低,管道水力输送的应用在此之后的一段时间内没有更多的进展。

直到20世纪中后期,伴随着科学技术和两相流理论的进步,管道水力输送的应用才正式与大规模的工业生产相结合。这不仅表现在矿山、化工等领域中短距离管道的应用已经开始普遍,而且一些大管径、大运量的远距离输送管道也开始投产应用。1957年美国在俄亥俄州建成了世界上第一条输煤管道,全长173 km,管径254 mm,这是第一次将管道水力输送正式应用于远距离的固体矿物输送;1967年在萨瓦奇河上,澳大利亚建成了世界上第一条铁精矿输送管道,全长85 km,管径244 mm;1978年在瓦利普,巴西建成了世界上第一条磷酸盐矿浆输送管道,全长91 km,管径为229 mm。截至目前,世界上已有上百条远距离浆体输送管道建成,分布于20多个国家,总长度达4 000多km。其中,美国于1970年建成的Black Mesa输煤管道,巴西于1977年建成的世界上规模最大的Samarco铁精矿管道最为著名。国外一些具有代表性的浆体管道远距离输送工程实例列于表1-1。相对国外的先进水平,我国对远距离管道输送技术的研究起步较晚,直到20世纪80年代初才开始,不过近20多年来的发展十分迅速,管道水力输送已成为我国大规模运送固体物料的方式之一。目前,我国已建成长102 km、管径243 mm的山西尖山铁精矿输送管线和长45.6 km、管径228.6 mm的贵州瓮福磷精矿输送管线。表1-2是一些我国规划设计中和已经建成的大型浆体管道输送工程。近年来,管道水力输送的技术越来越成熟,在国内外得到了广泛应用,但目前浆体管道水力输送还主要应用于冶金矿山的尾矿、精矿以及电厂的煤灰等输送,而水利部门的疏浚河道和水库清淤还处于起步阶段。目前,国外对海底锰结核的开采和密封容器的管道输送技术处于新的研究阶段。总之,从一定意义上说,管道水力输送正和气力输送、油气输送一起,构成了传统运输方式(铁路、公路、水运、空运)以外的“第五大运输方式”。

表1-1　国外若干浆体管道远距离输送工程实例

输送物料	工程名称	长度(km)	管径(mm)	运输能力(万 t/年)
石灰石	美国卡拉维拉斯	29	178	150
石灰石	美国拉格比	96	254	170
石灰石	澳大利亚格拉斯通	24	219	300
铁精矿	澳大利亚萨瓦奇河	85	244	230
铁精矿	巴西萨马科	397	508	1 200
铁精矿	南非博拉帕拉	265	406	440
铁精矿	墨西哥拉赫库利斯	309	350	450
铁精矿	阿根廷格拉特	32	219	210
铁精矿	俄罗斯列别金斯克	26. 5	295. 3	240
磷灰石	巴西瓦利普	91	229	200
磷灰石	美国雪佛兰	165	250	280
磷灰石	美国佛罗里达	7. 7	269	450
铜精矿	美国平托谷	18	102	40
铜精矿	土耳其 KBI	64	125	100
铜精矿	新几内亚布甘维尔	27	168	90
煤	美国俄亥俄州	173	254	130
煤	美国迈阿密	439	457	450
煤	苏联别洛夫斯克电厂	61	305	190

表1-2　国内若干浆体管道远距离输送工程实例

输送物料	工程名称	长度(km)	管径(mm)	运输能力(万 t/年)
磷精矿	瓮福磷矿	45. 6	228. 6	200
磷精矿	宜昌磷矿	110	285	190
煤	长城输煤管线	995	965	3 000
煤	长江输煤管线	838	610	1 500
煤	孟—潍—青输煤管线	713	559	700
铁精矿	尖山铁矿	102	243	200
铁精矿	调军台铁矿	18	225	302
铁精矿	大洪山铁矿	197	168. 3	100
铁精矿	平川铁矿	60	156	132

1.1.4 管道输送特点

实践证明,管道输送与其他运输方式相比,具有许多独特的优点,主要表现在:

(1)运输能力大。如直径为1 m的煤浆管道,年输煤量可达1 000万t。

(2)对地形适应性强,易于克服自然地形的障碍。从技术要求的角度出发,铁路铺设的坡度最多只能达到3%,而管线铺设的最大坡度却可以达到16%。由此可以看出,相比于铁路铺设,管道的选线可取捷径,灵活性更大。因此,相对应的土石方工程可以减少很多。

(3)地面设施及管理人员少。由于管道输送相对环节较少,因此维护起来也较为简单,便于实现自动化控制。例如Black Mesa管道建设施工的工程量、辅助的生产设备以及管理人员都极大地减少,全线管道仅需54人管理即可。

(4)运输的成本低、效率高。相比于包括水路、铁路在内的其他运输方式,管道水力运输的单位生产率较高,而单位功率消耗量仅为铁路的1/3。

(5)社会效益显著增加。管道输送的特点是管道基本于地下埋设,可以少占或不占用耕地,因此对地面耕种不产生影响。同时不影响环境和生态,符合当今提倡环保的思路,而且管道布设于地下使其运行不受气候条件变化的影响。

(6)基础建设投资少、耗时短、施工快。长度达440 km的Black Mesa管道仅耗时15个月便建设完成。因为施工速度快,所以相应的投资费用就显著减少。

(7)管道之间可以连续运输,同时因密闭的环境使固体物料的消耗极少。

不可否认的是管道水力输送必然存在着一定的缺点,例如较为单一的物料种类、输送限制为非化学溶解于水的一种或几种颗粒形态物料、水量需求大,在缺水地区不宜采用、在输送过程中易碎物料的细化问题难以解决。另外,一些问题在当前的科学技术水平下不易解决,有待科技水平的进一步提高,如输送前后物料的制浆和脱水。尽管管道水力输送存在着一些缺点和局限,但相比之下其优点更为突出,所以当物料品种合适、地形复杂而且水量充足时,往往首先选择管道输送。尤其在近些年卓越的研究成果之下,管道输送的优点与优越性呈现最大化。必须肯定的是,管道水力输送技术虽然刚刚起步,但正洋溢着青春的活力,前途充满期待与希望。

1.1.5　管道输送在黄河下游治理中的研究与应用

黄河下游管道输送主要应用于淤背固堤技术中。早在 20 世纪 70 年代初,黄河下游就开始利用机械淤背固堤,主要方式是利用抽沙泵抽取河道泥沙,通过管道输送至淤区沉沙淤背。自此以后,管道输沙技术得到迅速发展,尤其是长距离管道输沙。1970 年开始进行管道输沙时,利用最新的抽沙泵,输沙管道输送距离可达 1 km 左右,开始进行淤背固堤,工程较河道抽沙点距离较近,单个抽沙泵扬程就能够满足距离要求。随着险工段淤背固堤的完成,平工堤段淤背固堤所需的输沙距离越来越远,单个抽沙泵所提供的扬程已无法满足平工堤段淤背固堤所需要的输沙距离。为此,黄河下游在 90 年代进行了两级加压长管道远距离输沙技术试验研究,取得了良好的效果,在这之后的实际应用中,输沙距离可达到 5 km 多,使管道远距离输沙成为可能,在此之后,经过多级加压,输沙距离大大提高。

经过 40 多年的不断改良、创新,由单级输沙到多级接力配合输沙,输沙距离由最近的 1 km 左右发展到 12 km 左右。在远距离输沙中,研究总结了许多技术和管理问题,如多级加力之间的配合和协调、高含沙水流输送、长距离管道淤积以及管道保护问题等,这些问题的研究与总结,使远距离管道输送在黄河上的应用技术越来越成熟。

1.2　管道输送基本理论

1.2.1　固液两相流基本特性

固液两相流是由固体颗粒和液相流体组成的一种混合流体,在这种流体中,固相颗粒和液相流体有着密切的联系并在运动中相互影响、相互制约,除两相之间的相互作用外,还存在着固相与固相、液相与液相之间的作用,且固相颗粒的存在还会改变原有流场的特性。因此,要了解固液两相流就要先从它的基本特性出发。

流体在管道中的切应力 τ 与切变速率 du/dy 的关系简称为流变模型。流变特性反映了流体自身流动的性能,其研究内容包括不同物料切应力与切变率之间的关系,从而提出了浆体流型的判断标准。流型主要分为两种类别:一种与时间有关,一种与时间无关。工业上常见的流变模型多与时间无关,其切变率是切应力的函数,流变关系式为

$$du/dy = f(\tau) \tag{1-1}$$

式中:du/dy 为切变率,即流速 u 在垂直 y 轴方向上的流速梯度,m/(s·m);τ 为切应力,即作用在单位表面积 A 上的应力 F(称剪切应力),$\tau = F/A$,Pa。

工程上有 6 种常见的流变模型(见图 1-3),其中不存在屈服应力的有三种,存在屈服应力的有三种,屈服应力是流体流动的下限切应力,当切应力 $\tau < \tau_0$ 时,流体处于静止状态;只有当 $\tau > \tau_0$ 时,流体才能流动。根据不同的流变特性,浆体有牛顿体和非牛顿体两种流型,而非牛顿体又可分为宾汉体、伪塑性体、膨胀体、屈服伪塑性体和屈服膨胀体五种。

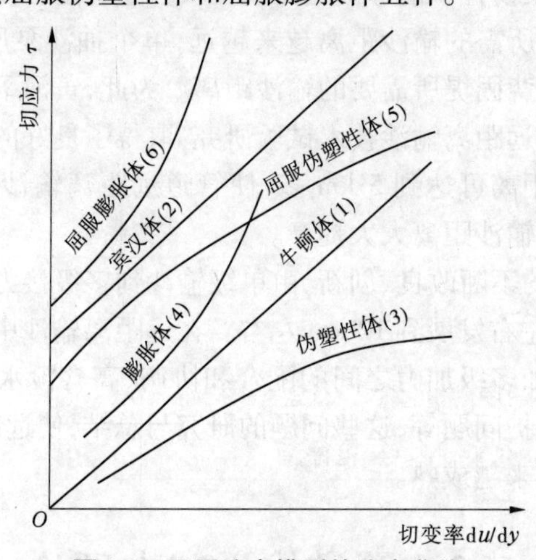

图 1-3 不同流变模型的流变曲线

1.2.1.1 牛顿体

所有同性的气体、液体和低分子含量均匀分散的溶液,例如管道输送中的清水、成品油、压缩空气、天然气、低浓度的固液两相流等,都具有牛顿体的特性。

流体的切应力与切变率成正比,其流变方程为

$$\tau = \mu du/dy \tag{1-2}$$

式中:μ 为黏滞系数,在一定的温度和条件下为一常数。

对于粗颗粒泥沙来说,在沙量不十分大时,浑水仍保持牛顿特性,这时可以用相对黏滞系数 μ_r(浑水黏滞系数 μ_m 与同温度下清水的黏滞系数 μ_0 的比值)来衡量泥沙的影响。

当含沙量非常小时,泥沙颗粒与颗粒之间的距离很大,每一颗沙粒的存在都给周围液体的流动带来一些影响,水流离沙粒越远,影响越小,在到达第二颗沙粒所在的位置时,前一颗沙粒对其的影响已微不足道了。也就是说,在这

种极稀的含沙水体中,颗粒与颗粒之间没有力的作用;对于任何一点水流来说,泥沙的存在对其的影响可以看成是附近所有的沙粒在这一点所产生的独立影响的代数和,从这些观点出发,爱因斯坦推出了下列著名的公式:

$$\mu_r = 1 + 2.5S_V \tag{1-3}$$

式中:S_V 为体积比含沙量。

当含沙量逐渐增大后,任何一颗沙粒的存在都将会影响到附近的沙粒,即颗粒与颗粒之间开始有作用力。在这种情况下,需对式(1-3)作出校正。校正后的结果,通常是把式(1-3)表达为含沙量的多项式:

$$\mu_r = 1 + k_1S_V + k_2S_V^2 + k_3S_V^3 + \cdots \tag{1-4}$$

含沙量越大,所取的项数也越多。若只取到 S_V 的平方项,则得

$$\mu_r = 1 + k_1S_V + k_2S_V^2 \tag{1-5}$$

k_1 是式(1-3)中的2.5,至于 k_2,各家的推导结果有很大差别,见表1-3。

表1-3 牛顿体相对黏滞系数与含沙量间的关系

含沙浓度	作者	公式
极稀	A·爱因斯坦	$\mu_r = 1 + 2.5S_V$
稀	H. DeBruijin, J. M. Burgers, N. Saite	$\mu_r = 1 + 2.5S_V + 2.5S_V^2$
	V·范德	$\mu_r = 1 + 2.5S_V + 7.35S_V^2$
	E. Guth, R. Simha, O. Gold	$\mu_r = 1 + 2.5S_V + 14.1S_V^2$
	费祥俊	$\mu_r = (1 - K\frac{S_V}{S_{Vm}})^{-2.5}$
较浓	M·穆尼	$\mu_r = \exp(\frac{2.5S_V}{1 - kS_V})$
	R·罗斯科	$\mu_r = \frac{1}{(1 - 1.35S_V)^{2.5}}$

1.2.1.2 非牛顿体

当含沙量(特别是细颗粒)增大至某一临界值 S_V 时,浑水的流变特性将发生质变,流型由牛顿体转变为非牛顿体。许多均质浆体都具有非牛顿体的性质。

1. 宾汉体

$$\tau = \tau_B + \eta\frac{du}{dy} \tag{1-6}$$

式中:τ_B 为宾汉体的屈服应力,Pa,且 $\tau_B = \tau_0$;η 为宾汉体刚度系数或动力黏

度，Pa · s。

从式(1-6)可以看出，宾汉体的流变特性需要屈服应力 τ_B 和动力黏度 η 两个参数来共同描述。

宾汉体具有屈服应力，在静止时存在一定的空间网格结构。一旦有外力或紊动力，该网格结构就会有不同程度的破坏，屈服应力有所降低，就会出现与牛顿体不同的特性。而且细颗粒的含沙量和黏性颗粒的矿物成分对牛顿体屈服应力的大小有很大的影响。低温含蜡原油、高浓度泥浆和高浓度的固液两相流都具有宾汉体的特性。

2. 伪塑性体

$$\tau = K\left(\frac{du}{dy}\right)^n \tag{1-7}$$

式中：K 为稠度系数，为黏度的量度，不等于黏度值，黏度越高，稠度系数越大；n 为流动指数，$n<1$。

伪塑性体的流变曲线如图 1-3 中的曲线(3)所示，是一条通过原点的下凹型曲线，由稠度系数 K 和流动指数 n 来表示。它的特点是没有结构强度，施加外力就会流动，而且剪切应力与切变率负相关。

3. 膨胀体

流变关系仍为式(1-7)，但流动指数 $n>1$；流变曲线是过原点的一条上翘型曲线。常见具有膨胀体特征的物质有某些浓淀粉溶液。

4. 屈服伪塑性体

$$\tau = \tau_0 + K\left(\frac{du}{dy}\right)^n \tag{1-8}$$

式中符号意义同式(1-7)，$n<1$。

屈服伪塑性体具有屈服应力，与宾汉体同具有一定强度的空间网格结构，但同时又表现出伪塑性体的特征，流变曲线是一条下凹型曲线，在切应力轴上的截距为 τ_0。

5. 屈服膨胀体

流变关系仍为式(1-8)，但流动指数 $n>1$，其流变曲线是在切应力轴上截距为 τ_0 的上翘型曲线。

牛顿体与非牛顿体这两种流型在管道输送中都有可能存在，不同形式中的阻力损失不同，导致临界不淤流速也不同。

1.2.2　非均匀两相流的基本理论

1.2.2.1　**运动形式**

固体颗粒在水流中的运动模式因固液的流动状态不同而不同，大体可分为三类，即推移运动、悬移运动以及中性悬浮运动。

1. 推移运动

在水流速度大于起动速度的情形下，颗粒会脱离管道不断向前进行滑动，常常还会和管底发生碰撞。颗粒向前滑动的形式通常是跳跃式的，原因在于不同颗粒间会发生作用，且管道底部是粗糙不平的。不同的水流强度，使得颗粒跳跃的高度、跳跃的距离和跳跃1次能在管道底部保持的时间都在变化。通常我们将按照上述形式运动的颗粒统称为推移质，见图1-4。推移运动在管底附近发生，就某一特定颗粒而言，这种运动具有运动间歇性，并不断与管底颗粒碰撞。对推移质而言，它们通常具有较粗的粒径，不同颗粒发生作用产生的离散力支持着推移质的运动。水流运动的速度是远远高于推移质的速度的。当颗粒脱离管道底部开始运动时，包括和管底发生的碰撞都会将部分水流的势能消耗掉。

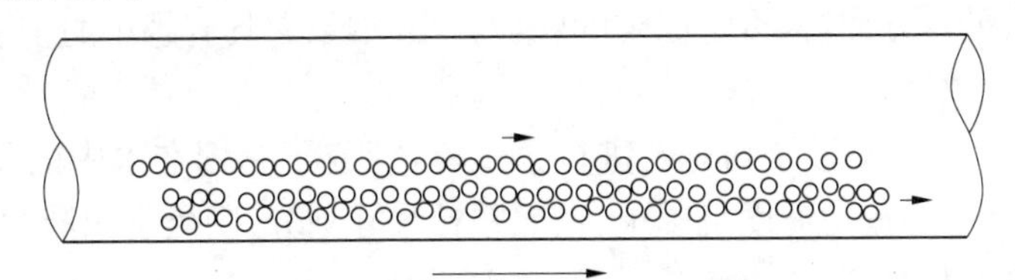

图1-4　颗粒的滑动推移状态

2. 悬移运动

如果水流速度再提高，那么管道中水的紊乱程度就会加强，会同时出现很多漩涡，所以颗粒脱离管道底部开始运动时一旦和上升的漩涡相遇，而且颗粒自身沉降的速度远小于该漩涡竖直向上的分速度，颗粒的大小远小于漩涡的尺寸，那么颗粒会进入和管道底部距离更远的区域中。以这种形式运动的颗粒，我们一般统称为悬移质，见图1-5。

对颗粒的悬移运动而言，其运动范围是水深的范围，但是在运动范围内的颗粒浓度应当呈梯度分布，和管道底部距离最近的悬移质会和推移质进行交换。通常，悬移质移动速度接近于水速，故消耗较少的能量，且这些能量一般是由水紊动产生的。

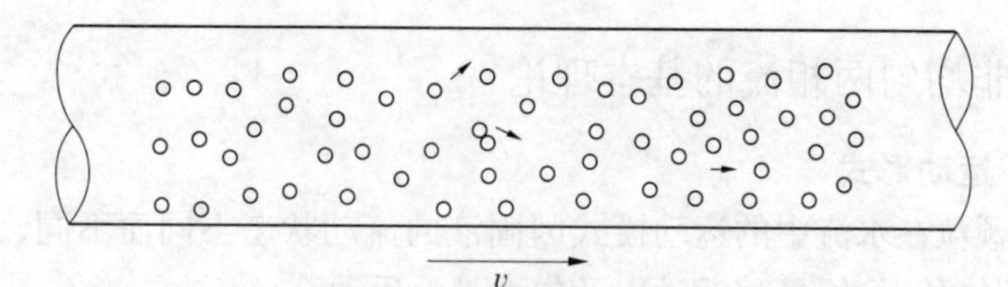

图 1-5 颗粒的悬移状态

3. 中性悬浮运动

颗粒的浓度不断增加，当达到一定值时，如果水流中存在的颗粒较小，水流的状态就会发生改变，即从牛顿体转化成非牛顿体状态，通常的非牛顿体指的是宾汉体。在水流中，颗粒的大小在宾汉剪切力的作用下低于不沉降的颗粒。这样的颗粒不需要消耗水能，也不会获取水紊动产生的能量，可在水流中一直浮在管道中。一般把以该形式运动的颗粒统称为中性悬浮质。

从上面的运动模式分类不难发现，影响输送模式的因素有物质组成的粗细、固体浓度的高低，还有流速的大小，但前两个因素是最重要的。在实用的流速范围内，管道中水流的流动状态是由污泥中颗粒的直径与密度决定的。对固体颗粒来说，设定固定的密度，如果它具有越小的粒径，在两相中悬浮度就越高；从另一方面讲，设定固定的颗粒大小，如果它具有越小的密度，在两相中分散性就越好。

学者 Durand 对沙子与砾石进行了试验，探究了它们在水中的悬移流动。在实际流体中的流动速度范围中，按照颗粒尺寸划分，归类了固液两相的流动状态，见表 1-4。

表 1-4 两相流流动状态的分类

两相流流动状态(Ⅰ类)	两相流流动状态(Ⅱ类)	颗粒直径
均质流 (homogeneous mixtures)		$d<30$ μm
中间浆体 (intermediate mixtures)		30 μm $\leqslant d<50$ μm
非均质流 (heterogeneous mixtures)	悬移状态非均质流 (suspension)	50 μm $\leqslant d<0.2$ mm
	悬、跳移状态非均质流 (transition category)	0.2 mm $\leqslant d<2$ mm
	跳、滑移状态非均质流 (saltation region)	$d\geqslant 2$ mm

E. J. Wasp 根据对距管顶 0.08d 处与管轴处固体体积浓度之比 C/C_A 的影响因素的分析，提出以垂向浓度分布的 C/C_A 值为特征来区分输送模式。他认为 $C/C_A \geq 0.8$ 时应属于均质流，而 $C/C_A \leq 0.1$ 时为非均质流。这是从实际管道资料中分析得到的，对于 $C/C_A = 0.1 \sim 0.8$ 的中间状态，E. J. Wasp 没有说明属于哪一类输送模式。但在以后的管道摩阻损失计算中，他应用 C/C_A 值区分颗粒运动形式并计算阻力，例如当 $C/C_A = 0.6$ 时，即认为固体浓度中有 60% 的颗粒按均匀悬移状态计算流动阻力，剩下的 40% 颗粒按其沿床底运动计算阻力。提出某一种指标来区分输送模式，其目的是想在一定条件下将运动规律不同的颗粒推移运动和悬移运动分别出来，以便更可靠地计算摩擦阻力损失等参数。

1.2.2.2　管道阻力损失特性

1. 管道阻力损失的组成

1）摩擦阻力损失

摩擦阻力损失为浆体输送时与管道边壁摩擦而产生的能量消耗。摩擦产生的阻力损失在管道输送中占主体地位，Lazarus 和 Neilson 对其研究较多，提出其影响因素有 14 个之多，分别是管径、粗糙度、坡度、载体密度、黏度、颗粒密度、表征尺寸、尺寸分布、形状、形状分布、颗粒恢复系数、平均固体物料流量、平均载体流量及重力加速度。可见综合考虑如此多的因素在阻力分析中极为困难。在实际研究工作中，往往针对不同的流型而考虑其中特定的因素，从中归纳出摩擦阻力损失的变化规律。对此，国内外学者进行了许多研究，得到了很多计算公式。

2）颗粒沉降阻力损失

把用于克服固体颗粒的沉降，从而保持颗粒在载体中悬浮所消耗的这一部分能量称作颗粒沉降阻力损失。在管道水力输送过程中，颗粒沉降阻力损失的影响因素包括固体物料形状、级配等物理力学特性和输送的速度。颗粒悬浮的能量损失主要取决于输送速度。一般颗粒在载体中的浓度越高，输送所需要的速度也就越大，即维持颗粒悬浮于载体中所需要的能量越高。但当浆体在其浓度达到某一极值（75% ~80%）时呈结构流输送，此时的浆体具有一定的塑性，称为非沉淀性均质体，相比于一般浆体，其流变特性和阻力损失均有所不同。此时，固体颗粒的悬浮损失也就不再存在，相应的能量损失可以认为是零。

3）颗粒碰撞阻力损失

浆体颗粒的碰撞所产生的能量损失可参考颗粒流的研究，在管道输送的损失计算中往往不加以考虑。原因在于:一方面颗粒间的碰撞属于微观级的现象,在之前的一些分析计算中主要针对宏观运动;另一方面,由于固体颗粒的尺寸密切影响着这一部分阻力损失,因此必须考虑尺寸何时应该考虑,何时可以忽略。而这些问题十分复杂,同时在颗粒流的相关研究中也没有得到完善的解答。颗粒流中认为碰撞应力与弥散应力存在着对比消长的判别原则。一些研究人员指出,因为固体颗粒的浓度很高,从而在粗颗粒物料的输送过程中,颗粒间的碰撞作用相对于弥散作用占主导地位。相反,当颗粒浓度 $C<0.04$时,可以忽略颗粒碰撞产生的能量损失,其余情况颗粒碰撞均不能忽略。对于颗粒间碰撞导致的能耗,影响的因素很多,主要包括浆体浓度,输送速度,固体颗粒的密度、形状、粒径及分布特点,颗粒的碰撞特点(弹性碰撞或非弹性碰撞)以及相应的恢复系数等。弹性碰撞可以完全恢复,其产生的能量损耗可以忽略不计,而当颗粒间发生不能完全恢复的非弹性碰撞时,就会有一部分的动能转化为热能而损失掉,这就是颗粒碰撞的阻力损失本质。因为输送中粗、细颗粒物料都有可能,考虑颗粒的碰撞损失是对管道输送阻力分析的完善。

在粗颗粒物料输送过程中,往往会存在一些由颗粒黏结而组成在一起的质团。相比于颗粒之间的弹性碰撞或非弹性碰撞,质团碰撞也具有类似的能量消耗过程,碰撞之后可能导致质团分解,也有可能使质团合并,从而形成更大的质团。管道输送中的碰撞形式在考虑颗粒与质团同时存在后可以分为以下三种形式:①颗粒与颗粒;②质团与颗粒;③质团与质团。如果认为颗粒为弹性物质,对于第①类碰撞所产生的能量损失可以忽略。而在第②、③类碰撞过程中,质团发生分解,即可认为仍然为弹性碰撞,此时能量损失的影响同样可以忽略。质团分解后,尺寸大的质团分解为若干尺寸较小的质团或颗粒,利于质团或颗粒在浆体中的悬浮和输送。因此,只有第②、③类碰撞发生且其为非弹性碰撞时产生的能量损耗,才不可忽略。非弹性碰撞即在塑性碰撞中,碰撞后的会形成尺寸较大的质团,一方面,碰撞后的动能一部分转化为热能而消耗;另一方面,较大质团更容易发生沉降。为保证其悬浮所需的能量,需要进一步提高管道输送的速度。

对于颗粒碰撞阻力损失的定量分析,主要借助气体分子运动理论,而采用平均法进行损失的计算。

2. 阻力损失的影响因素

两相流的影响因素相对于单相流要复杂得多,一方面固液两相每一相都有各自不同的描述参数,所以两相流的描述参数几乎就增加了一倍;另一方面两相流的摩擦阻力损失受颗粒大小、级配、流速、浓度,以及管道直径等因素的影响,较为复杂,很多方面尚有待深入研究,针对这些因素,众多学者做了大量相关的研究工作,分别得出了各自的计算公式。

1)泥沙粒径的影响

当泥沙颗粒的运动形式为推移质运动时,图 1-6 为同一管道中颗粒在不同的平均流速 v 下的平均运动速度 v_t,在特定的试验条件下,$d/D < 0.025$ 的泥沙运动形式为悬移质运动,泥沙运动速度等于管道水流运动速度。泥沙粒径越大,泥沙运动越远离悬移质运动,所以其速度相比于水流的速度越来越小,即 v_t/v 随 d/D 的增加反而减小。而当 d/D 不断增加达到 0.1 以后,泥沙颗粒与水流的相对速度 v_t/v 由于水流的拖拽力作用而有所减小。Durand 和纽伊特公式在 d 很大,例如 $d = 4 \sim 100$ mm时,此时 C_D 为 0.4 左右的常数,没有考虑 d,直观地排除了阻力损失与泥沙粒径的关系,这样无法体现泥沙粒径的影响。

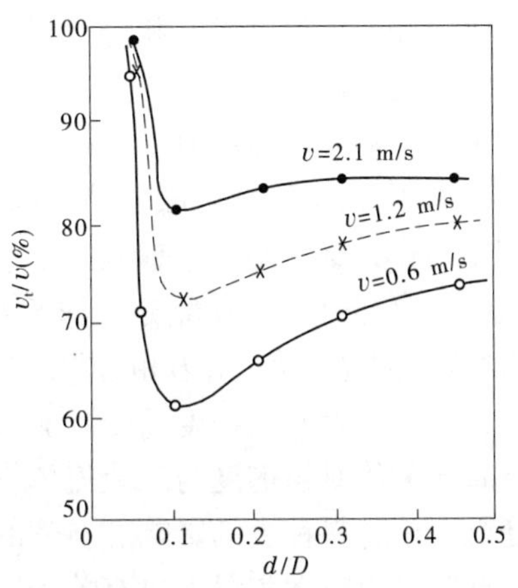

图 1-6　管道中不同颗粒的平均运动速度

2)浆体浓度的影响

管道阻力损失与浆体浓度可以近似看成是正比的关系,随着浓度的增加,一方面颗粒间相互作用的程度增大,另一方面支持颗粒悬浮的水流能量也增大,因而管道阻力损失相应增加。但同时存在另外的可能性,增加浆体浓度可能会使固体颗粒对紊流的脉动速度起到抑制作用,因紊流而产生的能量损失也会相应减小,总体来看,管道阻力损失有可能会降低。目前对于这两种解释还只能做出定性的分析,而无法做到定量的计算。

3)流速的影响

管道阻力损失的另一个重要的影响因素是浆体的平均流速,普遍体现在各个主要公式中。一方面,浆体的流动状态受浆体的平均流速影响,浆体的紊动状态随平均流速的增加而加强,所以固体颗粒之间的相互碰撞和碰撞的频繁程度也相应增加,动量转换和能量消耗便随之增加。另一方面,浆体平均流速也对管道中的流速分布产生影响,当浆体浓度不同时,浆体和管壁间的相对滑移速度以及浆体各流层之间的相对滑移速度都会受到影响,从而使浆体的内部切应力以及与管壁的剪切应力随之受到影响。

4）管径的影响

各学者的试验研究成果及计算公式均表明，管道中浆体的阻力随着管道直径的增加反而减小。当管径增大时，由于浆体与管壁的相互作用而产生的紊动强度和漩涡程度都会相应减弱，导致阻力损失减小。

5）管壁粗糙度的影响

管道中的浆体运动时，紧贴管壁会产生一层很薄的黏性底层，此时黏滞力起主导作用，由于管壁的限制，它的脉动几乎消失。把管壁粗糙而凸出的平均高度 ε 叫作管壁的绝对粗糙度。如果绝对粗糙度比黏性底层的厚度大，管壁的粗糙凸出部分仍有一部分暴露于流体紊流区，则会产生漩涡，导致能量损失，把这种情况称为“水力粗糙”。而当浆体的流动为水力粗糙的状态时，阻力损失会因为管壁粗糙度而受到影响，随着管壁粗糙度的增大而增加。但两相流管道的绝对粗糙度与一般流体管道不同，不仅与管道材质有关，很大程度上还受固体物料种类的影响。新管的粗糙度会因固体物料对管壁的磨蚀而减小。苏联学者柯别尔尼克也有关于这一观点的论述，他分别对直径为 510 mm 的砂子和直径为 700 mm 的尾砂进行水力输送试验，结果表明由于固体物料的磨蚀，使用过的钢管的绝对粗糙度仅为新钢管的 20%～25%。白晓宁的清水试验得到了相应的结论，试验后直径为 38 mm 与直径为 50 mm 的管道，绝对粗糙度为 0.008～0.009 mm，试验初选用的新无缝钢管的绝对粗糙度大部分在 0.05 mm 左右，由此可知，管道在经过一段时间的磨蚀后会变得相对光滑。如果雷诺数不大，甚至可以认为阻力损失不受管壁粗糙度的影响，从而按水力光滑的管道进行计算。

6）颗粒形状的影响

目前还无法充分说明固体颗粒形状的影响，但颗粒形状既然对沉降速度有影响，那么可以肯定的是阻力损失一定和颗粒形状有关。前面已经分析，颗粒沉速越大，需要的输送速度也越大，阻力损失也就相应增大。

7）颗粒级配的影响

Shook 等的试验中对中值粒径 d_{50} 为 0.2 mm 及 0.5 mm 的泥沙分别选取三组，每组的分散程度不同，管路直径 D 分别为 53 mm 及 107 mm，输送液体比重为 1～1.35 g/cm^3，黏度为 0.004 5～0.38 Pa · S，保证泥沙浓度 C_v 为 0～0.42。由此研究了两相流阻力损失受泥沙级配的影响，结果表明，当泥沙分散程度加大时，阻力损失会相应减小。但是，粒径分布范围大的两组试验，都含有粒径小于 0.01 mm 的细颗粒泥沙。所以，无法判断阻力损失降低是受泥沙级配的影响还是细颗粒的存在产生减阻作用导致的。

戴继岚的阻力损失试验中,当含沙量较小时,对于两组不同级配的泥沙,粒径分布范围大的一组阻力损失也较大,但当含沙量增大以后,粒径分散程度增加,阻力损失反而减小。

8)浆体黏度的影响

在很多情况下,浆体黏度会对浆体的流变特性产生影响,而在管道的摩擦阻力损失计算中也用到了浆体的黏度,充分说明了管道的阻力损失会受到浆体黏度的影响。浆体的黏度会随温度变化而改变,温度越低,黏度越高,其摩擦阻力损失也相应增大,对于长距离管道输送系统,其影响更为显著。如对细煤浆、矿浆、泥浆等非沉降性的工业浆体来说,浆体黏度的影响常导致非牛顿流体性质的出现,例如宾汉体、幂律体。因此,阻力损失的机制也会发生变化。而对于粗颗粒物料的浆体,较粗的粒径使载体部分的黏度基本不发生变化,其黏度主要取决于清水的黏度。

3. 阻力损失的基本理论

1)扩散理论

扩散理论最早由 M. Маккавеев 于 1931 年提出,两相流中固体颗粒与流体一起参与扩散是其中心论点,因此固体颗粒的特性可以不作考虑,此时固液两相的介质可以作为一种类似于单相流的流体来对待。浆体管道阻力损失的形式为

$$i_m = i_0 \frac{\rho_m}{\rho} \tag{1-9}$$

式中:i_0 为浆体管道阻力损失;i_m 为清水管道阻力损失;ρ_m 为浆体密度;ρ 为清水密度。

由于扩散理论对固体颗粒与液体之间的相互影响和作用以及扩散的不同并未加以考虑,所以仅限于粒度细、浓度低的情况。从实际应用情况看,属于这种理论体系的典型公式是

$$i_m = K i_0 \frac{\rho_m}{\rho} \tag{1-10}$$

当重量浓度 $C_W = 0.1 \sim 0.3$ 时,$K = 1$;当 $C_W = 0.3 \sim 0.6$ 时,$K = (1.464 \sim 0.454)\rho_m/\rho$。

2)重力理论

重力理论认为,固体颗粒的悬浮需要从平均水流中消耗一部分能量,从而使阻力损失增加。它将阻力损失表示为两部分之和,即

$$i_m = i_0 + \Delta i_0 \tag{1-11}$$

式中：Δi_0 为附加阻力损失，即水对固体颗粒所做的悬浮功。

早期的一些计算公式多属于这种理论，其中以 Durand 的经验公式应用最广。重力理论只考虑到固体颗粒悬浮所需的能量，而没有涉及固体颗粒运动的能量消耗，应该指出，重力理论仅对输送粗颗粒的情况适用较好。

3）能量理论

鉴于上述两种理论的局限性，近年来又提出了能量理论。它的基本观点可表示为

$$i_m = i_0 \frac{\rho_m}{\rho} + \Delta i_0 \tag{1-12}$$

显然，这一理论综合了扩散理论和重力理论的要点，目前较为流行的主要有王绍周、费祥俊和苏联煤矿科学院的公式。

能量理论综合了上述两者的合理之处又克服了这两者的缺陷：重力理论缺少对固体颗粒在管道运动中耗能的考虑，而在能量理论公式中得到了体现；扩散理论忽略了固液两相扩散的不同及其相互之间的作用，而在能量理论中同样得到了体现。

4. 阻力损失的计算模型

管道输送过程中浆体的黏性，致使其浓度和物化特性发生变化。大部分输送是在紊流状态下进行的，流型变化各种各样，其阻力损失的机制分析十分复杂。因此，阻力损失的全过程仍然没有得到完全揭示。阻力损失的影响因素颇多，这些因素不仅涉及流体的宏观运动特性，还与颗粒（分子）的微观力学性质相关。要想将阻力损失完全从数学上表达成诸因素的函数是很难实现的，在工程应用中也无太大必要。这也就决定了阻力损失的计算目前只能停留在经验性阶段。

1）Durand 模型

Durand 等基于重力理论得到了阻力损失的计算模型。重力理论中，水流会消耗一部分能量维持颗粒悬浮，两相流与纯液体流两者相比，前者的能量消耗更大。Durand 模型针对管道两相流进行了阻力计算，被国外疏浚工程广泛使用。该模型分别计算了清水阻力损失和附加阻力损失，阻力损失为两者之和，形式为

$$i_m = i_0 + KC_V\left(\frac{\sqrt{gd}}{v}\right)^3\left(\frac{\omega}{\sqrt{gd_{50}}}\right)^{1.5} i_0 \tag{1-13}$$

式中：i_m 为总阻力损失，第一项 i_0 为清水阻力损失，$i_0 = \dfrac{\lambda v^2}{2gd}$，$\lambda$ 为清水下管道

的沿程阻力系数，可按 $\lambda=124.5\frac{n^2}{\sqrt[3]{d}}$计算，$n$ 为管道粗糙系数；第二项是附加阻力损失，是由管道平均流速弗劳德数 $Fr_D=\frac{v}{\sqrt{gd}}$和颗粒沉降弗劳德数 $Fr_d=\frac{\omega}{\sqrt{gd}}$两部分结合，$K$ 为系数，在标准 Durand 模型中可采用 180，C_V 为浆体体积浓度，d 为管道直径，v 为浆体流速，d_{50}为颗粒中值粒径，ω 为颗粒沉降速度，g 为重力加速度。

2）陈广文模型

陈广文等从宏观和微观两个方面进行了分析，在浆体的管道输送过程中能量损失主要包括以下三种形式：摩擦阻力损失、颗粒沉降阻力损失、颗粒碰撞阻力损失。在某一特定输送流速下，总损失可以表示为上述三种阻力损失的叠加，即 $i_m=i_f+i_s+i_c$，式中 i_f 为摩擦阻力损失，i_s 为颗粒沉降阻力损失，i_c 为颗粒碰撞阻力损失。计算分别如下：

（1）摩擦阻力损失。

陈广文模型按清水情况计算，即符号意义同上。

（2）颗粒沉降阻力损失。

$i_s=\zeta C_V\left(\frac{\rho_s}{\rho}-1\right)\frac{\omega}{v}$，式中 ρ、ρ_s 分别为清水、颗粒的密度，ζ 为沉速的形状修正系数，扁平形取 0.50，长方形取 0.65，多角形取 0.75，椭圆形取 0.85，球形取 1.0。

（3）颗粒碰撞阻力损失。

颗粒碰撞情况十分复杂，计算这一部分阻力损失较为困难，有许多学者在阻力损失公式推导过程中，选择对其忽略或者用一个系数代表对这一问题的考虑。通过假设和简化陈广文等的颗粒碰撞阻力损失公式为：$i_c=KC_V\frac{d_{50}v}{d^2}\cdot\frac{1}{\left(1-\frac{C_V}{C_{Vm}}\right)^{2.5C_V}}$，式中 K 为比例常数，可取 $K\approx1$，C_{Vm} 为极限体积浓度，Turgay Dabak 和 Oner Yucel 对其取值做了详细的研究，而 Vocadlo 取为 62%，倪晋仁等则选取为 65% 和 70%。

综上所述，总阻力损失为

$$i_m = \frac{\lambda v^2}{2gd} + \zeta C_V\left(\frac{\rho_s}{\rho} - 1\right)\frac{\omega}{v} + KC_V \frac{d_{50}v}{d^2} \frac{1}{\left(1 - \frac{C_V}{C_{Vm}}\right)^{2.5C_V}} \tag{1-14}$$

3）王绍周模型

王绍周把固体颗粒能量损失分为悬浮能耗、旋转能耗和悬移能耗三部分。

（1）悬浮能耗。

和水相比，固体颗粒的比重较大，因此要维持固体颗粒悬浮，浆体必然要多消耗一定的能量，将这部分能量损失称为附加阻力损失，计算公式如下：

$$i_1 = C_V\left(\frac{\rho_s - \rho}{\rho}\right)\frac{\omega}{v} \tag{1-15}$$

（2）旋转能耗。

下述四点原因致使固体颗粒在浆体中旋转，产生相应的旋转能耗：

①流速梯度使固体颗粒受力不均，产生旋转。

②水流绕流所产生的环量，致使固体颗粒产生旋转。

③浆体在紊流中产生不稳定的漩涡，使固体颗粒进一步发生旋转。

④固体颗粒形状的不规则性，加强了旋转。

由动力学可知，物体旋转的动能为

$$W = \frac{0.5I}{\Omega^2} \tag{1-16}$$

式中：I 为物体转动惯量；Ω 为旋转角速度。

定性分析得到，旋转能耗应与动能成正比，但由于固体颗粒的大小不一和形状不规则，尤其是不同粒径固体颗粒的角速度无法求得，因此无法定量计算，只能理论分析旋转能耗的机制。

固体颗粒的粒径或沉降速度越小，其转动惯量也就越小，因而旋转角速度越大；相反，固体颗粒的粒径或沉降速度越大，旋转角速度越小。王绍周等通过回归计算把旋转能耗换算为单位管长所增加的阻力损失，求得 i_2：

$$i_2 = (0.86 - 6.85\frac{\omega}{v})C_V\left(\frac{\rho_s - \rho}{\rho}\right)\frac{\omega}{v} \tag{1-17}$$

由于
$$i_s = i_1 + i_2$$

所以
$$i_s = (1.86 - 6.85\frac{\omega}{v})C_V\left(\frac{\rho_s - \rho}{\rho}\right)\frac{\omega}{v}$$

当粒径较大，ω 较大时，可能出现 $1.86 - 6.85\frac{\omega}{v} < 1$ 的情况，此时固体颗

粒不发生旋转，i_s 取值为 1；当粒径较小，ω 较小时，$1.86-6.85\frac{\omega}{v}\approx 1.86$，$i_s$ 取值范围为 1 ~ 1.86。

(3)悬移能耗。

悬移运动状态下的固体颗粒同样要消耗能量，计算基本阻力损失时考虑即可。悬移能耗随浆体比重增大而增多。

综上所述，总阻力损失为

$$i_m = \frac{\alpha\lambda v^2}{2gd} + \left(1.86 - 6.85\frac{\omega}{v}\right)C_V\left(\frac{\rho_s - \rho}{\rho}\right)\frac{\omega}{v} \tag{1-18}$$

式中：α 为减阻系数，下面是费祥俊给出的减阻系数线性方程：

$$\alpha = 1 - 0.4\lg\mu_r + 0.2(\lg\mu_r)^2 \tag{1-19}$$

当 $\alpha > 1$ 时，表示不减阻，应取 $\alpha = 1$。

λ 按下式计算：

$$\frac{1}{\sqrt{\lambda}} = -2\log\left(\frac{0.27\varepsilon}{d} + \frac{5.62}{Re^{0.9}}\right) \tag{1-20}$$

4)费祥俊模型

费祥俊模型的特点是在分析阻力损失机制时，从两种不同阻力的性质出发，考虑引起这两种不同性质的阻力的因素，由力的平衡方程推导出总的阻力损失。计算公式如下：

$$i = i_1 + i_s \tag{1-21}$$

式中：i 为总阻力损失；i_1 为载体部分阻力损失；i_s 为底床部分阻力损失。

经过一系列的推导和简化，得出最终计算模型为

$$i = \frac{\lambda v^2}{2gd}\frac{\gamma_m}{\gamma} + 11\mu_s C_V\frac{\gamma_s - \gamma_m}{\gamma}\frac{\varpi}{v} \tag{1-22}$$

式中：λ 为清水阻力系数，$\lambda = \alpha \times 0.11\left(\frac{\Delta}{d} + \frac{68}{Re}\right)^{0.25}$，$\alpha$ 为减阻系数，$\alpha = 1 - 0.4\lg\mu_r + 0.2(\lg\mu_r)^2$；$\mu_s$ 为摩擦系数；ϖ 为平均沉速；γ_m、γ_s、γ 分别为浆体、固体颗粒及载体的容重。

1.2.2.3　临界不淤流速特性

1. 临界不淤流速的影响因素

影响浆体管道临界流速的因素包括固体颗粒的粒径、形状、密度和粒度级配，以及输送管径、浆体浓度、外界温度等。其中，最主要的因素是固体颗粒密度、输送管径和固体颗粒组成。详细分析如下。

1）固体颗粒密度对临界不淤流速的影响

临界不淤流速受固体颗粒密度影响明显，密度越小越容易形成悬移运动，用于维持颗粒悬浮的能量也就越小，从而使阻力降低，临界流速减小；反之同理。虽然固体颗粒密度一般比液体大，但也存在一些比液体小的情况。Duckworth 等采用密度小于水和大于水的两种物质试验，对于密度大于水的固体颗粒，临界不淤流速随密度的加大而增大；而当固体颗粒密度小于水时，临界不淤流速随密度减小而增大。

2）管道直径对临界不淤流速的影响

管径对临界不淤流速的影响程度，人们对此的认识相差甚远，一些学者认为其影响不大，例如 Bechtel 公司在煤浆管道设计时给出的临界不淤流速公式为$U_c = K\left[\frac{\rho - \rho_L}{\rho}\right]^{0.5}\left(\frac{d_{95}}{\eta}\right)^{0.25} e^{(1+4.2C_V)}$（$K$ 为一有量纲系数，η 为浆体刚度系数）；同时有一些专家则认为存在影响但影响程度不定，例如在著名的杜兰德公式中以及在瓦斯普（Wasp）的计算方法里，临界不淤流速 U_c 与 $d^{1/3}$ 成正比；而卡赞斯基由试验数据归纳出的经验公式$\left[\frac{U_c}{(gd)^{0.25}}\right]^{1-Z^{1/2}} = f(C_w)$中则认为 U_c 与 $d^{0.25}$ 成正比。通过这些学者的试验结论可以看出，当其他条件相同时，临界不淤流速与管径的方次关系处于 1/4 ~ 1/3 之间。

3）浆体颗粒组成对临界不淤流速的影响

通过分析泥石流的颗粒组成的“双峰”分布特点，可以得出，临界不淤流速受颗粒组成的影响明显。当浆体中各粒径颗粒比例合理时，容易形成絮网结构，粗颗粒沉速因絮网结构的阻尼作用而降低，不容易产生滑移、跳跃的运动状态，从而降低了阻力损失。同时，浆体的极限浓度因级配的改变而增大，降低浆体的黏度，浆体更容易流动。在工程实践中常采用中值粒径（级配曲线中小于该值的颗粒占 50%，用 d_{50} 表示）和平均粒径来表示。由于中值粒径与平均粒径都不能完全反映颗粒群的特性，因此在浆体管道输送过程中，为保证管道经济与安全运行，对固体颗粒的上限粒径（d_{90} 或 d_{95}）和颗粒群的细颗粒含量又要控制得比较严格，因此颗粒组成对临界不淤流速影响不容忽视。

4）浓度对临界不淤流速的影响

以往的非均质流不淤流速经验公式计算得到的不淤流速是随着浓度的增加而单向增大的，但也有相当多的试验资料表明，临界淤积流速会随浓度的增加反而减小。如费祥俊认为，浆体浓度的变化将从相反的两个方面来影响管道的临界不淤流速，在浓度较低时，浆体管道不淤流速随着浓度的增加而加大,以保持足够的紊动强度;当浓度达到某一高度以后,又随着浓度增大颗粒快速下降,可使不淤流速随之下降。

2. 临界不淤流速的计算模型

由于试验手段各异,试验条件各不相同,观察时的判断因人而异,导致了大量临界不淤流速的计算公式不尽相同,本次详细介绍几个常用的临界不淤流速计算模型。

1)杜兰德模型

杜兰德等建立临界流速的关系式,其形式为

$$U_c = F_L[2gd(s-1)]^{\frac{1}{2}} \qquad F_L = f(S,d) \tag{1-23}$$

式中:F_L 对于一定系统为常数,但是随系统参数的不同而变化,把式(1-23)改为

$$F_L = \frac{U_c}{[2gd(s-1)]^{\frac{1}{2}}} \tag{1-24}$$

式中:d 为管径,m;s 为固液比,$s=\rho_s/\rho$,ρ_s 为固体颗粒密度,ρ 为清水密度。

可以看出,F_L 实际上是淤积开始时的修正福氏数,与均值浆体体内层流过渡到紊流时取决于雷诺数具有相似的意义。根据试验测定,F_L 随固体浓度和颗粒粒径大小而变化,如图 1-7 所示。当粒径小于 1 mm 时,固体颗粒浓度和大小都对 F_L 值有影响;当粒径大于 1 mm 时,影响减弱,不同浓度的影响趋于重合;当粒径大于 2 mm 时,颗粒粒径与浓度均对 F_L 无影响,即这时 F_L = 常数 = 1.34,临界不淤流速 U_c 仅仅是管径的函数。

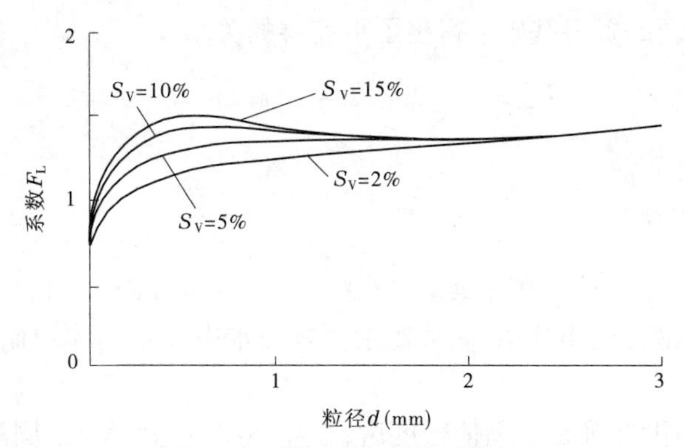

图 1-7　系数 F_L 与粒径的关系

2)Shook 模型

对于均匀颗粒的非均质流,可以认为管道水力坡降与流速关系曲线有一

最低点,也就是相当于管道底部开始出现淤积时的临界情况。鉴于这一点,临界不淤流速可以应用水力坡降与流速的关系 $i_m \sim U$ 曲线求导,用 $\frac{di_m}{dU}=0$ 的条件求得。Shook 根据杜兰德关于非均质流阻力公式(1-23)令 $\frac{di_m}{dU}=0$ 得

$$U = U_c = 2.43\sqrt{2gd(s-1)}\frac{C_V^{1/3}}{C_D^{1/4}} \tag{1-25}$$

式中:d 为管径,m;s 为固液比,$s=\rho_s/\rho$,ρ_s 为固体颗粒密度,ρ 为清水密度;C_V 为体积比浓度;C_D 为自由沉降系数,雷诺数大于 1 000 时,$C_D=0.43$。

对于 Shook 的公式,在一定程度上可以理解为:其求出的临界流速是在摩擦阻力最低点所对应的浆体流速——浆体管道运输时能量损失最低时的流速。

3)Spells 模型

Spells 模型将浑水黏滞系数考虑在内,其公式如下:

$$U_c^{1.225} = 0.025gd\left(\frac{D\rho_m^{0.775}}{\mu_m}\right)(s-1) \tag{1-26}$$

式中:d 为管径,m;s 为固液比,$s=\rho_s/\rho$,ρ_s 为固体颗粒密度,ρ 为清水密度;D 为中值粒径,mm;ρ_m 为浑水密度;μ_m 为浑水黏滞系数。

4)Wasp 模型

Wasp 等整理了许多已发表的临界流速的资料,得到 F_L 与含沙浓度的关系,这使得杜兰德公式的内容更加具体化,但缺点是没有反映出颗粒粒径的影响,为此又在新的资料基础上得出了更完善的关系式:

$$U_c = F_L[2gd(s-1)]^{0.5}\left(\frac{d_{50}}{d}\right)^{1/6} \tag{1-27}$$

式中符号意义同前。

5)蒋素绮模型

$$U_c = 0.293\sqrt{2gd_e}^{-\left[\frac{1}{\sqrt{2S_p}}(S_p-10)\right]^2} + \sqrt{2gd}(s-1) \tag{1-28}$$

式中:S_p 为固液比的 100 倍,固液比指的是浑水中固液的体积比;其他符号意义同前。

蒋素绮模型在确定了固体密度后,临界不淤流速和管径、固液比有关系。

6)费祥俊模型

费祥俊等认为在管道输沙平衡时,不淤条件下有个悬浮指数 Z_c,且它与浆体浓度、上限粒径以及管径等因素有关,$Z_c=\omega_{90}(8/f)^{0.5}/\beta\kappa U_c$。考虑固体

颗粒对紊动的抑制作用，κ 为卡门常数，低于清水时 $\kappa = 0.4$，取 $\kappa = 0.4 \times 0.82$；为安全计取 $\beta = 1.0$；ω_{90} 为悬液上限粒径 d_{90} 在一定浆体浓度下的沉速；λ 是达西阻力系数，对于浆体管道可表达为 $\lambda_0 = \alpha \times 0.11\left(\frac{\Delta}{d} + \frac{68}{Re}\right)^{0.25}$，在相当宽的紊流范围内，上式经验证是适用的，其中，Re 为基于浆体黏性 η 计算的雷诺数，即 $Re = \frac{vd\gamma_m}{g\eta}$；$\Delta$ 为管壁粗糙度，新钢管取值为 0.17 mm；α 为浆体对紊动抑制的影响系数，一般小于 1.0；γ_m 为浆体容重。

根据清华大学泥沙实验室对各种煤浆、尾矿矿浆的环管试验及部分其他研究单位有关环管试验测定的不淤资料进行分析，反复比较各有关参数及其组合与 Z_c 的关系，分析结果得出 Z_c 与无量纲数 Ω 的关系最为密切，$\Omega = \omega_{90}/C_V^{-1/4}(d/d_{90})^{1/3}/[gd(\rho_s/\rho_m - 1)]^{1/2}$。

图 1-6 是由试验资料得出的 $Z_c \sim \Omega$ 关系，可用下述关系拟合，即

$$Z_c = 3.75\Omega \tag{1-29}$$

将 Z_c 和 Ω 的表达式代入式(1-29)，可得浆体管道不淤流速的表达式：

$$U_c = 2.3\frac{C_V^{1/4}}{\sqrt{\lambda}}\sqrt{gd\left(\frac{\rho_s}{\rho_m} - 1\right)}\left(\frac{d_{90}}{d}\right)^{1/3} \tag{1-30}$$

第2章 小浪底库区概况及水沙运移规律

2.1 小浪底库区基本情况

小浪底水库是黄河最后一个峡谷河段水库,库区基本为石山区,库区河谷上窄下宽(见图2-1)。小浪底水库上距三门峡水库130 km,下距花园口131.9 km,控制流域面积69.4万km²,占花园口以上流域面积的95%,控制了黄河径流的90%水量和几乎全部泥沙。库区干流河段为峡谷型山区河流,正常情况下河道宽400~800 m,其中距坝26 km、长约4 km的八里胡同最狭窄,河宽仅200~300 m。

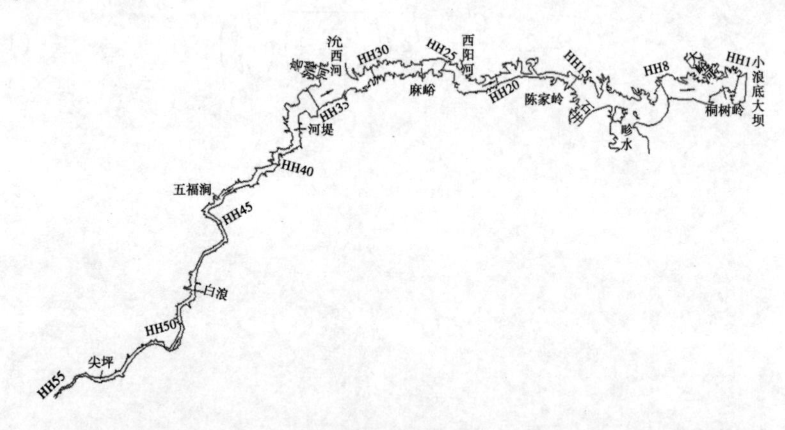

图2-1 库区平面图

小浪底水利枢纽工程泄水建筑物包括3条进口高程为175.0 m的三级孔板泄洪洞,3条进口高程为175.0 m的排沙洞,3条进口高程分别为195.0 m、209.0 m、225.0 m的明流洞,1条进口高程为223.0 m的灌溉压力洞,1座进口高程为258.0 m的正常溢洪道和1座非常溢洪道。另外,还包括6条发电引水洞,其中1号~4号进口高程为195.0 m,5号、6号进口高程为190.0 m。泄水建筑物形成了一个低位排沙、高位排污、中间引水发电的布局。洞群布置见图 2-2。

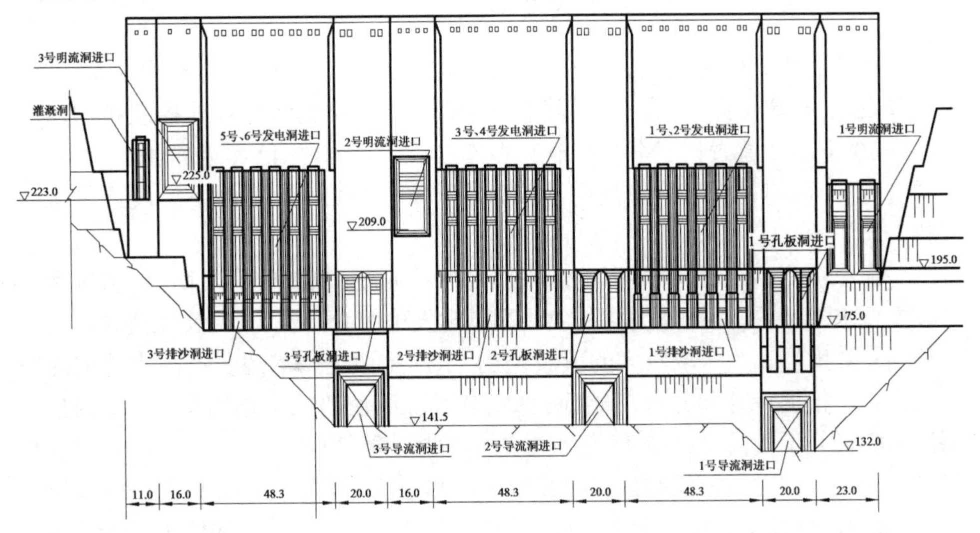

图 2-2　小浪底水利枢纽进水塔上游立视图　（单位：m）

2.1.1　小浪底入库水文泥沙特征

小浪底水库总库容 126.5 亿 m^3，包括拦沙库容 75.5 亿 m^3，防洪库容 40.5 亿 m^3，调水调沙库容 10.5 亿 m^3，可使黄河下游防洪标准由 60 年一遇提高到千年一遇；采用蓄清排浑运用方式，利用 75.5 亿 m^3 的拦沙库容拦滞泥沙，可使下游河床 20 年左右不淤积抬高。

小浪底水库坝址实测多年平均径流量 405.5 亿 m^3，输沙量 13.47 亿 t，平均含沙量 30～35 kg/m^3。小浪底水库最高蓄水位 275.0 m 时，回水到三门峡水库坝下，区间流域面积 5 730 km^2。

小浪底水库于 1999 年下闸蓄水，2001 年投入防洪调度运用，黄河水利委员会（简称黄委）从 2002 年开始对黄河进行调水调沙，2002 年是基于小浪底水库单库调节为主的原型试验，2003 年是基于空间尺度水沙对接的原型试验，2004 年是基于干流水库群联合调度、人工异重流塑造和泥沙扰动的原型试验，从 2005 年转入生产运行，至 2012 年共开展了 11 次调水调沙生产运行，共计 14 次黄河调水调沙，使下游河道行洪能力得到了有效提高，同时确保下游河道连续 10 年不断流。

2.1.2　小浪底水库作用及调度运用

小浪底水利枢纽工程的开发目标是“防洪、防凌、减淤为主，兼顾供水、灌溉和发电，蓄清排浑，综合利用，除害兴利”。它的建成将有效地控制黄河洪水，减缓下游河道淤积速率。小浪底水库与三门峡水库、陆浑水库、故县水库联合调度，可使黄河下游防洪标准大大提高，基本解除了黄河下游凌汛的威胁。

在小浪底枢纽设计中，拟定的水库运用原则是，在首先满足防洪、防凌和减淤要求的前提下尽可能发挥供水、灌溉和发电综合效益，同时要保持必需的长期有效库容。为争取较大的减淤作用，水库主汛期采取逐步抬高水位的运用方式。根据计算和分析，小浪底水库对下游河道的减淤作用是：50 年内拦沙 102 亿 t，下游河道减淤 77 亿 t，减淤年数相当于 20 年。

随着人们对黄河问题认识的逐步深入和小浪底水库运用方式的进一步研究，水利部批准了近期小浪底水库运用方式及原则，主要分汛期调水调沙运用期（7 月 11 日至 9 月 30 日）和蓄水调水调沙运用期（10 月 1 日至翌年 7 月 10 日）两个时期。

调水调沙运用期的主要任务是防洪调度、调水调沙减淤、满足生态用水和发电运用。基本原则是防洪和调水调沙为第一目标，调水调沙期保证小水期下游河道不断流，以满足生态用水要求，相机发电运用。

防洪减淤调度协调规定如下：

（1）防洪运用中提前泄放调水调沙蓄水体的规定。在小浪底水库调水调沙运用过程中，若遇“上大”洪水，预报潼关断面出现大于平滩流量，且遇见小浪底—花园口干流区间、黑石关、小董的流量小于平滩流量时，小浪底水库按照花园口断面的平滩流量控制，尽量泄放起始运行水位以上的蓄水。如遇高含沙大洪水，为避免水库无效淤积，可以提前放空水库蓄水冲刷，恢复河槽过洪能力，而后利用天然高含沙大洪水在下游河道“淤滩刷槽”，以尽快减少滩地横比降。

对于“下大”洪水，由于预见期较短，同时水库初期防洪库容很大。因此，即使预报小浪底—花园口干流区间、黑石关、小董流量小于平滩流量，但有上涨趋势且可能大于下游平滩流量时，小浪底水库也不考虑提前按下游的平滩流量下泄调水调沙的蓄水量，而仅下泄发电流量。

（2）防洪运用结束时的泄水规定。当预报花园口断面的洪水流量退落到 10 000 m^3/s 以下时，陆浑水库、故县水库、三门峡水库和小浪底水库依次泄放蓄洪量，若本次洪水花园口断面的洪峰流量为10 000 m^3/s以上，则控制花园口10 000 m^3/s泄放水库蓄水；若本次洪水花园口断面的洪峰流量小于10 000 m^3/s，则按下游的平滩流量泄放水库蓄水，直至余留起始运行水位以上2亿m^3的可调水量，其后转入调水调沙运用。

根据小浪底水库运用方式研究成果和水利部有关批复意见，汛期调水调沙运用方式，起始水位以下库容淤满前，小浪底水库推荐采用控制流量2 600 m^3/s，调控库容8亿m^3，起始运用水位210 m的方案。具体操作方法如下：

(1)防洪调度原则。当下游出现防御标准(花园口站流量22 000 m^3/s)内洪水时，合理调节水沙，控制花园口流量，最大限度地减轻下游防洪压力，兼顾洪水资源利用及水库、下游河道减淤；当下游可能出现超标准洪水时，尽量减轻黄河下游的洪水灾害；应防止枢纽出现重大安全问题，确保枢纽安全运用。

(2)拦沙后期第一阶段前汛期起始汛限水位为225 m，从8月21日起可以向后汛期汛限水位过渡；后汛期起始汛限水位为248 m，从10月21日起可以向非汛期水位过渡。随着库区泥沙淤积变化，需要调整汛限水位时，应由水库调度单位提出调整意见并报上级主管部门批准。

(3)黄河洪水调度复杂，水库调度单位应根据每年的具体情况逐年制订洪水调度方案，并及时通知运行管理单位；运行管理单位应根据枢纽的具体情况和洪水调度方案制订汛期调度运用计划，并及时上报水库调度单位审批。

(4)当预报花园口流量小于编号洪峰流量4 000 m^3/s时，水库适时调节水沙，按控制花园口流量不大于下游主槽平滩流量的原则泄洪。

(5)当预报花园口洪峰流量为4 000~8 000 m^3/s时，需根据中期天气预报和潼关站含沙量情况，确定不同的泄洪方式。

若中期预报黄河中游有强降雨天气或当潼关站实测有含沙量大于或等于200 kg/m^3的洪水时，原则上按进出库平衡方式运用。

中期预报黄河中游没有强降雨天气且潼关站实测含沙量小于200 kg/m^3时，若小浪底—花园口区间来水洪峰流量小于下游主槽平滩流量，原则上按控制花园口站流量不大于下游主槽平滩流量运用；当小浪底—花园口区间来水洪峰流量大于或等于下游主槽平滩流量时，可视洪水情况控制运用，控制水库最高运用水位不超过正常运用期汛限水位254.0 m。

(6)当预报花园口洪峰流量为8 000~10 000 m^3/s时，若入库流量不大于水库相应泄洪能力，原则上按进出库平衡方式运用；若入库流量大于水库相应泄洪能力，则按敞泄滞洪运用。

(7)当预报花园口流量大于10 000 m^3/s时,若预报小浪底—花园口区间流量小于或等于9 000 m^3/s,按控制花园口10 000 m^3/s运用;若预报小浪底—花园口区间流量大于9 000 m^3/s,则按不大于1 000 m^3/s下泄;当预报花园口流量回落至10 000 m^3/s以下时,按控制花园口流量不大于10 000 m^3/s泄洪,直到小浪底水库库水位降至汛限水位以下。

(8)当危及水库安全时,应加大流量泄洪。

(9)黄河来水、来沙多变,预见期有限,在防洪调度期间需要在年度洪水调度方案的基础上,结合实时水沙情况,进行实时调度。

为兼顾黄河下游河道和小浪底水库减淤的双重目标,黄委近年来进行了积极的探索和尝试,实施了万家寨、三门峡、小浪底、陆浑、故县五座水库联合调水调沙,取得了明显效果,也积累了一些经验。实测资料表明,从2002年开始至2012年,连续多年的调水调沙,使黄河下游河道主河槽河底高程平均下降1 m,下游河道的主河槽得到全面冲刷,主河槽最小行洪能力由2002年首次调水调沙时的1 800 m^3/s提高到目前的4 100 m^3/s。

连续的调水调沙试验及运行,不仅达到了进一步扩大下游河道行洪排沙能力,成功塑造人工异重流增大小浪底水库排沙比,以及河口三角洲湿地自然保护区生态补水的预期目的,而且加深了对水沙演进规律的认识,为河道整治工程设计提供了原型观测数据。

2.1.3　小浪底库区周边风速

库区抽沙作业需考虑作业区风速等气候因素,保证作业平台及输沙管道的安全与稳定。小浪底水库所处孟津县地处豫西丘陵地区,属亚热带和温带的过渡地带,季风环流影响明显,春季多风常干旱,夏季炎热雨充沛,秋高气爽日照长,冬季寒冷雨雪稀。平均气温13.7 ℃,1月最冷,平均为-0.5 ℃,7月最热,平均为26.2 ℃。全县地形复杂,光、热、水等资源差异明显。全年平均日照时数为2 270.1 h,6月份日照时数最长,为247.6 h;2月份日照时数最短,为147.5 h。全年平均日照率为51%;在作物生长的4~10月,日较差5月份最大,为12.7 ℃,8月份最小,为8.6 ℃,平均积温为5 046.4 ℃;平均无霜期为235 d;年平均降水量为650.2 mm,保证率80%的降水量为600 mm。年平均风速为2.5 m/s,主风向为西南,夏季大风多为阵风,时间短、风速大,可能会对抽沙作业造成影响。

2004年6月22日发生的黄河小浪底水库沉船事故初步查明自然灾害是主要原因。事发当晚,黄河小浪底库区突然刮起八级以上强风暴,并伴有强暴雨。孟津县气象局实测到对岸孟津县城当时的最大风速为 22.3 m/s(九级)。根据当地气象部门提供的资料,小浪底库区这次出现的强对流天气多年不遇。

孟津县在历史极大风速推算方面,姬鸿丽等利用孟津县 2006 ~ 2008 年自动气象站风资料建立由 2 min 平均风速、10 min 平均风速推算极大风速的拟合方程,根据方程由孟津县气象观测站 1959 ~ 1982 年 2 min 定时风速和 1983 ~ 1992 年 2 月 10 min 平均风速,推算出极大风速,从而建立了可用于研究使用的长时间序列的孟津县年极大风速序列值。

通过分析,小浪底水库所属孟津县地区风速年际变化特征具有以下特点:孟津县年极大风速最大值为 39.8 m/s,最小值为 16.7 m/s,平均值为 23.1 m/s,年极大风速多在 25 m/s 以下。极大风速具有突变性,极大风速和平均风速之间不存在明显的相关性。孟津县冬、春季节多大风天气,年极大风速容易出现在冬、春季节。但 2010 年 9 月 4 日孟津县遭受历史罕见的强对流天气袭击,极大风速突破 1959 年有气象记录以来的极大值。局地龙卷风往往易出现在夏季,其风速大,易造成风灾。可见,从发生的概率而言,极大风速易出现在冬、春季节,但由于强对流天气往往会带来灾害性的大风,虽然其发生概率低,但其具有突发性强、发展迅猛、预测难度大、致灾性强的特点,故其余季节出现极大风速的情况也有,只是概率低,局地性强。1983 ~ 2009 年间极大风速极大值、极大风速平均值和平均风速的四季变化特征,也体现出了孟津县冬、春季节风速大,夏、秋季节风速小的特征。分析 1959 ~ 2009 年 1 ~ 12 月的月极大风速与月平均极大风速变化,月极大风速出现在 4 月,次大风速出现在 1 月、12 月。无论月极大风速还是月平均极大风速,其最小值均出现在 9 月。1961 ~ 2009 年孟津县共出现 668 个大风日,其中 1 月、3 月、4 月、11 月、12 月大风日多,7 ~ 10 月大风日较少,9 月大风日最少。大风风向多为 WNW 和 NW,占大风的 80% 以上;大风多出现在白天,高发时段在午后到傍晚,14:00是出现大风最多的时间。

小浪底抽沙试验区年平均风速为 2.5 m/s,主风向为西南,夏季大风多为阵风,时间短、风速大,年极大风速多在 25 m/s 以下,极大风速具有突变性。为把小浪底库区抽沙试验时风速影响降至最低,本次试验开展时间为 9 ~ 11 月,施工作业时段根据当天天气确定。

2.2 小浪底库区水沙运移规律及冲淤变化

2.2.1 库区冲淤量变化

从1999年9月开始蓄水运用至2012年10月，小浪底全库区断面法淤积量为27.500亿m^3。其中，干流淤积量为22.709亿m^3，支流淤积量为4.791亿m^3，分别占总淤积量的83%和17%。不同时期库区淤积量见表2-1。

表2-1 小浪底水库历年干、支流冲淤量统计

年份	干流		支流		干流+支流	
	冲淤量（亿m^3）	累计百分数（%）	冲淤量（亿m^3）	累计百分数（%）	冲淤量（亿m^3）	累计百分数（%）
2000	3.842	16.9	0.241	5.0	4.083	14.8
2001	2.549	11.2	0.422	8.8	2.971	10.8
2002	1.938	8.5	0.170	3.5	2.108	7.7
2003	4.623	20.4	0.262	5.5	4.885	17.8
2004	0.297	1.3	0.877	18.3	1.174	4.3
2005	2.603	11.5	0.308	6.4	2.911	10.6
2006	2.463	10.8	0.987	20.6	3.450	12.5
2007	1.439	6.3	0.848	17.7	2.287	8.3
2008	0.256	1.1	-0.015	-0.3	0.241	0.9
2009	1.229	5.4	0.492	10.3	1.721	6.3
2010	1.156	5.1	1.238	25.8	2.394	8.7
2011	-0.810	-3.6	-1.240	-25.9	-2.050	-7.5
2012	1.124	4.9	0.201	4.2	1.325	4.8
合计	22.709	100	4.791	100	27.500	100

注：“-”表示冲刷，后同。

在淤积量年际分布方面，干流在1999~2000年和2002~2003年淤积量较大，1999~2000年为水库的拦沙初始阶段，而2002~2003年则归结为天然来沙较丰，加之水库运用水位偏高的影响，2003~2004年淤积量最少，同样为

来沙量偏少所致。2005 年以后,水库坝前水位差别不大,反映在库区的淤积量上差别也不大。因此,天然水沙条件和水库运用方式是影响库区淤积的主要因素。

根据库区测验资料,利用断面法计算 2012 年小浪底全库区淤积量为 1.325 亿 m^3,利用沙量平衡法计算库区淤积量为 2.032 亿 t(入库 3.327 亿 t,出库为 1.295 亿 t)。由断面法计算结果可以得到,泥沙的淤积分布有以下特点:

(1)2012 年全库区泥沙淤积量为 1.325 亿 m^3,其中干流淤积量为 1.124 亿 m^3,支流淤积量为 0.201 亿 m^3。

(2)2012 年度库区淤积全部集中于 4 ~ 10 月,淤积量为 2.362 亿 m^3,其中干流淤积量 1.638 亿 m^3,占该时期库区淤积总量的 69.35%。表 2-2 给出了断面法计算的 2012 年度各时段库区干支流淤积量分布。可以看出,由于泥沙在非汛期密实固结,淤积面高程有所降低,在淤积量计算时显示为冲刷。

表 2-2　2012 年各时段库区淤积量(断面法)

时段		2011 年 10 月至 2012 年 4 月	2012 年 4 ~ 10 月	2011 年 10 月至 2012 年 10 月
淤积量(亿 m^3)	干流	-0.514	1.638	1.124
	支流	-0.523	0.724	0.201
	合计	-1.037	2.362	1.325

(3)全库区年度内淤积主要集中在 215 m 高程以下,该区间淤积量达到 1.449 亿 m^3;215 m 高程以上除个别高程间(230 ~ 235 m、245 ~ 260 m)发生淤积外,出现少量冲刷,冲刷量为 0.221 亿 m^3,图 2-3 给出了 2012 年度不同高程的冲淤量分布。

(4)表 2-3 给出了小浪底库区不同时段不同库段的冲淤量分布。由表 2-3 可以看出,2012 年 4 ~ 10 月,除 HH38 至 HH49 库段外,其他库段均出现不同程度的淤积,其中 HH11 断面以下(含支流)淤积量为 1.730 亿 m^3,是淤积的主体。2011 年 10 月至 2012 年 4 月,由于泥沙沉降密实等原因,除 HH49 断面以上外,库区其他库段淤积量计算时显示为冲刷。不同时段各断面间冲淤量分布见图 2-4。

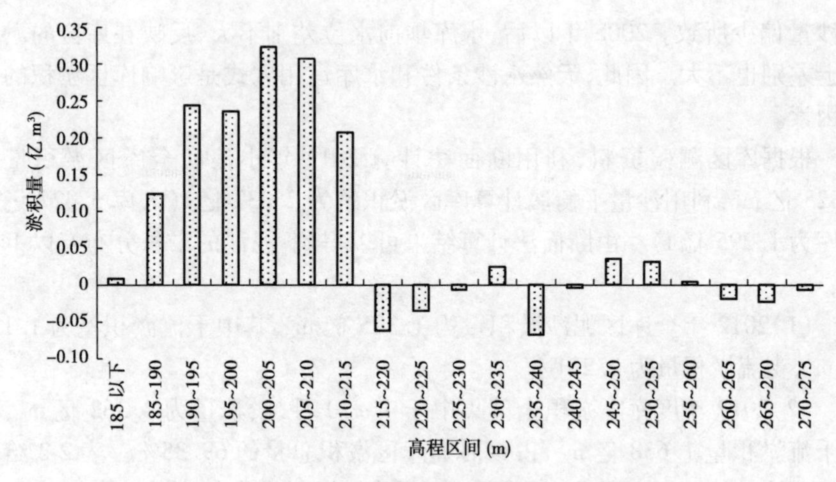

图 2-3　2012 年度小浪底库区不同高程冲淤量分布

表 2-3　2012 年小浪底库区不同时段不同库段(含支流)的冲淤量分布

(单位:亿 m^3)

断面区间	HH11 以下	HH11—HH33	HH33—HH38	HH38—HH49	HH49 以上	合计
距坝里程(km)	0 ~ 16. 39	16. 39 ~ 55. 02	55. 02 ~ 64. 83	64. 83 ~ 93. 96	93. 96 ~ 123. 41	—
2011 年 10 月至 2012 年 4 月	-0. 300	-0. 676	-0. 065	-0. 031	0. 035	-1. 037
2012 年 4 ~ 10 月	1. 730	0. 486	0. 162	-0. 132	0. 116	2. 362
2011 年 10 月至 2012 年 10 月	1. 430	-0. 190	0. 097	-0. 163	0. 151	1. 325

(5)2012 年支流淤积量为 0. 201 亿 m^3,其中 2011 年 10 月至 2012 年 4 月与干流同时期表现一致,由于淤积物的密实作用而表现为淤积面高程的降低,淤积量显示为 -0. 523 亿 m^3,而 2012 年 4 ~ 10 月淤积量为 0. 724 亿 m^3。支流泥沙主要淤积在库容较大的支流,如畛水河、石井河、大峪河、东洋河以及近坝段的宣沟、土泉沟、白马河、大沟河、石门沟、煤窑沟等支流。2012 年 4 ~ 10

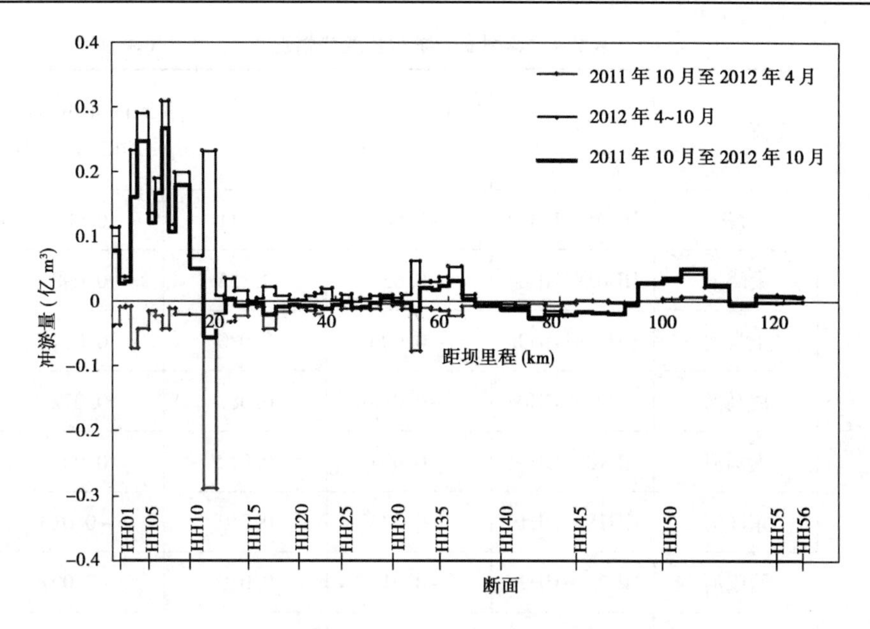

图2-4 2012年小浪底库区不同时段各断面间冲淤量分布(含支流)

月干、支流的详细淤积情况见图2-5。表2-4列出了2012年4~10月淤积量大于0.01亿m^3的支流。支流淤积主要为干流来沙倒灌所致,淤积集中在沟口附近,从沟口向上沿程减少。

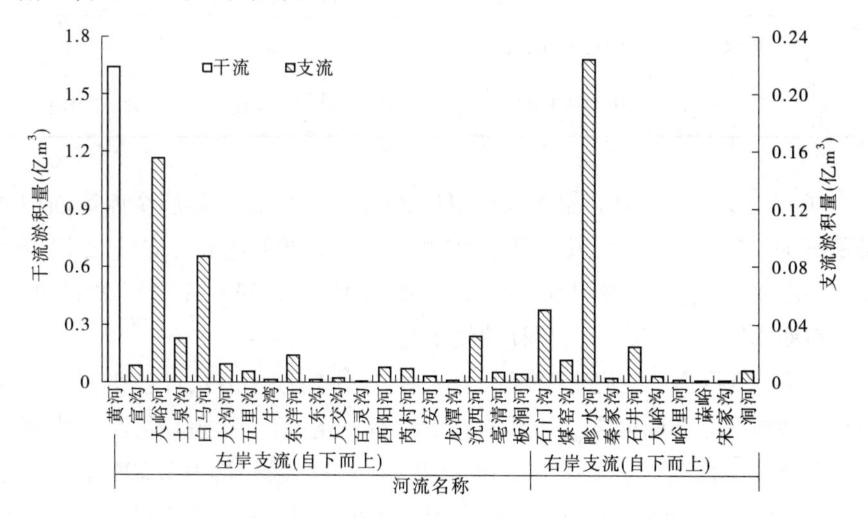

图2-5 小浪底库区2012年4~10月干、支流淤积量分布

表 2-4 典型支流淤积量变化情况 (单位:亿 m^3)

	支流	位置	2011 年 10 月至 2012 年 4 月	2012 年 4~10 月	2011 年 10 月至 2012 年 10 月
左岸	宣沟	HH01—HH02	-0.003	0.011	0.008
	大峪河	HH03—HH04	-0.057	0.155	0.098
	土泉沟	HH04—HH05	-0.006	0.030	0.024
	白马河	HH07—HH08	-0.015	0.087	0.072
	大沟河	HH10—HH11	-0.004	0.012	0.008
	东洋河	HH18—HH19	-0.033	0.019	-0.016
	西阳河	HH23—HH24	-0.017	0.010	-0.007
	沇西河	HH32—HH33	-0.044	0.032	-0.012
右岸	石门沟	大坝—HH01	-0.011	0.050	0.039
	煤窑沟	HH04—HH05	0.007	0.015	0.022
	畛水河	HH11—HH12	-0.256	0.224	-0.032
	石井河	HH13—HH14	-0.013	0.025	0.012

(6)从 1999 年 9 月开始蓄水运用至 2012 年 10 月,小浪底全库区断面法淤积量为 27.500 亿 m^3,其中干流淤积量为 22.709 亿 m^3,支流淤积量为 4.791 亿 m^3,分别占总淤积量的 82.6% 和 17.4%。1999 年 9 月至 2012 年 10 月小浪底库区不同高程下的累计冲淤量分布见图 2-6。

表 2-5 所示为小浪底水库蓄水运用后,应用输沙率方法计算小浪底水库历年排沙情况。与断面方法计算的冲淤量有一定的出入,但仍可反映库区泥沙的总体排沙情况。2000~2012 年 13 年水库平均淤积量为 2.594 亿 t,其中汛期平均值为 2.364 亿 t。最大淤积年份为 2003 年,全年淤积量 6.358 亿 t,其中汛期淤积 6.383 亿 t,占全年淤积量的 100.4%;最小淤积年份为 2008 年,淤积量为 0.875 亿 t。

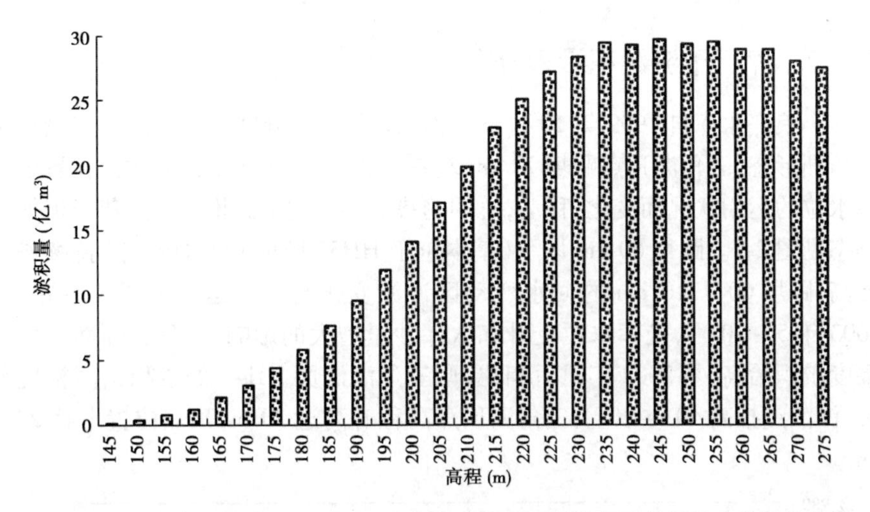

图2-6　1999年9月至2012年10月小浪底库区不同高程下的累计冲淤量分布

表2-5　应用输沙率方法计算小浪底水库历年排沙情况

年份	入库沙量			出库沙量			淤积量		
	全年(亿t)	汛期(亿t)	汛期占全年(%)	全年(亿t)	汛期(亿t)	汛期占全年(%)	全年(亿t)	汛期(亿t)	汛期占全年(%)
2000	3.570	3.341	93.6	0.042	0.042	100	3.528	3.299	93.5
2001	2.830	2.830	100	0.221	0.221	100	2.609	2.609	100.0
2002	4.375	3.404	77.8	0.701	0.701	100	3.674	2.703	73.6
2003	7.564	7.559	99.9	1.206	1.176	97.5	6.358	6.383	100.4
2004	2.638	2.638	100	1.487	1.487	100	1.151	1.151	100.0
2005	4.076	3.619	88.8	0.449	0.434	96.7	3.627	3.185	87.8
2006	2.325	2.076	89.3	0.398	0.329	82.7	1.927	1.747	90.7
2007	3.125	2.514	80.4	0.705	0.523	74.2	2.420	1.991	82.3
2008	1.337	0.744	55.6	0.462	0.252	54.5	0.875	0.492	56.2
2009	1.980	1.615	81.6	0.036	0.034	94.4	1.944	1.581	81.3
2010	3.511	3.504	99.8	1.361	1.361	100	2.150	2.143	99.7
2011	1.753	1.748	99.7	0.329	0.329	100	1.424	1.419	99.6
2012	3.327	3.325	99.9	1.295	1.295	100	2.032	2.030	99.9
合计	42.411	38.917	91.8	8.692	8.184	94.2	33.719	30.733	91.1
平均	3.262	2.994	91.8	0.669	0.630	94.2	2.594	2.364	91.1

2.2.2　库区干流淤积沿程分布

小浪底水库自1999年10月下闸蓄水运用,至2000年11月,干流淤积呈三角洲形态,三角洲顶点距坝70 km左右。此后,三角洲形态及顶点位置随着库水位的运用状况而变化、移动,总的趋势是逐步向下游推进。历年干流淤积形态见图2-7。距坝60 km以下(基本位于HH35断面)回水区河床持续淤积抬高;距坝60~110 km的回水变动区冲淤变化与水库运用方式关系密切。2003年5~10月,受库水位上升和入库沙量增大的影响,三角洲洲面发生大幅度淤积抬高,与2002年汛后相比,原三角洲洲面HH41处淤积抬高幅度最大,深泓点抬高40 m以上,三角洲顶点高程升高近30 m,顶点位置上移24.5 km。

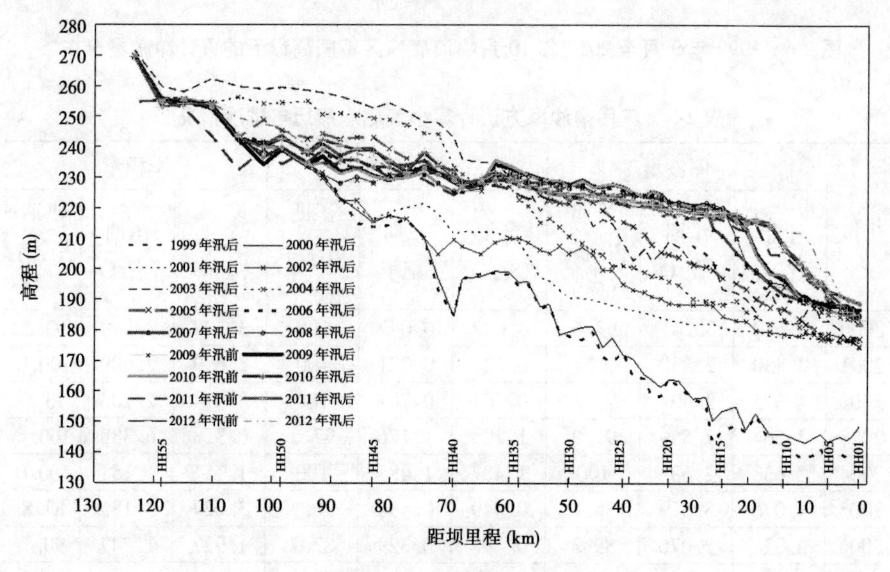

图2-7　库区纵剖面

2011年11月至2012年6月,除在3月份利用并优化桃汛洪水过程冲刷降低潼关高程期间有少量泥沙排出外,三门峡水库大部分时段下泄清水;小浪底水库入库沙量仅为0.001亿t,无泥沙出库,干流纵向淤积形态在此期间变化不大。2012年7~10月,小浪底库区干流保持三角洲淤积形态,在库区三角洲洲面水流基本为明流流态,三角洲顶点以下的前坡段,水深陡增,流速骤减,水流挟沙力急剧下降,处于超饱和输沙状态,大量泥沙在此落淤,使三角洲洲体随库区淤积量的增加而不断向坝前推进。表2-6、图2-8给出了三角洲淤积形态要素统计与干流纵剖面。可以看出,三角洲各库段比降 2012 年 10 月较 2011 年 10 月均有所调整。首先,洲面段除 HH33(1)—HH38 库段有少量淤积外,三角洲洲面大部分库段均发生冲刷,干流冲刷量为 0.357 亿 m^3;与上年度末相比,洲面向下游库段有所延伸,洲面比降变化不大,为 3.30‱。其次,随着三角洲前坡段与坝前淤积段泥沙的大量淤积,干流淤积量为 1.430 亿 m^3,三角洲顶点不断向坝前推进,由距坝 16.39 km(HH11)推进到 10.32 km(HH08),向下游推进了 6.07 km,三角洲顶点高程为 210.66 m。三角洲尾部段有少量淤积,淤积量为 0.151 亿 m^3,比降变缓,达到 7.71‱。

表 2-6　干流纵剖面三角洲淤积形态要素统计

时间(年-月)	顶点		坝前淤积段	前坡段		洲面段		尾部段	
	距坝里程(km)	深泓点高程(m)	距坝里程(km)	距坝里程(km)	比降(‱)	距坝里程(km)	比降(‱)	距坝里程(km)	比降(‱)
2011-10	16.39	215.16	0~6.54	6.54~16.39	20.19	16.39~105.85	3.28	105.85~123.41	11.83
2012-10	10.32	210.66	0~4.55	4.55~10.32	31.66	10.32~93.96	3.30	93.96~123.41	7.71

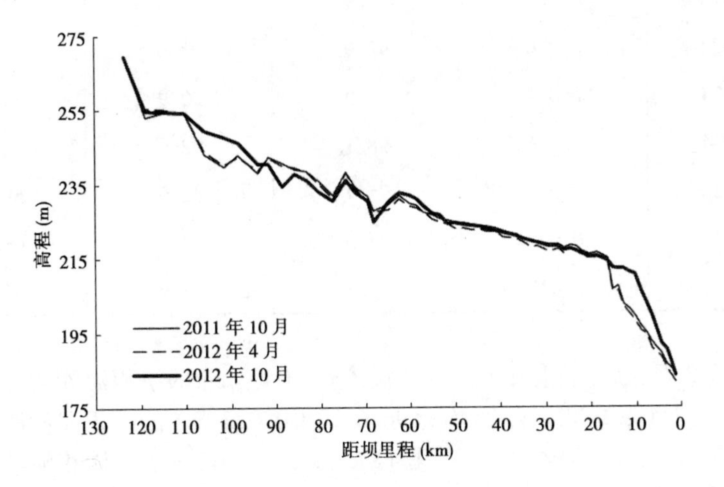

图 2-8　干流纵剖面套绘(深泓点)

2.2.3 淤积物组成及分布

小浪底水库入库水流挟带泥沙,进入回水变动区后沿程分选,上游粗泥沙先淤,中、细泥沙随之沿程落淤。根据小浪底水库运用初期水下淤积物测验资料,淤积物中值粒径沿程变化的基本规律为距坝越近,断面平均数值越小。在三角洲洲面 HH54—HH42 断面之间,淤积物中值粒径 d_{50}沿程急剧减小,细泥沙($d<0.025$ mm)所占的沙重百分数急剧增大,三角洲顶点以下异重流淤积段,淤积物级配沿程缓慢变细。

试验选取黄委水文局 2013 年 10 月表层淤积泥沙取样测验数据(见表 2-7),分析小浪底水库干流各断面主槽表层淤积泥沙的物理特性。

表 2-7 小浪底水库干流断面主槽表层淤积泥沙粒径变化

取样断面	中值粒径(mm)	小于某粒径泥沙的总质量百分数(%)		
		0.050 mm	0.025 mm	0.012 mm
HH02	0.004	97.9	94.0	77.5
HH04	0.006	97.7	90.2	70.6
HH10	0.010	96.2	83.4	57.2
HH12	0.016	93.3	71.6	35.8
HH16	0.005	98.0	93.9	74.7
HH18	0.005	97.9	93.8	74.6
HH22	0.006	97.9	92.6	72.3
HH24	0.005	97.9	92.9	75.2
HH34	0.006	98.1	92.9	72.4
HH36	0.009	95.7	82.9	59.3
HH48	0.008	95.5	82.9	61.5
HH50	0.010	93.1	77.9	55.7

由表 2-7 可知:①主槽表层泥沙粒径≤0.050 mm 的淤积泥沙所占总质量百分数为 93.1%~98.1%,平均为 96.6%;≤0.025 mm 的淤积泥沙所占总质量百分数为 71.6%~94.0%,平均为 87.4%;≤0.012 mm 的淤积泥沙所占总质量百分数为 35.8%~77.5%,平均为 65.6%。②中值粒径 d_{50} 为 0.004~0.016 mm,平均为 0.008 mm,表明表层淤积泥沙以细沙为主,粗沙所占比例

较小。③表层泥沙位于底泥交换层,粒径级配受悬浮泥沙沉降影响较大,表现出淤积不稳定等特性,极易受水流大小影响引起冲淤变化。

2.2.3.1　淤积物干容重变化分析

韩其为在《水库淤积》一书中,从初期干容重及固结密实度两个方面对水库淤积物特性进行了研究。

1. 细颗粒淤积物的初期干容重

对于淤积物的初期干容重无确切的定义,一般认为应是刚淤下不流动的淤积物干容重,而不是流动的高含沙浑水的干容重。显然这些淤积物是未经过固结压密的,相邻颗粒薄膜水是没有接触的。如果颗粒分布均匀,颗粒间薄膜水不接触的临界条件下,使其间距 $2t=2\delta_1$,如图 2-9 所示,此处 $\delta_1=4\times10^{-7}$m 为薄膜水厚度。由于颗粒在淤积物空间中的分布常常是不均匀的,故仅在 $t=\delta_1$ 时仍会有一部分颗粒的薄膜水接触。可见,对处于初期干容重的淤积物,可设此时颗粒间的最大间距 $t_M=2\delta_1$ 作为薄膜水不接触的临界条件。而对于淤积物(或床沙)一般情况,$2t$ 应理解成平均间距,此时 $t<\delta_1$。

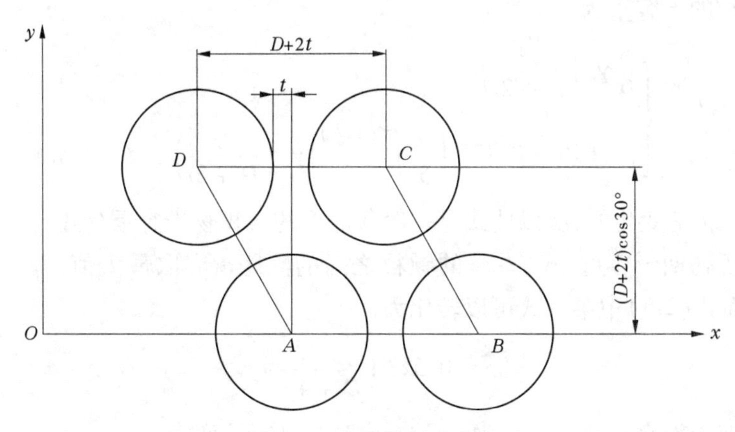

图 2-9　交错排列示意图

不仅 t 决定颗粒的密实情况,而且颗粒之间的排列对密实情况也有一定的影响。如果颗粒按一个方向重叠排列,则一个颗粒占有的长度为 $D+2t$;在一个方向交错排列,则一个颗粒占有的长度为 $(D+2t)\cos30°$。这样,如有两个方向交错,一个方向重叠排列,则一个颗粒占有的体积为 $(D+2t)^3\cos^2 30°$,而它的密实体积为 $\frac{\pi}{6}D^3$,因而它的密实系数 μ 为

$$\mu=\frac{2\pi}{9}\left(\frac{D}{D+2t}\right)^3=\mu'\left(\frac{D}{D+2t}\right)^3 \tag{2-1}$$

相反,一个方向交错,两个方向重叠排列时,则密实系数μ为

$$\mu = \frac{\pi}{3\sqrt{3}}\left(\frac{D}{D+2t}\right)^3 = \mu'\left(\frac{D}{D+2t}\right)^3 \tag{2-2}$$

三个方向重叠时,密实系数μ为

$$\mu = \frac{\pi}{6}\left(\frac{D}{D+2t}\right)^3 = \mu'\left(\frac{D}{D+2t}\right)^3 \tag{2-3}$$

由此可见,密实系数中的μ'与排列情况有关。由于这三种情况的变化较窄,当t增加时,密实系数从最大值0.698减至最小值0.523,可以采用一个插值公式描述其间的变化。根据相关资料分析,密实系数随t的减小而增加有下述经验关系:

$$\mu' = \begin{cases} \frac{\pi}{6} & (t \geqslant \delta_1) \\ \left[0.698 - 0.175\left(\frac{t}{\delta_1}\right)^{\frac{1}{3}\left(1-\frac{t}{\delta_1}\right)}\right] & (t < \delta_1) \end{cases} \tag{2-4}$$

可得颗粒的干容重为

$$\gamma' = \begin{cases} \frac{\pi}{6}\gamma_s\left(\frac{D}{D+2t}\right)^3 & (t \geqslant \delta_1) \\ \left[0.698 - 0.175\left(\frac{t}{\delta_1}\right)^{\frac{1}{3}\left(1-\frac{t}{\delta_1}\right)}\right]\gamma_s\left(\frac{D}{D+2t}\right)^3 & (t < \delta_1) \end{cases} \tag{2-5}$$

因为t是变化的,所以此式是一般条件下的淤积物干容重公式。

对于初期干容重,式(2-5)的颗粒之间的间距t应取最大值,即$t = t_M = 2\delta_1$,从而式(2-5)中第一式可以转化为

$$\gamma'_0 = 0.523\left(\frac{D}{D+4\delta_1}\right)^3\gamma_s \tag{2-6}$$

当取泥沙颗粒的干容重为2.7 t/m^{3}时,式(2-6)变为

$$\gamma'_0 = 1.41\left(\frac{D}{D+4\delta_1}\right)^3 \tag{2-7}$$

2. 粗颗粒的初期干容重

当$D \geqslant 1$ mm时,$\left(\frac{D}{D+4\delta_1}\right)^3 \approx 1$,薄膜水对干容重的影响可以忽略不计。此时初期干容重就是最终干容重,不存在密实问题。但是,由于$D > 1$ mm的颗粒在河道中运行时几乎均以推移方式进行,并且颗粒愈粗,跳跃愈少,滚动愈多,这就使得这些泥沙由细到粗磨损的机会愈来愈多,其形状逐渐趋于圆

滑，从而使颗粒交错排列的可能性增加，彼此挤塞趋紧，最终使淤积物密实程度和干容重加大。据此可以作一个简单概括，设

$$\Delta(\gamma'_2 - \gamma') = -\alpha(\gamma'_2 - \gamma')\Delta D \tag{2-8}$$

式中：γ'为卵石干容重；γ'_2为完全密实（即$\mu' = 0.698$）时的干容重；α为比例系数。

在$D = D_1 = 1$ mm及$\gamma' = \gamma'_1$条件下，对式(2-8)积分，得到

$$\gamma' = \gamma'_2 - (\gamma'_2 - \gamma'_1)\exp[-\alpha(D - D_1)] \quad (D \geqslant 1\ \text{mm}) \tag{2-9}$$

据实际资料，当D以mm计时，反求出

$$\alpha = \frac{0.095}{D_1} \tag{2-10}$$

需要注意的是，当$D = 1$ mm时，薄膜水对干容重的影响可以忽略，但从排列情况看，由于其形态不圆滑，并具有棱角，此时只能取$\mu' = \frac{\pi}{6}$。这样当$\gamma_s = 2.7$ t/m³时，式(2-9)可以转化为

$$\gamma'_0 = 1.88 - 0.472\exp\left(-0.095\frac{D - D_1}{D_1}\right) = \gamma'_c \quad (D \geqslant 1\ \text{mm}) \tag{2-11}$$

前面已指出，当$D \geqslant 1$ mm时，淤积物或床沙没有密实问题，可以近似地认为初期干容重γ'_0就是稳定干容重γ'_c。

3. *淤积物稳定干容重*

从淤积密实情况看，淤积物达到稳定，可分为两种情况：一种是一般条件下水库淤积物或河道沉积物在一定厚度（10~20 m）以上，时间不超过20~30年，在水下可达到稳定干容重γ'_c，对于河道露出的沉积物可能达到稳定干容重γ'_c的时间短一些；另一种情况是当淤积厚度更厚，密实时间更长时，干容重继续缓慢增长，最后达到不能再密实的极限稳定干容重γ'_M。对于各种细颗粒淤积物，当其达到稳定干容重时颗粒间空隙很小，t的平均值约为1.5×10^{-7} m，即$t = 0.375\delta_1$。此时干容重可用式(2-5)确定，当取$\gamma_s = 2.70$ t/m³时，可得

$$\gamma'_c = 0.555\gamma_s\left(\frac{D}{D + 0.75\delta_1}\right)^3 = 1.50\left(\frac{D}{D + 3 \times 10^{-7}}\right)^3 \tag{2-12}$$

当淤积物进一步密实，颗粒排列会进一步紧凑，达到极限稳定干容重γ'_M。此时可取$t = 0.125\delta_1 = 5 \times 10^{-8}$m。而由式(2-5)可得

$$\gamma'_M = 0.603\gamma_s\left(\frac{D}{D + 0.25\delta_1}\right)^3 = 1.63\left(\frac{D}{D + 10^{-7}}\right)^3 \tag{2-13}$$

根据式(2-12)和式(2-13)对小浪底水库不同粒径条件下的 γ'_c、γ'_M 进行计算,结果见表 2-8。其中,稳定干容重 γ'_c 极限范围是按照式(2-12)根据各组粒径范围计算得出的,建议取值基本是极限范围的平均。而极限稳定干容重 γ'_M 是按照式(2-13)计算的,建议值在计算值的范围内取得。

表 2-8 干容重参数

名称		砂粒粒径(mm)		粉粒粒径(mm)		黏粒粒径(mm)
		0.25~0.5	0.075~0.25	0.025~0.075	0.005~0.025	0.002~0.005
初期干容重 γ_0 (t/m³)	极限范围	1.38~1.40	1.32~1.38	1.17~1.32	0.61~1.17	0.24~0.61
	建议取值	1.39	1.35	1.25	0.89	0.43
稳定干容重 γ'_c (t/m³)	极限范围	1.49~1.50	1.48~1.49	1.45~1.48	1.26~1.45	0.99~1.26
	建议取值	1.49	1.48	1.46	1.36	1.12
极限稳定干容重 γ'_M (t/m³)	极限范围	1.63	1.62~1.63	1.61~1.62	1.54~1.61	1.41~1.54
	建议取值	1.63	1.62	1.61	1.58	1.48

根据小浪底水库的情况,其淤积泥沙厚度已达 20 m 以上,泥沙淤积时间不超过 20 年,因此其淤积泥沙可以达到稳定干容重。另外,小浪底水库泥沙以粉粒和黏粒为主,从表 2-8 可知,小浪底水库淤积泥沙理论稳定干容重为 1.12 ~1.46 t/m³。由于上述稳定干容重是理论分析的结果,其实际的淤积物稳定干容重还需通过取样分析确定。

2.2.3.2 取样分析

黄河水利科学研究院(简称黄科院)曾于 2010 年自小浪底大坝向上游至八里胡同处,沿水边线对滩区泥沙进行取样,以获取具有参考价值的土样力学特性指标,为小浪底汛前调水调沙出库水流加沙研究提供了基础资料。

1. 试验内容及方法

分析研究小浪底库岸滩区土体组成及其力学特性，了解土体的类别、各项物性指标、颗粒的级配组成、黏粒含量、抗剪强度等参数，取原状样进行相关室内试验，主要包括比重试验、干容重试验、含水率试验、颗粒分析试验、直剪试验、界限含水率试验等。

2. 取样点选取及取样情况

根据小浪底水库两岸滩区的具体情况，结合现场条件，取样点选取在现有淤积测量断面附近，具体位置为主河槽靠近边滩的部位，取样在坝上游30 km范围内，沿库区水边线共布置10个断面，断面间距不等，每个断面取6个原状样，共计60个，取样深度距表面0.7～1.5 m，取样点距水边线为0.1～1.5 m。为使土样性状保持原状，采用铁皮筒取样后，进行密封。取样断面具体位置如表2-9和图2-10所示。

表2-9　土样选取的断面位置

断面编号	纬度	经度	与黄河位置关系
1	N34°55′0.1″	E112°21′21.2″	右岸
2	N34°56′47.2″	E112°20′6.2″	右岸
3	N34°56′55.0″	E112°18′13.0″	右岸
4	N34°57′11.5″	E112°16′38.2″	左岸
5	N34°56′45.5″	E112°15′26.4″	右岸
6	N34°57′36.9″	E112°13′28.7″	右岸
7	N34°54′32.3″	E112°12′26.6″	左岸
8	N34°58′23.7″	E112°11′33.7″	右岸
9	N34°58′47.2″	E112°10′53.0″	右岸
10	N34°59′22.1″	E112°09′55.7″	左岸

3. 试验结果

各试验参数成果见表2-10、表2-11，表中的土样编号如K1－1，其中K1表示第一个断面，后面的1～6表示第一个至第六个采样点。

图 2-10 各断面取样点位置示意图

表 2-10 物性力学试验成果

土样编号	天然状态						剪切试验	
	湿容重（t/m³）	含水率（%）	干容重（t/m³）	比重	孔隙比	饱和度（%）	凝聚力（kPa）	摩擦角（°）
K1－1	1.863	30.5	1.43	2.69	0.884	92.8	18.6	15.9
K1－2	1.821	30.8	1.39	2.69	0.932	88.9	9.7	22.1
K1－3	1.842	32.3	1.39	2.69	0.932	93.2	6.0	25.1
K1－4	1.779	34.6	1.32	2.69	1.035	89.9	6.6	24.9
K1－5	1.796	34.4	1.34	2.69	1.013	91.3	1.9	24.4
K1－6	1.848	36.4	1.35	2.68	0.978	99.7	9.0	22.3
K2－1	1.847	35.7	1.36	2.70	0.984	98.0	15.5	22.2
K2－2	1.808	35.8	1.33	2.70	1.028	94.0	6.0	24.6
K2－3	1.919	24.4	1.54	2.70	0.750	87.8	6.5	24.6
K2－4	1.847	28.4	1.44	2.70	0.877	87.4	17.3	17.6
K2－5	1.818	33.7	1.36	2.70	0.986	92.3	4.7	30.3

续表 2-10

土样编号	天然状态						剪切试验	
	湿容重 (t/m³)	含水率 (%)	干容重 (t/m³)	比重	孔隙比	饱和度 (%)	凝聚力 (kPa)	摩擦角 (°)
K2－6	1.840	35.8	1.35	2.70	0.993	97.4	17.8	21.0
K3－1	1.809	32.6	1.36	2.70	0.979	89.9	11.6	26.0
K3－2	1.876	26.2	1.49	2.70	0.816	86.7	7.8	25.9
K3－3	1.848	32.4	1.40	2.70	0.934	93.6	12.9	19.8
K3－4	1.773	31.4	1.35	2.69	0.994	85.0	10.6	20.7
K3－5	1.777	38.3	1.28	2.69	1.094	94.2	12.6	19.2
K3－6	1.841	26.4	1.46	2.69	0.847	83.9	1.2	21.9
K4－1	1.836	31.8	1.39	2.67	0.917	92.6	18.6	15.9
K4－2	1.832	32.3	1.38	2.67	0.928	92.9	9.7	22.1
K4－3	1.785	30.8	1.36	2.67	0.957	86.0	6.0	25.1
K4－4	1.780	31.1	1.36	2.69	0.981	85.3	6.6	24.9
K4－5	1.781	31.2	1.36	2.69	0.982	85.5	1.9	24.4
K4－6	1.840	29.3	1.42	2.69	0.890	88.5	9.0	22.3
K5－1	1.792	29.6	1.38	2.69	0.945	84.2	2.4	31.2
K5－2	1.793	34.2	1.34	2.69	1.013	90.8	13.5	24.7
K5－3	1.821	29.4	1.41	2.69	0.912	86.8	1.9	30.4
K5－4	1.836	29.6	1.42	2.69	0.899	88.6	5.2	27.8
K5－5	1.787	31.1	1.36	2.69	0.973	85.9	8.3	26.4
K5－6	1.842	28.6	1.43	2.69	0.878	87.6	1.4	29.3
K6－1	1.899	29.7	1.46	2.71	0.851	94.6	1.0	32.6
K6－2	1.827	32.9	1.37	2.71	0.971	91.8	3.4	29.0
K6－3	1.828	35.4	1.35	2.71	1.007	95.2	5.4	26.5
K6－4	1.849	30.2	1.42	2.70	0.901	90.5	2.2	30.9
K6－5	1.793	34.6	1.33	2.70	1.027	91.0	3.0	36.7

续表 2-10

土样编号	天然状态						剪切试验	
	湿容重 (t/m^3)	含水率 (%)	干容重 (t/m^3)	比重	孔隙比	饱和度 (%)	凝聚力 (kPa)	摩擦角 (°)
K6 - 6	1.874	28.8	1.45	2.70	0.856	90.9	2.4	31.0
K7 - 1	1.820	33.1	1.37	2.67	0.953	92.8	3.3	30.0
K7 - 2	1.841	32.1	1.39	2.67	0.916	93.6	3.1	30.1
K7 - 3	1.813	34.1	1.35	2.67	0.975	93.4	0.1	29.2
K7 - 4	1.825	31.5	1.39	2.67	0.924	91.0	6.6	28.3
K7 - 5	1.827	34.0	1.36	2.67	0.958	94.7	1.2	24.8
K7 - 6	1.865	31.6	1.42	2.67	0.884	95.4	3.1	18.8
K8 - 1	1.814	32.8	1.37	2.69	0.969	91.0	2.5	29.4
K8 - 2	1.821	29.6	1.41	2.69	0.914	87.1	0.4	29.6
K8 - 3	1.826	34.1	1.36	2.69	0.976	94.0	2.6	28.3
K8 - 4	1.841	36.0	1.35	2.70	0.995	97.7	1.6	28.7
K8 - 5	1.826	33.8	1.36	2.70	0.978	93.3	5.3	27.6
K8 - 6	1.868	29.4	1.44	2.70	0.870	91.2	3.1	33.7
K9 - 1	1.830	28.6	1.42	2.70	0.897	86.1	2.9	18.9
K9 - 2	1.883	24.1	1.52	2.70	0.779	83.5	6.7	28.7
K9 - 3	1.812	36.5	1.33	2.70	1.034	95.3	28.9	12.0
K9 - 4	1.877	28.2	1.46	2.70	0.844	90.2	17.9	31.4
K9 - 5	1.875	28.4	1.46	2.70	0.849	90.3	20.3	31.5
K9 - 6	1.846	26.2	1.46	2.70	0.846	83.6	3.2	26.4
K10 - 1	1.648	42.0	1.16	2.72	1.344	85.0	1.5	4.6
K10 - 2	1.682	43.6	1.17	2.72	1.322	89.7	2.1	9.8
K10 - 3	1.657	42.9	1.16	2.72	1.346	86.7	4.0	2.7
K10 - 4	1.819	51.4	1.20	2.72	1.264	110.6	6.3	13.6
K10 - 5	1.641	52.0	1.08	2.72	1.519	93.1	6.5	4.0
K10 - 6	1.663	45.9	1.14	2.72	1.386	90.1	6.1	1.6

表 2-11　物性试验成果

土样编号	不同粒径(mm)颗粒组成(%)					界限含水率(%)		
	砂粒		粉粒		黏粒	液限	塑限	塑性指数
	>0.25	0.075~0.25	0.025~0.075	0.005~0.025	<0.005	ω_L	ω_P	I_P
K1-1	0	8.0	36.0	32.0	24.0	27.8	17.0	10.8
K1-2	0	4.0	41.0	31.0	24.0	29.6	15.3	14.3
K1-3	0	2.0	39.0	32.0	27.0	29.7	14.7	15.0
K1-4	0	2.0	36.0	37.5	24.5	30.4	15.2	15.2
K1-5	0	2.0	40.0	36.0	22.0	29.2	14.7	14.5
K1-6	0	9.0	47.0	26.0	18.0	27.4	14.8	12.6
K2-1	0	4.0	48.0	28.0	20.0	28.5	17.6	10.9
K2-2	0	3.0	39.0	38.0	20.0	29.6	16.9	12.7
K2-3	0	5.0	46.0	29.0	20.0	30.1	16.3	13.8
K2-4	0	8.0	42.0	30.0	20.0	31.0	15.8	15.2
K2-5	0	3.0	46.0	32.0	20.0	28.6	16.8	11.8
K2-6	0	5.0	39.0	37.0	19.0	32.4	17.9	14.5
K3-1	0	4.0	43.0	32.0	21.0	28.2	15.7	12.5
K3-2	0	11.0	47.0	23.0	19.0	27.1	14.9	12.2
K3-3	0	5.0	41.0	31.0	23.0	28.3	15.9	12.4
K3-4	0	5.0	36.0	36.0	23.0	29	15.1	13.9
K3-5	0	5.0	36.0	34.0	25.0	30.1	16.6	13.5
K3-6	0	5.0	35.0	34.0	26.0	28.7	16.7	12.0
K4-1	0.5	5.5	35.0	34.0	25.0	28.1	15.7	12.4
K4-2	0	7.0	35.0	34.0	24.0	29.5	15.6	13.9
K4-3	0.5	6.5	36.0	34.0	23.0	32.6	16.0	16.6
K4-4	0.5	5.5	36.0	35.0	23.0	29.2	14.7	14.5
K4-5	0.5	6.5	37.0	32.5	23.5	28.5	15.3	13.2
K4-6	0.5	6.5	37.0	33.5	22.5	28.5	17.0	11.5

续表 2-11

土样编号	不同粒径(mm)颗粒组成(%)					界限含水率(%)		
	砂粒		粉粒		黏粒	液限	塑限	塑性指数
	>0.25	0.075~0.25	0.025~0.075	0.005~0.025	<0.005	ω_L	ω_P	I_P
K5-1	0	7.0	44.0	29.0	20.0	27.6	15.2	12.4
K5-2	0	6.0	46.0	29.0	19.0	28.3	15.6	12.7
K5-3	0	6.0	46.0	27.0	21.0	27.8	15.9	11.9
K5-4	0	6.5	45.5	28.0	20.0	27.9	15.4	12.5
K5-5	0	8.0	44.0	28.0	20.0	27.5	14.7	12.8
K5-6	0	7.0	47.0	26.0	20.0	28.2	14.6	13.6
K6-1	0	10.0	53.0	20.0	17.0	29.1	14.2	14.9
K6-2	0	8.0	61.0	16.0	15.0	27.7	16.1	11.6
K6-3	0	6.0	45.0	28.0	21.0	28.4	16.4	12.0
K6-4	0	9.5	52.5	19.0	19.0	27.8	15.0	12.8
K6-5	0	7.0	49.0	23.0	21.0	28.2	16.0	12.2
K6-6	0	7.5	60.5	11.0	21.0	28.9	12.9	16.0
K7-1	0	4.5	53.5	26.0	16.0	28.1	16.7	11.4
K7-2	0	7.5	51.5	24.0	17.0	28.3	16.4	11.9
K7-3	0	6.5	48.5	25.0	20.0	28.8	15.4	13.4
K7-4	0	8.0	51.0	22.5	18.5	27.7	14.5	13.2
K7-5	0	3.0	43.0	36.0	18.0	28.5	16.2	12.3
K7-6	0	3.0	51.0	31.0	15.0	28.9	16.0	12.9
K8-1	0	8.0	47.0	23.0	22.0	27.4	14.1	13.3
K8-2	0	11.0	57.0	15.5	16.5	27.5	16.4	11.1
K8-3	0	12.0	56.0	15.0	17.0	25.4	14.0	11.4
K8-4	0	15.0	53.0	14.5	17.5	27.3	13.8	13.5
K8-5	0	8.0	51.0	22.0	19.0	26.6	15.1	11.5
K8-6	0	8.0	55.0	18.5	18.5	26.4	14.6	11.8

续表 2-11

土样编号	不同粒径(mm)颗粒组成(%)					界限含水率(%)		
	砂粒		粉粒		黏粒	液限	塑限	塑性指数
	>0.25	0.075~0.25	0.025~0.075	0.005~0.025	<0.005	ω_L	ω_P	I_P
K9-1	0	5.5	50.5	23.0	21.0	27.7	15.3	12.4
K9-2	0	10.0	63.0	12.0	15.0	28.5	12.2	16.3
K9-3	0	7.5	48.5	21.0	23.0	27.3	15.3	12.0
K9-4	0	10.0	55.0	19.5	15.5	27.2	13.3	13.9
K9-5	0	10.5	56.5	16.5	16.5	27.5	12.9	14.6
K9-6	0	8.0	59.0	17.0	16.0	26.5	17.0	9.5
K10-1	0	1.5	6.5	48.5	43.5	41.9	20.9	21.0
K10-2	0	1.8	3.2	55.0	40.0	42.6	21.9	20.7
K10-3	0	0.0	2.0	56.5	41.5	44.2	20.9	23.3
K10-4	0	0.0	6.0	49.0	45.0	34.2	16.9	17.3
K10-5	0	0.0	3.0	52.0	45.0	44.1	20.4	23.7
K10-6	0	0.0	8.0	50.0	42.0	43.7	20.3	23.4

4. 试验结果分析

由试验结果可知，1#～9#断面粒径小于 0.025 mm 的泥沙含量为 31%～62%，其中黏粒含量（d<0.005 mm）的变化范围为 15%～27%；10#断面粒径小于 0.025 mm 的泥沙含量为 92%～98%，其中黏粒含量（d<0.005 mm）的变化范围为 40%～45%。

干容重变化范围为 1.08～1.54 t/m³，平均干容重为 1.37 t/m³。其中，1#～9#断面的干容重变化范围为 1.32～1.54 t/m³，10#断面干容重变化范围为 1.08～1.20 t/m³。10#断面的干容重明显低于其他断面。另外，10#断面含水率明显高于其他断面，抗剪强度也普遍低于其他断面。1#～9#断面河道较宽，取样点离主流沉积区较远，土样黏泥含量较低，干容重较高，与常年蓄水水库典型的淤积物干容重差别较大。10#断面河道较窄，几乎全断面处于主流沉积区，土样为黏土，粒径小于 0.025 mm 的泥沙含量平均为 95%，干容重平均为 1.15 t/m³，符合常年蓄水水库的淤积物干容重沿程变化规律。

上述结果表明，一是滩地（非主流区）淤积物常年处于干湿交替状态，固结作用明显大于常年处于水下的主流带沉积区；二是宽河道区间的沉积物受两岸山坡崩塌土体影响较大。

2.2.3.3 固结试验

水库淤积物干容重受泥沙在水中的沉积时间、沉积深度、泥沙组成等多方面影响，其固结变化较为复杂。水库淤积物随时间的增长或厚度的增加，淤积物干容重将会增大。当淤积物很细时，干容重在密实过程中变化比较复杂。对于小浪底库区淤积物，可通过固结试验了解淤积泥沙的压缩固结特性，为清淤方案技术参数、泥沙处理时机等的确定提供借鉴。

1. 试验目的及内容

本试验的目的是测定试样在侧限与轴向排水条件下的变形和压力或孔隙比和压力的关系，变形和时间的关系，计算土的压缩系数、压缩模量 E_s 等参数。试验依据为《土工试验规程》（SL 237—1999），试验仪器采用 KTG－98 全自动固结试验系统。

2. 试验步骤

依据《土工试验规程》（SL 237—1999），主要的试验步骤如下：

（1）根据工程的需要，切取原状土或制备给定密度与含水率的扰动土试样。制备方法参考 SL 237—002—1999 规定进行。

（2）如系冲填土，先将土样调成液限或 1.2～1.3 倍液限的土膏，搅拌均匀，在保湿器内静置 24 h，然后把环刀倒置于小玻璃板上，用调土刀把土膏填入环刀，排除气泡刮平，称量。

（3）测定试样的含水率和密度。对于扰动试样需要饱和时，按 SL 237—002—1999 规定的方法将试样进行抽气饱和。

（4）在固结容器内放置护环、透水板和薄滤纸，将带有环刀的试样小心装入护环，然后在试样上放薄滤纸、透水板和加压盖板，置于加压框架下，对准加压框架的正中，安装量表。

（5）为保证试样与仪器上下各部件之间接触良好，应施加 1 kPa 的预压力，然后调整量表，使指针读数为零。

（6）确定需要施加的各级压力，加压等级一般为 12.5 kPa、25.0 kPa、50.0 kPa、100 kPa、200 kPa、400 kPa、800 kPa、1 600 kPa、3 200 kPa。最后一级的压力应大于上覆土层的计算压力 100～200 kPa。

(7)需要确定原状土的先期固结压力时,加压率应小于 1,可采用 50% 或 25% ,最后一级压力应使 $e \sim \lg p$ 曲线下段出现较长的直线段。

(8)第 1 级压力的大小视土的软硬程度分别采用 12.5 kPa、25.0 kPa 或 50.0 kPa(第一级实加压力减去预压压力)。

(9)如是饱和试样,则在施加第 1 级压力后,立即向水槽中注水至满;如是非饱和试样,须用湿棉围住加压盖板四周,避免水分蒸发。

(10)需测定沉降速率时,加压后按下列时间顺序测记量表读数:0.10 min、0.25 min、1.00 min、2.25 min、4.00 min、6.25 min、9.00 min、12.25 min、16.00 min、20.25 min、25.00 min、30.25 min、36.00 min、42.25 min、49.00 min、64.00 min、100.00 min、200.00 min 和 400.00 min 及 23 h 和 24 h 至稳定。

(11)当不需要测定沉降速率时,稳定标准规定为每级压力下固结 24 h。测记稳定读数后,再施加第 2 级压力,依次逐级加压至试验结束。

(12)需要做回弹试验时,可在某级压力(大于上覆压力)下固结稳定后卸压,直至卸至第 1 级压力。每次卸压后的回弹稳定标准与加压相同,并测记每级压力及最后一级压力的回弹量。

(13)试验结束后,迅速拆除仪器各部件,取出带环刀的试样。如系饱和试样,则用干滤纸吸去试样两端表面上的水,取出试样,测定试验后的含水率。

3. 试验结果

由于 10#断面土样接近于库区主河槽的淤积泥沙,因此主要选取 10#断面的土样进行固结试验。固结试验采用的试样为制备样,按照黏粒含量 45%、粉粒含量 55% 进行制备,制备方法参照 SL 237—002—1999 的规定进行,试验过程按照试验规程中的步骤进行。部分固结试验结果见表 2-12。

在相同情况下,根据原状土样的物理特性以及密实度、含水率、空隙比制备了固结试验土样,该制备土样反映了小浪底库区淤积土体的压缩及固结特性。当黏粒含量相同时,容重小的土压缩性较大,《土工试验规程》(SL 237—1999)中规定,采用 100 ~ 200 kPa 压力区间内对应的压缩系数来评价土的压缩性,压缩系数 $a_v \geq 0.5\ \mathrm{MPa}^{-1}$ 属于高压缩性土;$0.1\ \mathrm{MPa}^{-1} \leq a_v < 0.5\ \mathrm{MPa}^{-1}$ 属于中压缩性土。由固结试验结果可知,土样的压缩系数大于 $0.5\ \mathrm{MPa}^{-1}$。小浪底坝前淤积物理论上属于高压缩性土,如果长时间在高压环境下,可能会发生较大压缩,淤积泥沙将变得较为密实,试验结果表明,干容重稳定至 1.36 t/m^3,相应湿容重为 1.97 t/m^3。这与表 2-8 理论分析结果相吻合,即小

浪底水库淤积泥沙理论稳定干容重为 1.12 ~ 1.46 t/m³。

表 2-12　固结试验结果

项目	参数			
黏粒含量(%)	45			
干容重(t/m³)	1.15			
含水率(%)	45.1			
饱和土质量(g)	100.1			
环刀体积(cm³)	60			
环刀面积(cm²)	30			
环刀高度(cm)	2			
压力(kPa)	Δh(mm)	e_i	E_s(MPa)	a_v(Pa^{-1})
0	0	1.38	0	0
12.5	0.165	1.360	1.52	1.568
25	0.256	1.350	2.73	0.872
50	0.702	1.297	1.12	2.120
100	1.718	1.176	0.98	2.418
200	2.430	1.091	2.81	0.848
400	3.112	1.010	5.86	0.406
试验后试样高度(cm)	1.689			
试验后试样体积(cm³)	50.664			
试验后试样含水率(%)	31.95			
试验后试样干容重(t/m³)	1.36			

2.2.4　库区横断面形态变化

HH01 断面为距坝最近的断面，位于异重流淤积段，在坝前冲淤影响较为明显，其冲淤特性为平行的淤积抬升或冲刷下降。HH01 断面冲淤变化套绘如图 2-11 所示，淤积幅度最大的时段在蓄水初期 2000 年 5 ~ 10 月，在此期间，最大淤积厚度近 15 m。与前期相比表现为冲刷的时段为 2003 年，即 2003 年汛后较 2002 年汛前床面平均冲刷下降 5.5 m，而从 2004 年汛后，断面形态表现为逐步抬升状况，与 2000 年汛期相比，2007 年汛后床面约抬升 37.5 m。

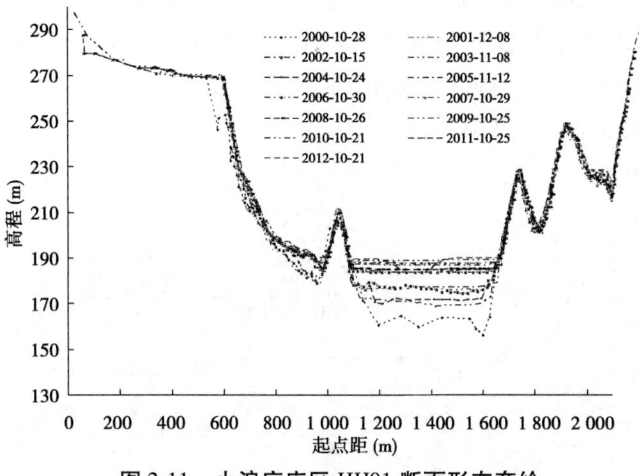

图 2-11　小浪底库区 HH01 断面形态套绘

HH08 断面距坝约 10 km，断面宽度 1 350 m，同样属于异重流淤积段，淤积幅度最大的时段在水库蓄水后至 2001 年汛后，在此期间断面平均淤积抬升约 34.22 m。其次，2005 年汛后至 2006 年汛后，该阶段断面淤积抬升 6.2 m，其他年份冲淤变化幅度较平稳，2002 ~ 2003 年则表现为冲刷，床面降幅约为 2.0 m（见图 2-12）。

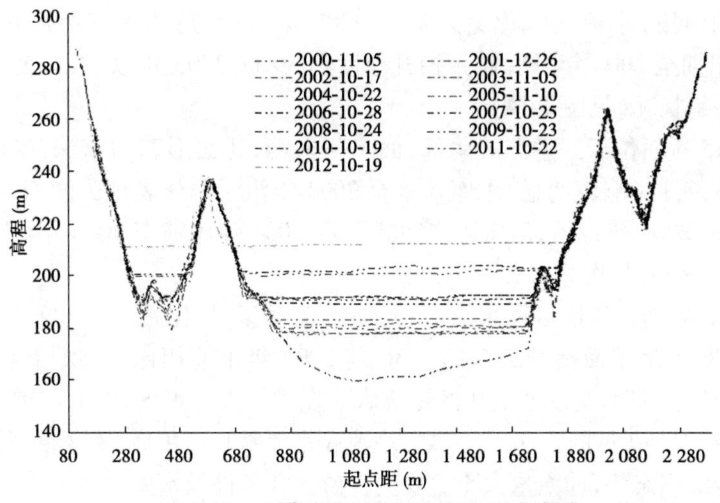

图 2-12　小浪底库区 HH08 断面形态套绘

HH20 断面距坝约 33 km,蓄水运用前河槽底部宽度接近 300 m,淤积幅度最大的时段在 2003 年汛后至 2004 年汛后,在此期间断面平均淤积抬升约 20 m。其次,2005 年汛后至 2006 年汛后,该阶段断面淤积抬升近 16 m。2000 ~ 2005 年间河槽左岸发生较大幅度的冲淤变化,期间 2000 ~ 2002 年为冲刷,2003 ~ 2004 年为淤积(见图 2-13)。

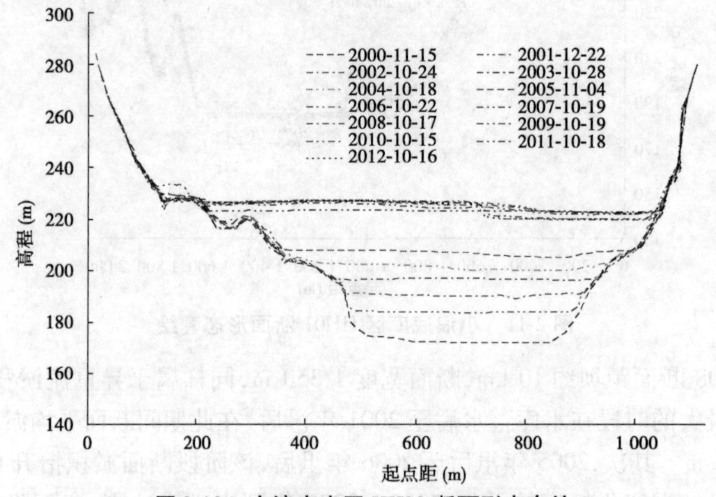

图 2-13　小浪底库区 HH20 断面形态套绘

HH35 断面距坝 58 km,位于变动回水区的下端,是受冲刷和淤积影响较为敏感的河段,小浪底水库蓄水后至 2007 年汛后,总体表现为淤积,其中 2000 年汛期至 2004 年汛后最大抬升厚度为 30 m,2005 年以后,床面基本处于冲淤平衡状况(见图 2-14)。

HH45 断面位于三角洲的尾部,回水区末端,断面形态为窄深,受库区水位及水沙条件影响较明显,水库蓄水至 2004 年汛后总体表现为淤积,床面共抬升 38 m,2004 年以后,河床逐步冲刷下降,2004 年汛前至 2006 年汛后最大降幅为 17. 8 m(见图 2-15)。

HH55 断面位于库区回水末端,断面形态窄深,相比之下,冲淤变化幅度偏小,2006 年是床面抬升最高的年份,与 2000 年汛前相比,淤积抬升 3. 5 m 左右,2004 年汛期,受水沙变化的影响床面发生较大幅度的冲刷,与前期相比冲刷下降 1. 5 m(见图 2-16)。总之,小浪底水库蓄水运用后,库区横断面整体上呈逐步淤积态势,冲淤量大小主要受上游水沙条件及水库运用方式影响。

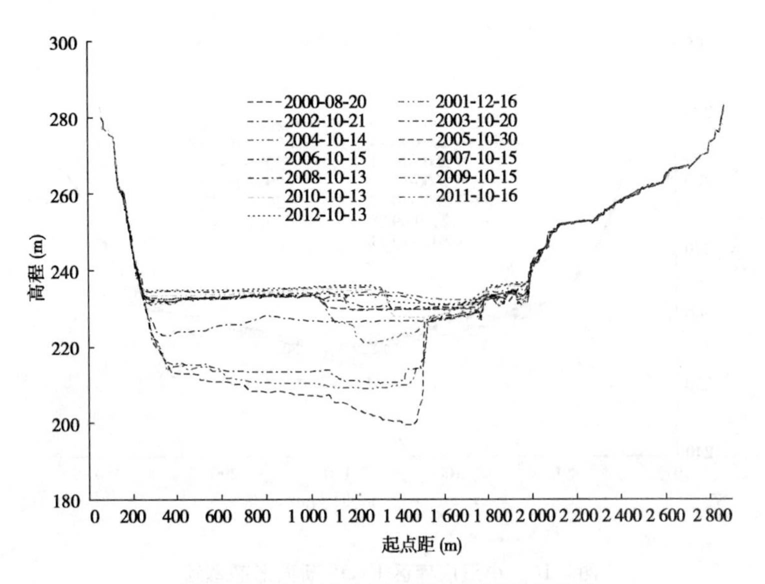

图 2-14　小浪底库区 HH35 断面形态套绘

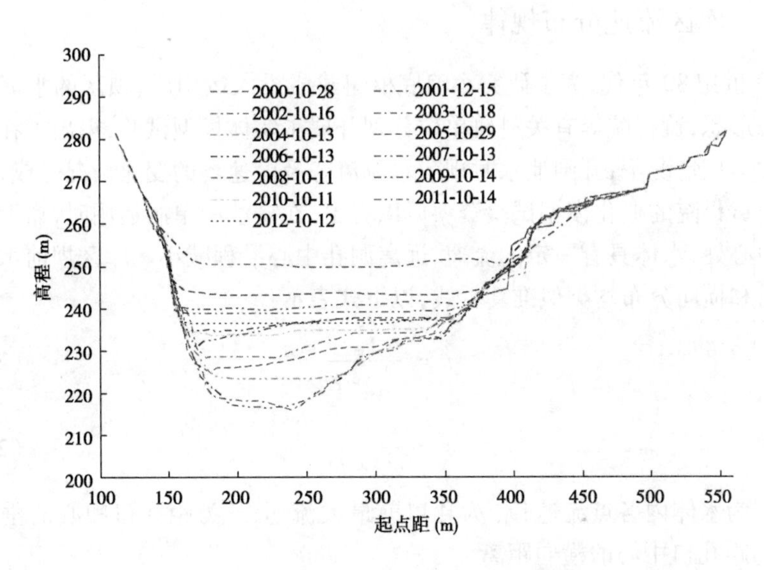

图 2-15　小浪底库区 HH45 断面形态套绘

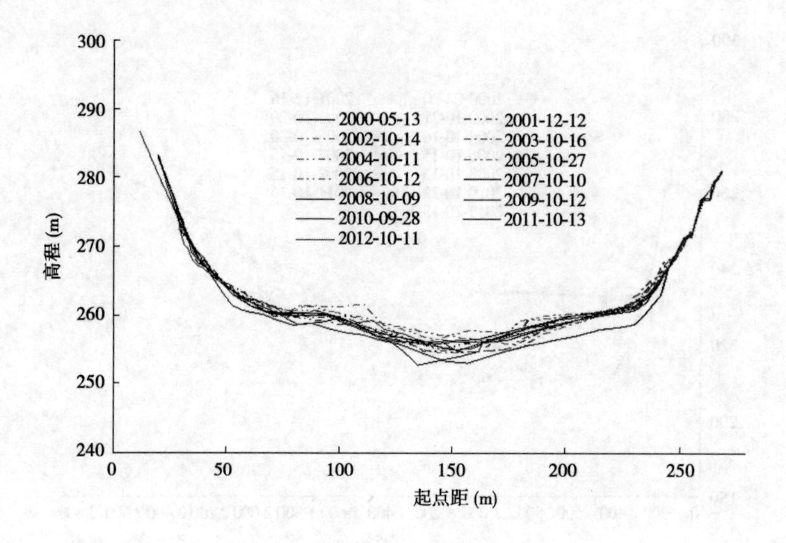

图 2-16 小浪底库区 HH55 断面形态套绘

2.2.5 库区流速分布规律

20 世纪 80 年代,为了研究小浪底枢纽建成投入运用后,坝区的水流流态和淤积形态,黄科院等有关科研单位分别开展了实体模型试验,得出了在水库高水位运用情况下,开闸泄水时坝前水流流态及流速场的变化情况等成果。

由黄科院的概化模型试验资料可以看出,在排沙洞单洞运用时,靠近排沙洞的中心处,水体具有一定的流速,远离洞孔中心沿程减小。库区坝前水流流速垂向和横向分布均类似准萁舌线,以下式表示:

$$v = \frac{v_m^3}{v_m^3 + Z} \tag{2-14}$$

$$v = \frac{v_m^3}{v_m^3 + b^2} \tag{2-15}$$

式中:v 为水体内各点流速;v_m 为孔口前最大流速;Z 为距孔口中心的垂向距离;b 为距孔口中心的横向距离。

坝区流速的纵向分布(即沿程)可用下式近似表示:

$$U = \frac{0.15Q + 5}{X} \tag{2-16}$$

式中:U 为水体内沿程流速;X 为沿水流方向距孔口距离;Q 为对应孔口出流量(取底孔尺寸为 3 m×5 m),可按近似恒定流孔口出流计算。

图2-17是依据式(2-16)计算的不同水头条件下坝前流体沿孔口水平高程流速沿程变化趋势。很明显，在泄流孔口的水平位置上，流速沿程变化较明显，在孔口附近流速较大，越远流速越小，在1 000 m以上时，流速接近于0。

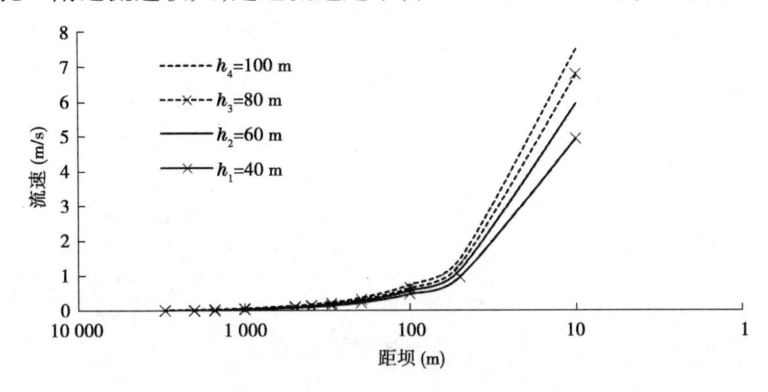

图2-17　不同水头条件下(40～100 m)坝前流体沿孔口水平高程流速沿程变化

此外，武汉大学水利水电学院和黄科院在2004年黄河调水调沙试验期间，开展了小浪底水库坝区扰动泥沙运行规律研究及扰沙方案计算，并利用三维数学模型计算了坝前水流流速。当泄流量为3 000 m^3/s时，通过流场分析(见图2-18和图2-19)，排沙洞孔口中心出口处流场最强，然后沿各方位的流速沿程逐渐衰弱。距孔口水平距离50 m处，孔口中心流速为0.60 m/s，孔口底部流速为0.36 m/s，垂向上距孔口越远，流速越小，到孔口顶部上方30 m处的流速减为0.3 m/s；距孔口水平距离100 m处，流速约为0.30 m/s；距孔口500～1 000 m范围内，垂向上在孔口范围内，由于受局部地形影响，流速为0.15 m/s，孔口顶部逐渐向上，不受局部地形影响，流速有所增大，为0.19 m/s；随着距坝距离的增大，流速逐渐减小，距坝1 500 m时，流速即小于0.1 m/s。

2.2.6　异重流

2.2.6.1　异重流流速及含沙量变化分析

调水调沙期库区流速较正常运用偏大，可能影响本次抽沙试验运用，针对异重流输移规律的研究成果颇多，包括流速分布规律的研究、综合阻力计算公式、异重流挟沙力及传播时间等。近几年，黄科院张俊华等为了小浪底水库人工异重流的塑造，在前人研究的基础上，进一步探索，提出了异重流排沙计算公式、异重流持续运动至坝前的临界水沙条件等。本次研究仅根据2012年实测资料对水库异重流的流速分布、含沙量分布特征进行简要概述。

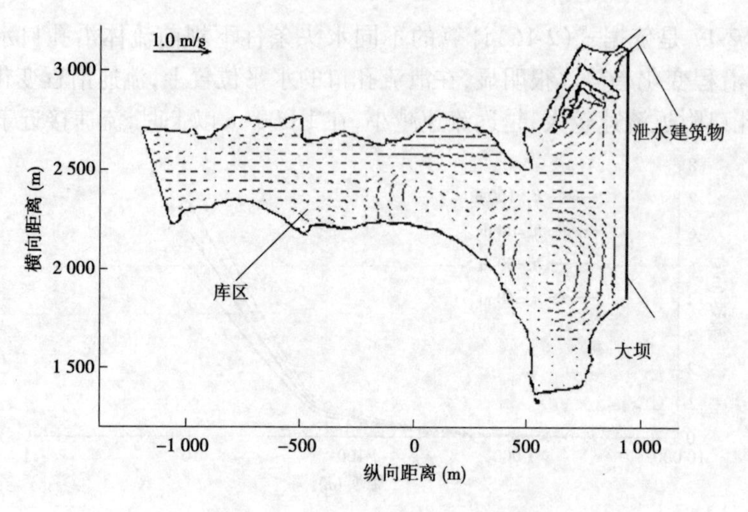

图 2-18 孔口底部高程平面流场

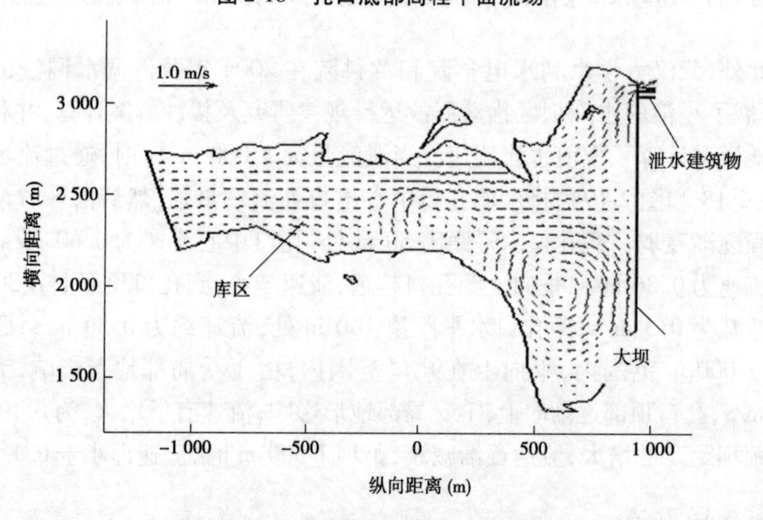

图 2-19 孔口中心线高程平面流场

2012 年 7 月 4 日 2 时三门峡水库下泄流量达到 1 300 m^3/s，含沙量为 0，下泄水流对小浪底水库进行强烈冲刷，4 日 7 时 20 分在 HH09 +5 断面监测到异重流潜入，潜入点处水深 6. 4 m，浑水厚度 5. 1 m，最大测点流速 1. 97 m/s，表明异重流开始在小浪底水库产生；4 日 10 时进行了第二次潜入点测验，水深 6. 3 m，异重流厚度 5. 4 m，最大测点流速 1. 57 m/s，异重流层平均含沙量达到 148 kg/m^3，标志着三门峡水库下泄大流量产生的异重流在小浪底水库形成。

在横断面上，异重流流速、含沙量随入库水量、沙量的变化而不断变化，同时随地形改变而不断改变；在每一条垂线上，含沙量呈现上小下大的分布特点，在潜入点断面（HH09 +5），垂线最大点流速靠上，越接近坝前，最大点流速越接近库底；主流区垂线流速、含沙量明显大于非主流区（见表2-13），清浑水交界面分明，不同垂线的清浑水交界面高程略有差异。

表2-13 调水调沙期异重流各断面水沙因子垂线平均值横向变化

项目		HH01		HH04		HH09	
		流速（m/s）	含沙量（kg/m³）	流速（m/s）	含沙量（kg/m³）	流速（m/s）	含沙量（kg/m³）
7月4日	主流区	0.19~0.90	32.2~300	0.24~1.66	72.8~471	0.84~1.54	105.0~236.0
	非主流区	—	—	0.14~0.77	15.2~319	0.39~1.66	28.7~499.0
7月5日	主流区	0.38~0.55	76~101	0.48~0.50	30.8~42.4	1~1.28	36.2~69.5
	非主流区	0.07~0.51	23.8~49.9	0.02~0.37	3~39.7	0.23~0.84	17.3~180.0
7月6日	主流区	0.36~0.50	54.1~70.1	0.40~0.55	27.8~40.2	0.86~0.93	27.8~36.5
	非主流区	0.11~0.36	17.8~91.3	0.20~0.39	30.3~45.2	0.09~1.00	14.4~232.0
7月7日	主流区	0.09~0.87	4.84~33	0.13~0.44	3~24.5	0.73~0.79	13~51.7
	非主流区	0.08~0.55	4.21~48.3	—	—	0.12~0.72	6.6~29.4
7月8日	主流区	0.45~0.68	9.45~26.6	0.40~0.54	6.95~10.3	0.79~0.85	15.5~17.1
	非主流区	0.19~0.35	3.43~3.88	0.45~0.54	8.1~16.4	0.07~0.71	6.49~106.0
7月9日	主流区	0.22~0.70	6.76~21.7	0.51	10.6~14.8	0.65~0.84	11.5~15.8
	非主流区	0.25~0.59	4.60~18.1	0.40~0.51	9.19~12.9	0.24~0.53	6.47~13.4

潜入点下游断面由于异重流刚刚潜入，动能沿程损耗较小，异重流层平均流速较大，从距离潜入点下游最近观测断面（HH09断面）流速、含沙量横向分布图（见图2-20~图2-22）可以看出，由于受异重流潜入后带动上层清水向下游流动的作用影响，表层明显出现负流；在断面横向上异重流层平均流速变化较大，主流异重流层平均流速较大，边流流速较小；主流含沙量大，动能大，流速相对也较大，边流含沙量小，相应的流速也小；异重流主流往往位于凹岸，主流区浑水交界面略高，在同一高程上流速及含沙量均较大，而在异重流消退结束期，流速、含沙量及浑液面横向变化不大。

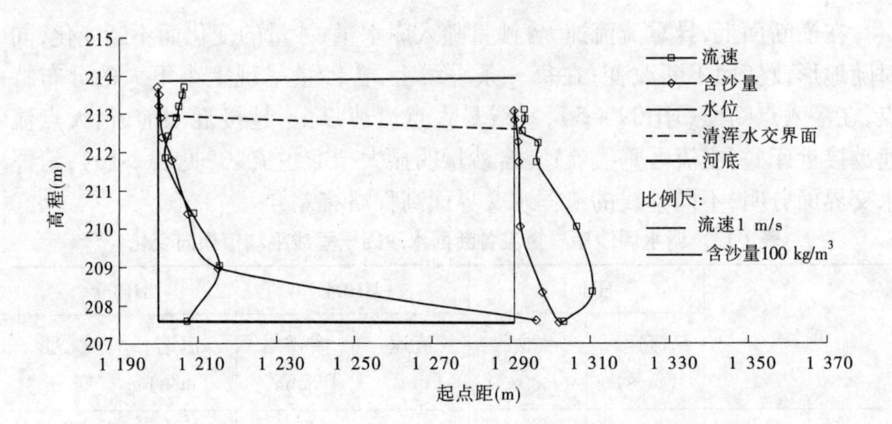

图 2-20　HH09 +5 断面(7 月 4 日)异重流流速、含沙量横向分布

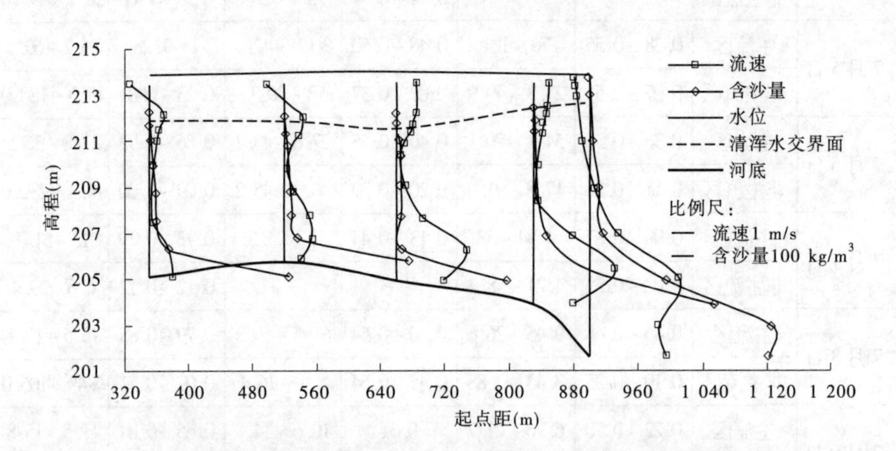

图 2-21　HH09 断面(7 月 4 日)异重流流速、含沙量横向分布

由 HH04 断面异重流流速、含沙量横向分布图(见图 2-23 和图 2-24)可以看出,7 月 4 日起点距 948 m 处异重流层平均流速为 0.82 m/s,最大测点流速达到 1.81 m/s,为本测次异重流 HH04 断面最大测点流速。HH04 断面含沙量横向分布基本均匀,含沙量梯度变化较大,含沙量极值均靠近异重流底部。

坝前断面流速横向分布受水库河道影响和闸门开启情况影响,从 HH01 断面平均流速横向分布图(见图 2-25 和图 2-26)可以看出,起点距 1 100 ~ 1 300 m形成一个流速较大的区域,7 月 6 日起点距 1 100 m 处异重流层平均流速为 0.5 m/s,最大测点流速达到 1.43 m/s,为本测次异重流 HH01 断面最大测点流速。HH01 断面含沙量横向分布基本均匀,含沙量梯度变化较大,含

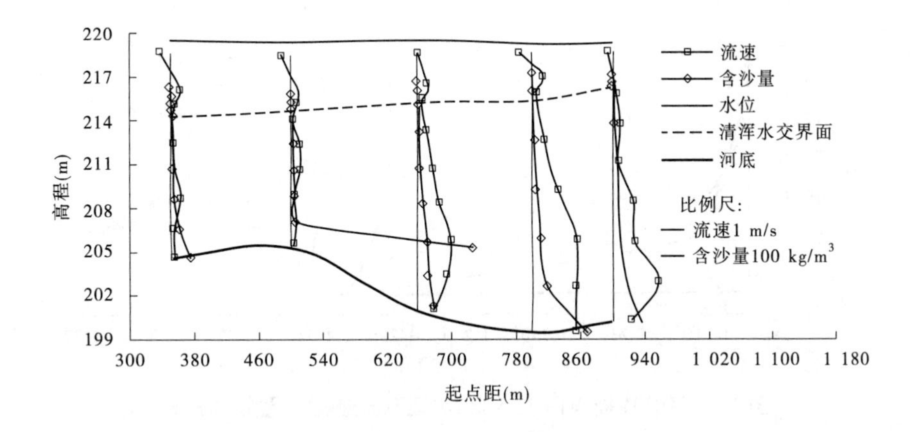

图 2-22　HH09 断面(7 月 5 日)异重流流速、含沙量横向分布

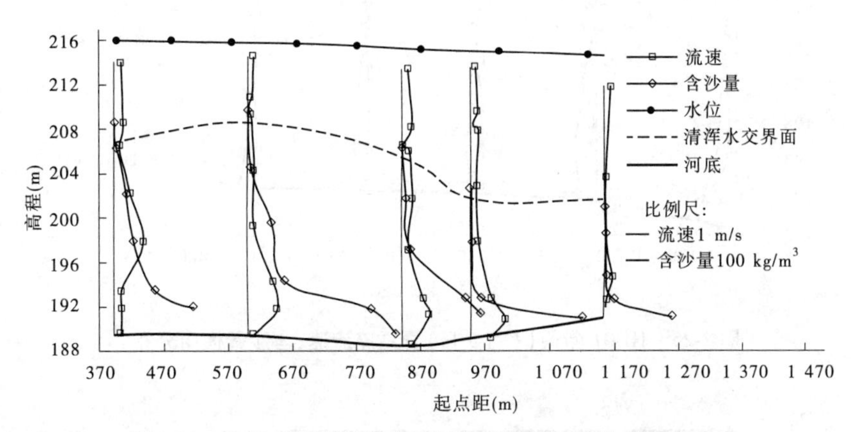

图 2-23　HH04 断面(7 月 4 日)异重流流速、含沙量横向分布

沙量极值均靠近异重流底部。

异重流在运行过程中会发生能量损失,包括沿程损失及局部损失,沿程损失即床面及清浑水交界面的阻力损失。而局部损失在小浪底库区较为显著,包括支流倒灌、局部地形的扩大或收缩、弯道等因素。此外,异重流总是处于超饱和输沙状态,在运行过程中流速逐渐变小,泥沙沿程发生淤积,交界面的掺混及清水的析出等,均可使异重流的流量逐渐减小,其动能相应减小。

7 月 4 日 7 时 20 分,在 HH09 +5 断面上游发现异重流潜入,此后异重流迅速向下游推进,至 4 日 11 时 00 分小浪底水库排沙出库,异重流在水库内运行时间约 3.7 h,运行速度约 0.97 m/s。图 2-27 ~ 图 2-29 分别给出不同时间

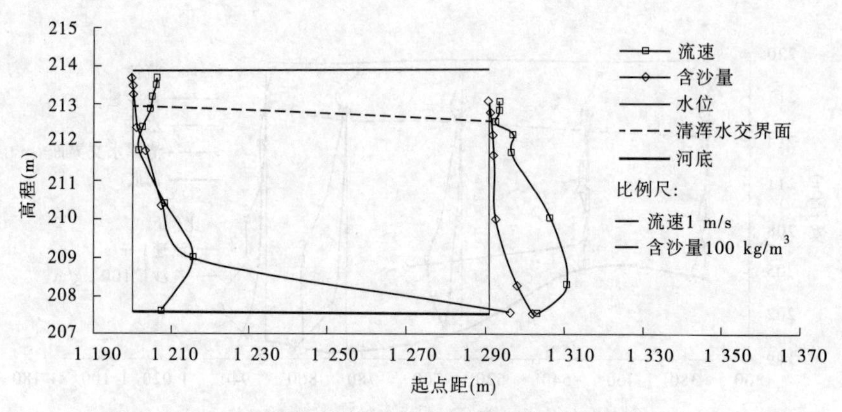

图 2-24 HH04 断面(7 月 5 日)异重流流速、含沙量横向分布

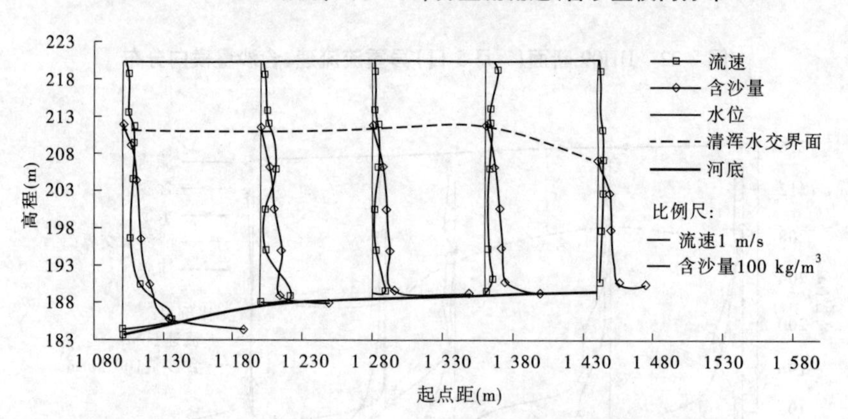

图 2-25 HH01 断面(7 月 5 日)异重流流速、含沙量横向分布

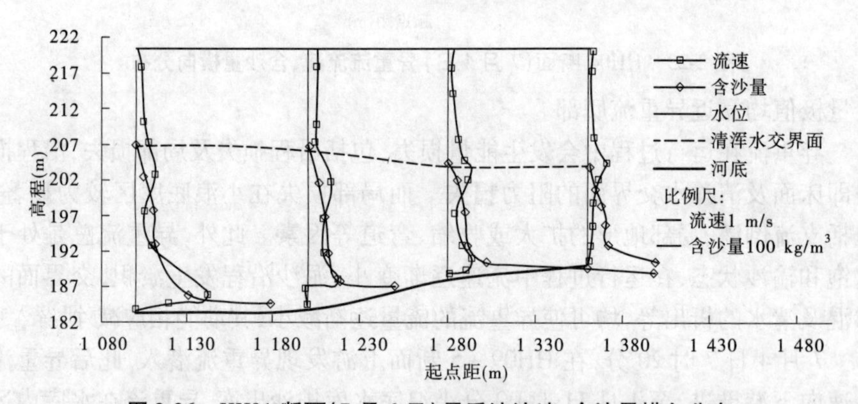

图 2-26 HH01 断面(7 月 6 日)异重流流速、含沙量横向分布

异重流的沿程表现。异重流潜入断面(HH09+5、HH09)含沙量较高,能量较大,流速相对较大。从潜入点至坝前,各断面的最大流速基本呈现递减趋势。异重流运行到坝前区后,由于其下泄流量小于到达坝前的流量,部分异重流的动能转化为势能,产生壅高现象,形成坝前浑水水库。本次异重流各断面流速较大,最大测点流速为3.71 m/s,最大垂线平均流速为1.66 m/s。

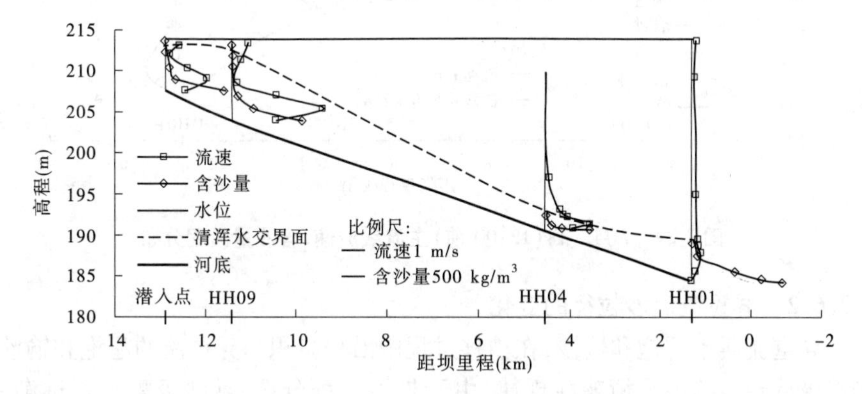

图2-27　7月4日(12:00前)主流线流速、含沙量沿程分布

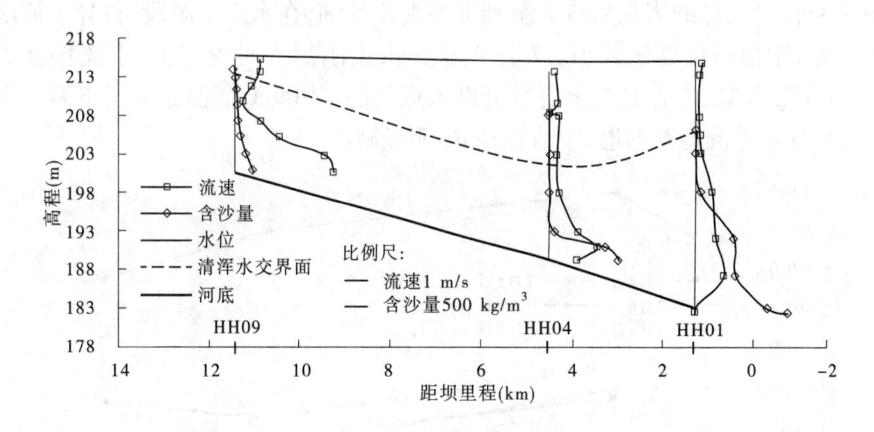

图2-28　7月4日(12:00后)主流线流速、含沙量沿程分布

异重流的流速、含沙量垂线分布不同于明渠。明渠流流速极大值位于水面附近,含沙量垂线分布均匀,没有极值点。而异重流从潜入点上游到潜入点下游,垂线最大流速位置从河面移向库底,最大流速位于库底附近。此外,含沙量垂线分布表层为清水,清浑水界面大致处于0流速的位置,界面以下含沙量逐渐增加,其极大值位于库底附近。

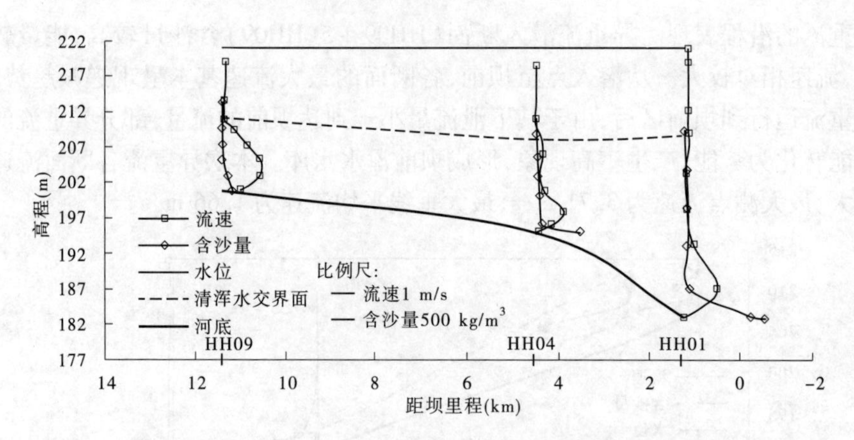

图 2-29　7 月 6 日(12:00 前)主流线流速、含沙量沿程分布

2.2.6.2　异重流泥沙粒径的变化

异重流属于超饱和输沙,在输移过程中沿程淤积。异重流的超饱和输沙,仍然服从悬沙的不平衡输沙规律,由于悬沙沿程分选,悬沙级配沿程逐渐变细。图 2-30 为 7 月 4 ~9 日异重流泥沙中值粒径沿程变化状况。可以看出,中值粒径沿程总的表现为自上游到下游由粗变细,在水库上游段,自异重流潜入开始,中值粒径迅速减小。7 月 4 日异重流刚潜入时流速大,水流挟沙力强,中值粒径较大,而且在上游靠近潜入点处的 HH09 断面明显大于下游。至 7 月 8 日异重流逐渐消退,中值粒径 d_{50} 明显减小。

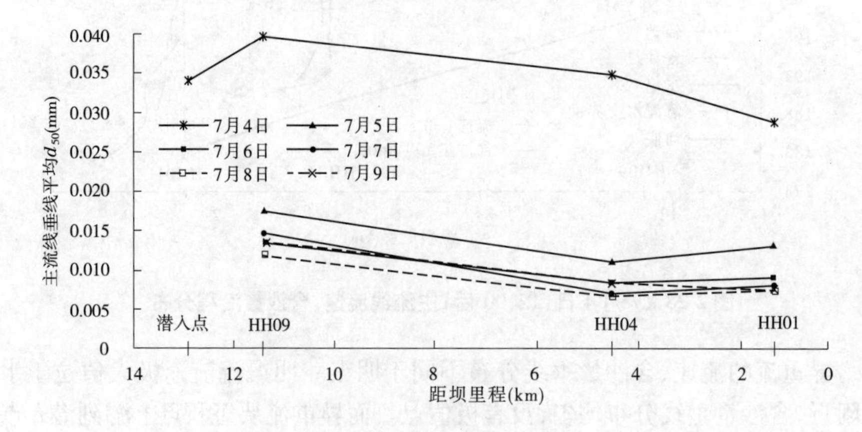

图 2-30　悬沙平均中值粒径 d_{50} 沿程变化

2.3　高含沙水流远距离管道输送试验位置

2.3.1　清淤位置

2.3.1.1　清淤位置分析

在小浪底水库汛前调水调沙出库水流加沙方案的研究中,能否将库区的淤积泥沙起动并借助下泄的清水排沙出库与库区淤积泥沙的特性有较大的关系。因此,在分析了相关的研究资料后,为获取库区淤积泥沙的详细资料,在库区一定的区域选择采样点进行了取样,详细分析了库区淤积泥沙的特性,为制订合理的加沙方案提供了一定的支撑。随着小浪底水库拦沙初期的结束,拦沙后期逐步抬高库水位运用的开始,高滩深槽将逐步形成,在后期运用阶段,长期保持 40.5 亿 m^3 防洪库容前提下,按综合利用要求,利用 10 亿 m^3 槽库容调水调沙运用。小浪底水库众多支流沟口的泥沙不断淤积抬高,拦门沙坎将逐渐形成。在拦沙后期运用阶段,采取合适的措施来降低拦门沙坎的淤积高度及其抬升速度,始终保持支流沟口有一条贯通主流深槽与支流之间的稳定河槽,可以达到充分利用支流库容的目的,提高水库的长期有效库容。小浪底水库支流较多,而支流库容超过小浪底水库总库容的 1/3,到水库拦沙后期,在主汛期逐步抬高水位拦沙和调水调沙运用中,干流倒灌淤积支流,形成支流河口段的倒锥体淤积形态,因支流河口拦门沙坎淤堵的无效库容如果可以变为有效动库容,相对于 10 亿 m^3 调水调沙槽库容是相当可观的。

截至 2010 年 4 月,淤积三角洲顶点在距离大坝约 24.43 km 的位置,淤积三角洲顶点高程约为 219.61 m。目前,库区最大的支流畛水河,仍处在淤积三角洲顶点以下,此外还有石井河、大峪河等较大支流。实测资料表明,目前部分支流纵向淤积分布较为平顺,支流库容可正常参与水库调水调沙运用。但是随着逐年淤积,淤积三角洲顶点将不断前移,当淤积三角洲的顶点逐渐移动至各个支流河口以下时,将对发挥库区的支流作用造成较大的影响。

根据机械清淤规模及范围不同,清淤位置选择有所不同:

(1)小浪底水库清淤的总目标是坝前 40 km 内的细泥沙。根据实测资料,距离小浪底大坝 40 km 的库区范围内是细泥沙的主要沉积区。另外,对于黄河下游河道,淤积主要以粗颗粒泥沙为主,占来沙总量一半左右的 0.025 mm 以下的细颗粒泥沙对下游河道淤积影响并不大,而一旦这部分泥沙淤积在库区,对小浪底水库长期有效库容的损失影响极大。在经济条件和技术条件许可的情况下,应尽可能将坝前这部分细泥沙排出水库,以充分发挥小浪底水库“拦粗排细”的重要作用。

(2)将八里胡同以下作为库区清淤的重点河段。受八里胡同特殊地理形态的影响,其下游的淤积量较大,且较大的几个支流主要分布在八里胡同以下,综合考虑目前小浪底水库实际淤积情况和机械清淤的规模、投入等因素,在该河段采用适当的清淤措施塑造合理的淤积形态更为现实,有利于水库异重流向坝前输移,提高水库排沙效率。

(3)将支流河口等局部区域作为优先清淤区域。通过对库区干、支流淤积形态及发展趋势等分析,对支流河口的拦门沙进行清理,保证支流沟口有一条贯通主流深槽与支流之间的稳定河槽,将有利于充分发挥支流作用。支流沟口淤积量不大,清淤费用相应较低。对于八里胡同以下支流,其河口处水深较大,可以在一定程度上检验清淤技术的可行性、作业效率和作业成本。因此,综合考虑目前机械清淤工作的复杂性及示范性,对该区域清淤不仅性价比较高,也可以为以后在其他区域大规模清淤提供技术支撑。

2.3.1.2 清淤量分析

截至2010年4月,淤积三角洲顶点在HH15断面,距离大坝约24.43 km,淤积三角洲顶点高程约为219.61 m,小浪底水库坝前漏斗区前沿高程为184.37 m。分析清淤量必须以一定的淤积面为基准,目前三角洲顶点接近八里胡同,选择八里胡同以下作为清淤重点河段,可以以目前淤积面为基准。预计不同的淤积情况,计算得到不同的淤积量,具体如下:

(1)淤积三角洲顶点到达石井河沟口处时,距离大坝约21.68 km,较目前的顶点位置向坝前移动了2.75 km,石井河沟口高程为215.41 m,沟口处水库断面河宽约为1 100 m,由此计算出需要的清淤量约为0.53亿m^3。

(2)淤积三角洲顶点到达畛水沟口处时,距离大坝约17.03 km,较目前的顶点位置向坝前移动了7.40 km,畛水河沟口高程为201.65 m,沟口处水库断面河宽约为1 100 m,由此计算出需要的清淤量约为1.43亿m^3。

(3)淤积三角洲顶点到达大峪河沟口处时,距离大坝约4.23 km,较目前的顶点位置向坝前移动了20.2 km,大峪河沟口高程为188.91 m,沟口处水库断面河宽约为1 240 m,由此计算出需要的清淤量约为4.41亿m^3。

通过上述计算可知,随着淤积三角洲顶点的不断前移,距离大坝越近,需要清理的淤积泥沙就越多,且随着淤积时间的增加,淤积泥沙发生固结,清淤的难度和工作量都将逐渐增加。

选择支流河口处清淤,截至2009年10月,除大峪河没有形成倒坡外,其余支流都形成了明显的倒坡。

(1)畛水河拦门沙坎高度 3.67 m,倒坡长度约为 6.0 km,河底宽度约为 490 m,需清理河口拦门沙约为 0.054 亿 m^3。

(2)石井河拦门沙坎高度 1.57 m,倒坡长度约为 2.7 km,河底宽度约为 750 m,需清理河口拦门沙约为 0.016 亿 m^3。

(3)东洋河拦门沙坎高度 4.86 m,倒坡长度约为 3.6 km,河底宽度约为 265 m,需清理河口拦门沙约为 0.023 亿 m^3。

(4)西阳河拦门沙坎高度 4.98 m,倒坡长度约为 2.8 km,河底宽度约为 350 m,需清理河口拦门沙约为 0.024 亿 m^3。

(5)沇西河拦门沙坎高度 2.50 m,倒坡长度约为 2.0 km,河底宽度约为 210 m,需清理河口拦门沙约为 0.005 亿 m^3。

2.3.1.3　堆放位置分析

采用时间换空间的办法,可以将部分淤积泥沙输送到坝前暂时堆积起来,在水库下泄清水时,将这部分泥沙经排沙洞排向下游河道,或者进行合理利用。

如果将淤积泥沙直接输移到坝前,将导致坝前淤积高程增加。当底孔前淤沙高程较高时,可能会发生淤堵现象,开启底孔后不能及时地泄流,只有经过一段时间将洞前淤沙冲走后才能正常泄流。当洞前淤沙高程超过 190 m 时,开启排沙洞或孔板洞均会发生淤堵,要经过一定时间后,才可以正常泄流。底孔洞前的淤积高程 190 m 为底孔发生淤堵的临界淤积高程,且淤堵的时间长短与开启前洞前淤沙高程有关。当淤积高程低于 190 m 时,底孔淤堵时间为零;当洞前淤积高程达 195 m 时,底孔淤堵时间约为 5 h;当洞前淤积高程接近 200 m 时,单靠水流自身力量已难以冲开,需要采取人工措施才能恢复泄流。因此,坝前淤积泥沙不宜堆积过高。另外,目前排沙洞进口高程最低为 175 m,坝前漏斗区宽度约为 424 m,漏斗区的顶点与大坝的距离约为 1.32 km。如果在这个位置堆积泥沙,很容易造成泥沙过机,因此也应尽量避免在坝前漏斗区堆积泥沙。

HH01 到 HH03 断面距离大坝有一定距离,而且较为顺直,可将库区淤积的泥沙堆积在此区域,有利于泥沙输移。这段区域长度按照 2 km 计算,平均宽度约为 1 km,堆积厚度按照 5 m 计算,可堆放的泥沙量约为 1 000 万 m^3。

若采用冲吸式射流排沙技术,可以在非汛期利用射流清淤船将库区较远处的淤积泥沙向坝前输送,并部分堆积在坝前。在调水调沙下泄清水期,利用射流清淤船在该区域水下驱沙,增加出库水流挟沙量。模型试验表明,射流清淤船的泥沙最小吸入量约为 2.5 t/s,调水调沙初期工作 20 d,每天作业 20 h,采用 5 艘船进行清淤作业,可以将坝前堆放的 1 000 万 m^3 淤积泥沙排沙出库。但是,考虑到堆积泥沙对水库运行的影响,应该尽可能择机排沙出库。

2.3.2　小浪底库区抽沙试验位置

从小浪底水库运行以来库区淤积分布情况(见图 2-7)来看,HH35 断面(距坝约 60 km)至坝前是泥沙淤积的主要河段。根据小浪底水库近几年的取样资料,距离小浪底大坝 40 km 的库区范围内主要是细泥沙沉积区,表层淤积泥沙中值粒径为 0.007 ~ 0.017 mm,坝前水深 50 ~ 75 m;距离小浪底大坝 100 km 的库尾主要是粗泥沙沉积区,淤积泥沙中值粒径大于 0.1 mm,水深一般为 8 ~ 15 m;两区之间是粗细泥沙过渡区,水深 15 ~ 50 m。如果试验位置选择在坝前 10 km 以内,坝前水深大都在 60 m 以上,距坝较近,有可能对泄水建筑物和大坝产生影响。靠近水库上游,水深较浅处不满足试验条件。

根据小浪底水库运用初期水下淤积物测验资料,淤积物中值粒径沿程变化的基本规律为距坝越近,泥沙粒径越细。图 2-31 为 2001 ~ 2009 年部分年份水库实测表层取样淤积物组成沿程分布情况,从图 2-31 中可以看出,2009 年汛后库区淤积物沿程分布在 HH54—HH44 断面(距坝 115.13 ~ 80.2 km)范围内,级配变化剧烈,d_{50} 从 0.122 mm 沿流程急剧减小到 0.017 mm,小于 0.025 mm 的百分数从 11.7% 急剧增大到 67%,细化非常明显;在三角洲顶点以上,小于 0.025 mm 的百分数小于 38%;HH44—HH36 断面泥沙颗粒级配缓慢减小,HH36—HH10 断面(距坝 60.13 ~ 13.99 km)范围内,泥沙组成沿程变化不大,d_{50} 约为 0.017 mm,小于 0.025 mm 的泥沙百分数在 67% 以上;HH08(距坝约 10 km 以内)断面以下泥沙颗粒级配最细,d_{50} 为 0.006 3 ~ 0.007 mm,泥沙粒径小于 0.025 mm 的百分数为 86.1% ~ 88.6%。

2.3.2.1　小浪底库区抽沙试验位置方案 1

人工起动泥沙输移试验河段方案 1 位置选定原则是在满足抽沙装置深水作业条件下尽量靠近三角洲淤积顶点,并抽取细颗粒新淤积泥沙。HH12—HH13 断面(距坝 18 ~ 20 km)靠近库区淤积三角洲顶部,属于细泥沙淤积区,抽沙位置选定在 HH12 断面向上游 500 m,靠近库区左岸 500 m 附近位置,抽出泥沙可沿管道排入五里沟支流,对库区影响较小。具体抽沙试验位置见图 2-32,深色区域为选定抽沙位置范围。

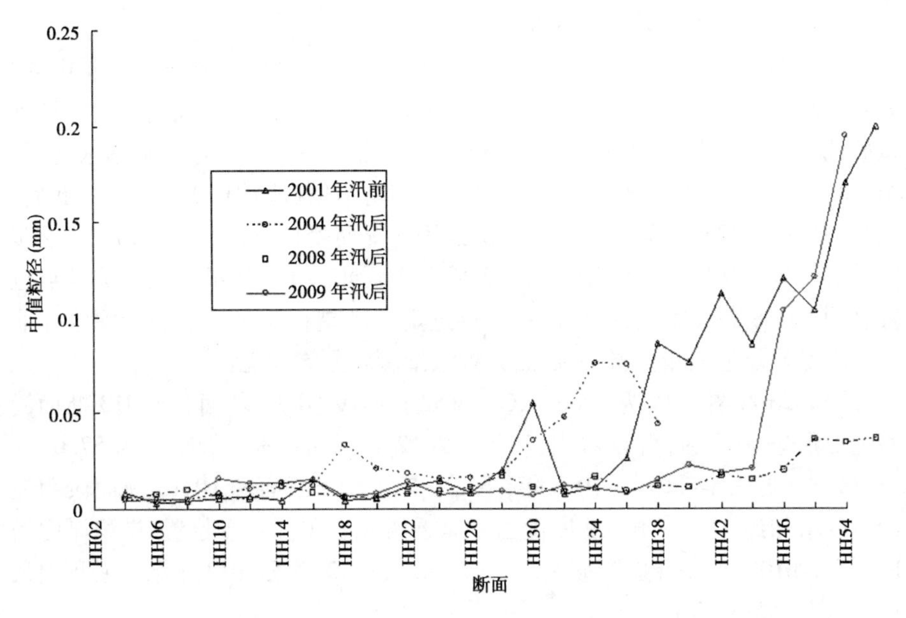

图 2-31　小浪底库区表层取样淤积物沿程分布

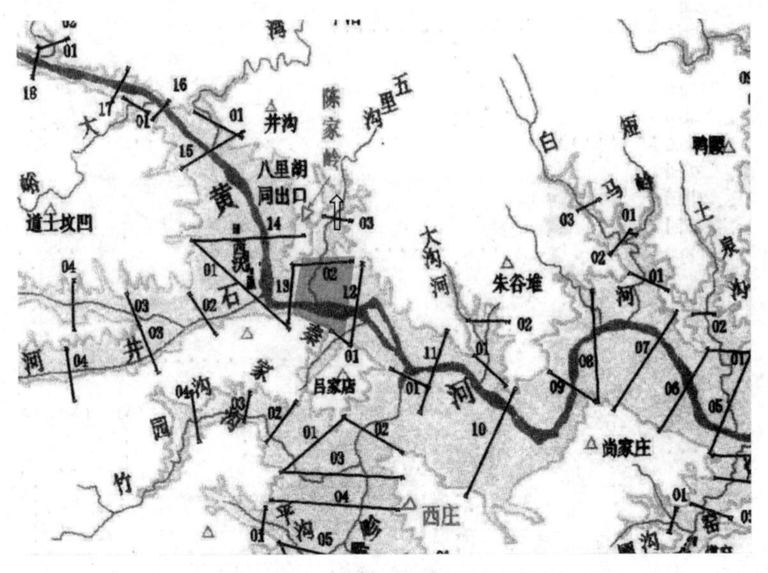

图 2-32　方案 1 库区抽沙位置图

1. 试验河段床沙级配组成及淤积分布

选定的 HH12 断面和 HH13 断面(距坝 18 ~ 20 km),d_{50}基本维持在 0.007 mm 不变,小于 0.025 mm 的泥沙百分数在 86% 以上,床沙组成满足库区抽沙试验抽取细颗粒泥沙试验要求。小浪底水库自 1999 年 10 月下闸蓄水运用,至 2000 年 11 月,干流淤积呈三角洲形态,三角洲顶点距坝 70 km 左右,此后,三角洲形态及顶点位置随着库水位的运用状况而变化、移动,总的趋势是逐步向下游推进。从历年干流淤积纵剖面图可以看出,2012 年最新三角洲顶点位置已到 HH08 断面附近,抽沙试验地点选定原则是在满足抽沙装置深水作业条件下尽量靠近三角洲淤积顶点,并抽取细颗粒新淤积泥沙。

图 2-33 和图 2-34 为 2000 ~ 2012 年试验河段 HH12 断面和 HH13 断面淤积地形形态套绘图,可以看出,2000 ~ 2012 年,该河段淤积厚度为 57.07 ~ 65.78 m。近三年(2010 ~ 2012 年,下同)来,HH12 断面和 HH13 断面淤积泥沙厚度增加约 2.2 m,HH09 断面由于靠近淤积三角洲顶点位置,淤积厚度增加较多,2010 ~ 2012 年淤积面抬高 21.26 m。HH13 断面 2012 年汛后淤积面最低点高程为 215.33 m。

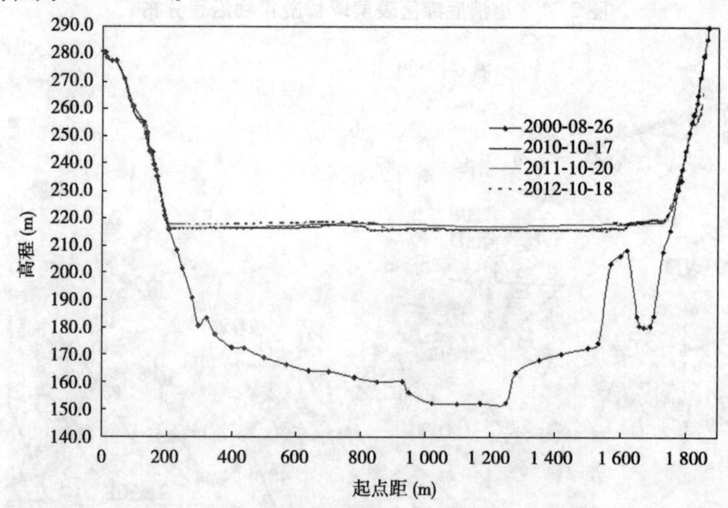

图 2-33　小浪底库区 HH12 断面形态套绘

2. 试验河段水深及流速分布

小浪底水库蓄水位与上游来水以及水库调度运行关系密切,图 2-35 和图 2-36分别为小浪底水库蓄水以来试验河段(库区大断面 HH12 和大断面 HH13)汛前、汛后水位,可以看出,试验河段汛前库水位自 2004 年以来在 241 ~

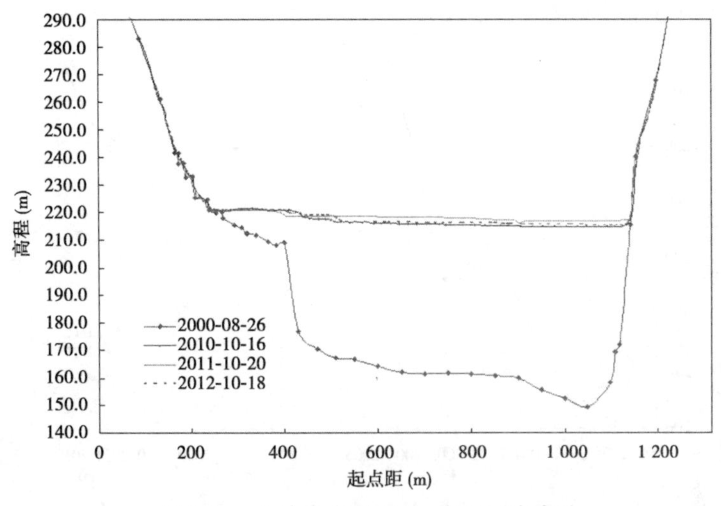

图 2-34　小浪底库区 HH13 断面形态套绘

266 m 浮动,2009 年和 2010 年水位较低,2011 年以来由于上游来水量增大逐年提高;汛后水库水位自 2003 年以来也在 241 ~ 266 m,2008 年以后水库水位呈逐年上升趋势,2011 年、2012 年汛后水位变化不大,基本保持在 265 m 左右。据此推断 2013 年试验水位接近 265 m,HH12 断面 2012 年汛后淤积面最低点高程为 215.51 m,HH13 断面 2012 年汛后淤积面最低点高程为 215.33 m。试验河段水深为 49 ~ 50 m,满足抽沙装置作业深度。按照库水位 265 m,HH12 断面水面宽度约为 1 640 m,HH13 断面水面宽度约为 1 050 m。

根据小浪底库区断面实测流速资料、黄科院模型试验资料以及三维数学模型计算资料可知,水库正常运行期以及调水调沙期间,在泄水孔口附近流速较大,距孔口越远流速越小。水库水位 240 m、泄流量 3 000 m^3/s 时,在排沙洞孔口中心出口处流场最强,孔口中心流速为 0.60 m/s,距孔口水平距离 100 m 处,流速约为 0.30 m/s;距孔口 500 ~ 1 000 m 范围内,流速为 0.15 m/s,随着距坝距离的增大,流速逐渐减小,距坝 1 500 m 时,流速即小于 0.1 m/s。试验河段距坝 18 ~ 20 km,对抽沙装置水下影响较小。

2.3.2.2　小浪底库区抽沙试验位置方案 2

抽沙试验位置方案 2 选在了小浪底库区淤积相对稳定的河段,在 HH25—HH26 断面(距坝 41 ~ 43 km)附近,靠近支流峪里河,具体抽沙位置选择 HH25 向上游 400 m 断面,横向位置距离库区左岸约 400 m 处,抽出泥沙可沿管道排入峪里河支流,见图 2-37。

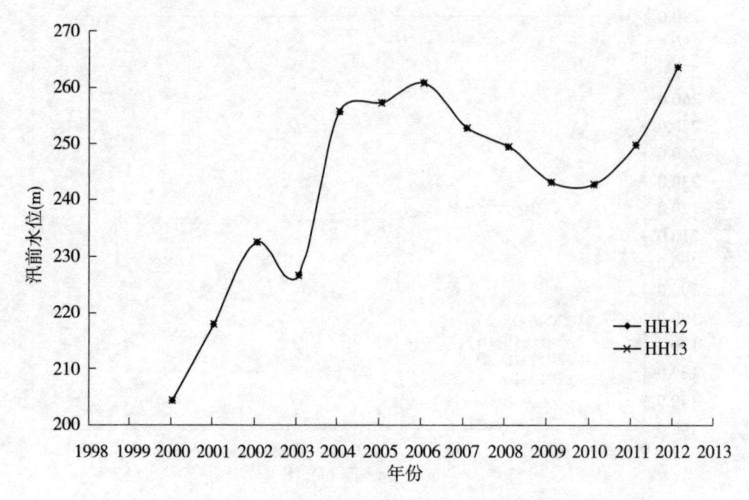

图 2-35　小浪底库区 HH12 断面和 HH13 断面汛前水位

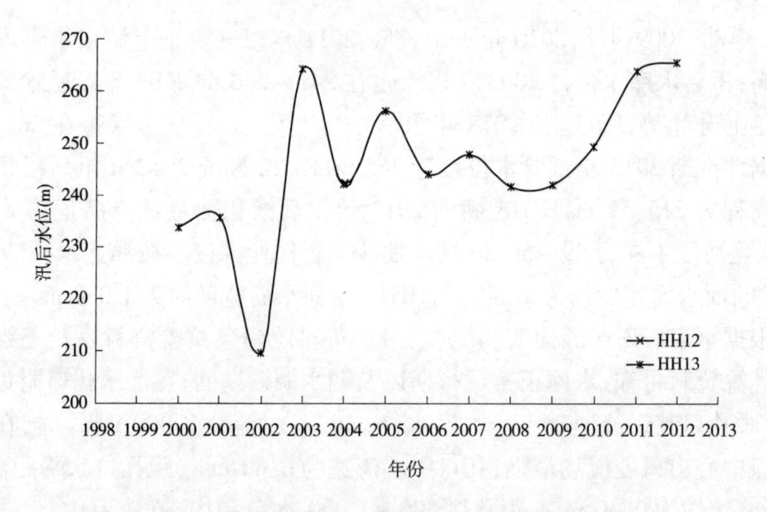

图 2-36　小浪底库区 HH12 断面和 HH13 断面汛后水位

1. 试验河段床沙级配组成及淤积分布

方案 2 选定河段河床淤积趋于稳定，此河段泥沙组成较方案 1 略粗，根据 2009 年 HH26 断面实测资料，d_{50} 约为 0.016 mm，属于细颗粒泥沙。图 2-38 和图 2-39 分别为 2000～2012 年试验河段 HH25 断面和 HH26 断面淤积地形形态套绘图，分析地形数据得出，2000～2012 年，该河段淤积厚度为 46.6～49.1 m。近三年来，HH25 断面和 HH26 断面淤积泥沙厚度减少约 3.7 m。2012 年

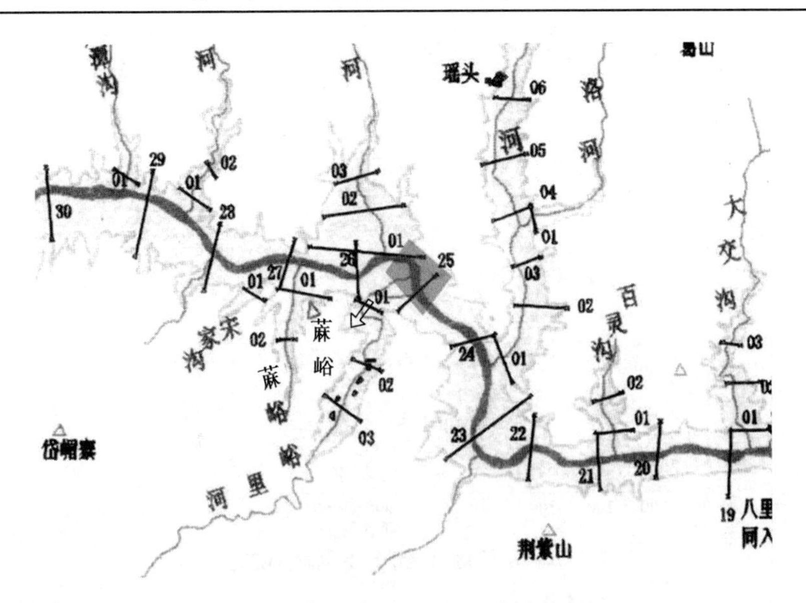

图 2-37　方案 2 库区平面位置图

汛后淤积面量测最低点高程 HH25 断面为 222. 38 m、HH26 断面为 222. 83 m。

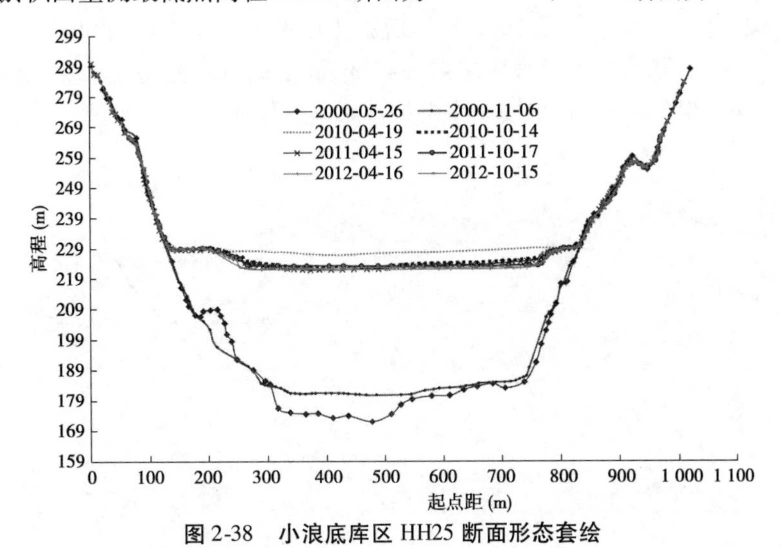

图 2-38　小浪底库区 HH25 断面形态套绘

2. 试验河段水深及流速分布

图 2-40 和图 2-41 分别为小浪底水库库区大断面 HH25 和大断面 HH26 汛前、汛后蓄水水位，可以看出，选定试验河段汛前水库蓄水位除 2006 年在 260 m 以上外，大都在 260 m 以下；汛后水位 2004 年以来大都在 255 m 以下，

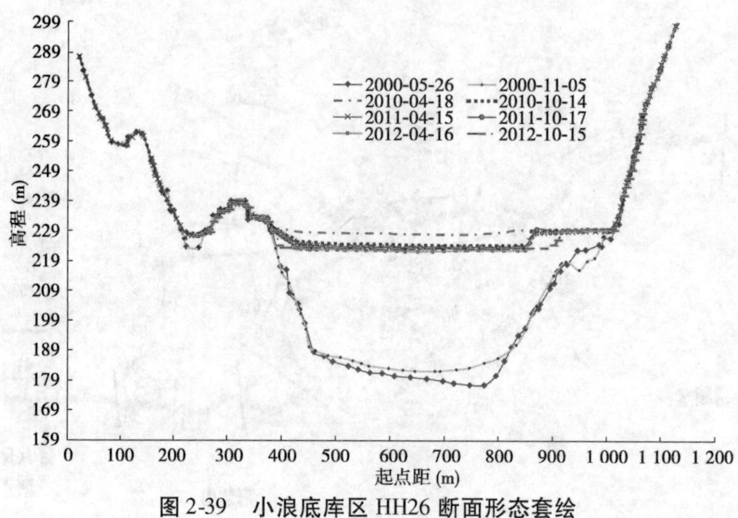

图 2-39　小浪底库区 HH26 断面形态套绘

2011 年以来由于上游来水量增大而逐年提高,2011 年、2012 年汛后水位变化不大,也基本保持在 265 m 左右;方案 2 河段 2013 年试验水位计算与方案 1 相同,取水位 265 m。按照 2012 年汛后淤积面量测 HH25 断面和 HH26 断面最低点高程计算试验河段水深在 42 ~ 43 m,满足抽沙装置作业深度,较方案 1 平均水深减少 7 m 左右,更便于水下抽沙泵施工作业。

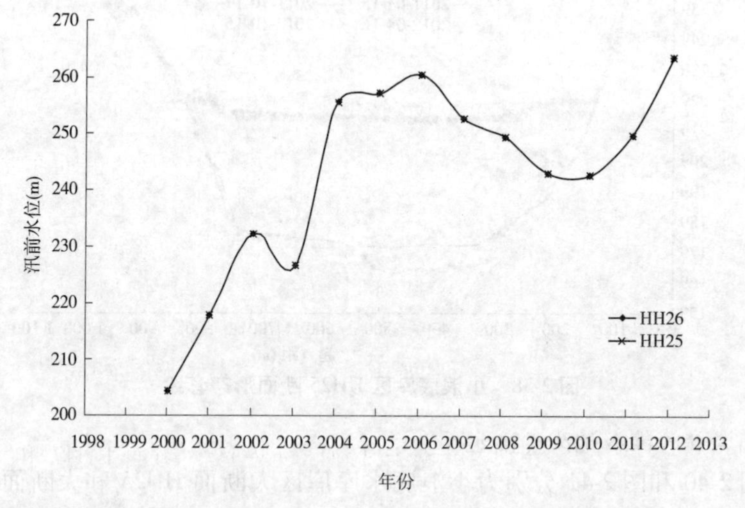

图 2-40　小浪底库区 HH25 断面和 HH26 断面汛前水位

方案 2 试验河段水位为 265 m 时河宽在 900 ~ 1 000 m,平均水深 42 m,选

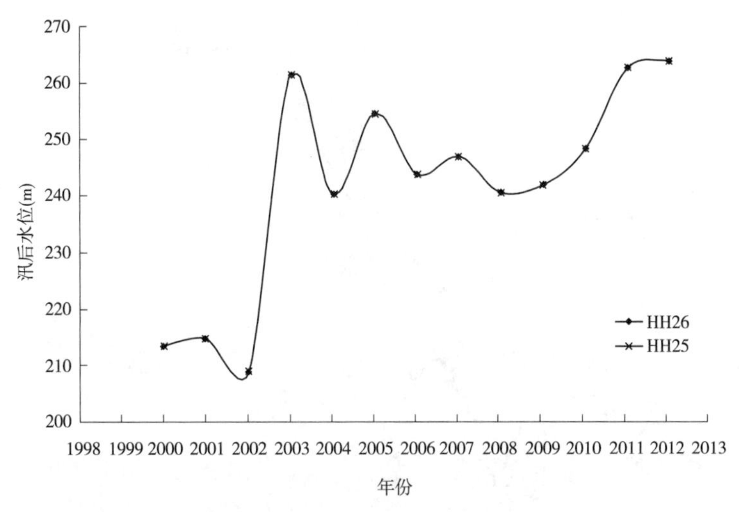

图 2-41　小浪底库区 HH25 断面和 HH26 断面汛后水位

定试验位置流速较方案 1 略有增大但也在 0.1 m/s 以下,不会对抽沙试验作业造成影响。

2.3.2.3　小浪底库区抽沙试验位置方案 3

抽沙试验位置方案 3 选在了小浪底库区靠近上游的 HH47—HH48 断面(距坝约 91 km)附近靠近支流河面较宽位置,HH48 断面向下 200 m,横向位置距离库区左岸 200 m 处,具体位置见图 2-42,方案 3 选定位置靠近白浪测站,附近交通相对便利,利于抽沙试验设备、仪器进场。试验抽出泥沙也可沿管道排入支流,减少对库区干流淤积影响。

1. 试验河段床沙级配组成及淤积分布

方案 3 选定区域为粗颗粒泥沙代表,根据 2009 年 HH48 断面实测资料,d_{50}约为 0.195 mm。图 2-43 和图 2-44 分别为 2000 ~ 2012 年试验河段 HH47 断面和 HH48 断面淤积地形形态套绘,2000 ~ 2012 年,该河段淤积厚度为 9.72 ~ 10.27 m。2009 年以来,HH47 断面淤积泥沙厚度增加 2.52 m,HH48 断面淤积泥沙厚度增加 3.5 m。HH47 断面 2012 年汛后淤积面最低点高程为 234.33 m,HH48 断面 2012 年汛后淤积面最低点高程为 240.43 m。

2. 试验河段水深及流速分布

图 2-45 和图 2-46 分别为选择试验河段(库区大断面 HH47 和大断面 HH48)汛前、汛后水位,可以看出,HH47—HH48 河段汛前、汛后水位各年份规律与方案 1 和方案 2 相似,2011 年以来汛后水位变化不大,也基本保持在 265 m 左右,因此方案 3 也按照水位 265 m 计算 2013 年汛后水位。按 2012 年

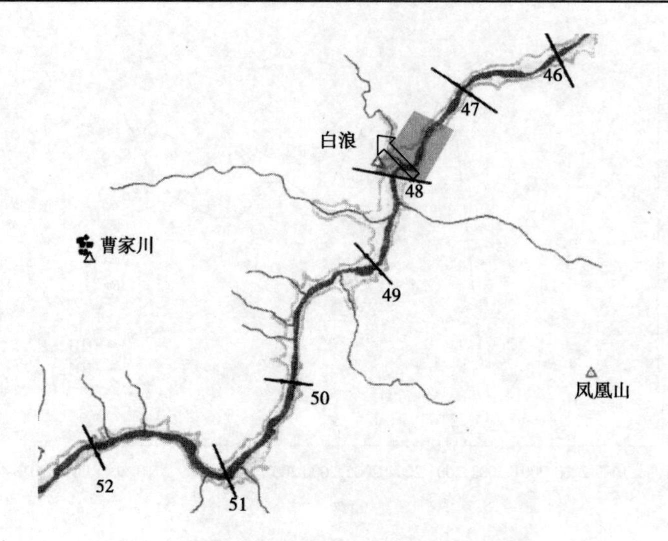

图 2-42　方案 3 库区平面位置图

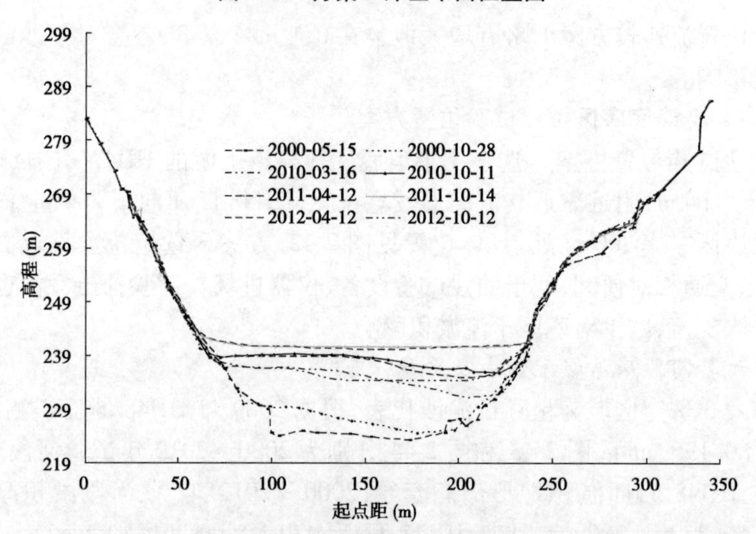

图 2-43　小浪底库区 HH47 断面形态套绘

汛后淤积面量测此河段水深最深处为 24.1 m，选定试验位置水深约 21 m，水深较浅，也适于抽沙试验作业。

方案 3 试验河段较窄，水位 265 m 时河宽在 275 ~ 570 m，平均水深约 24 m，如按照上游来流 5 000 m^3/s 初步计算，选定试验位置流速 0.49 m/s，对抽沙作业影响不大，满足试验要求。

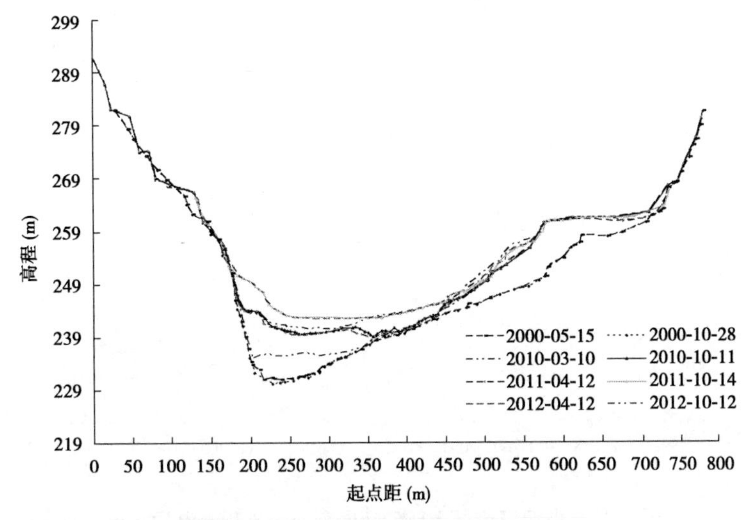

图 2-44　小浪底库区 HH48 断面形态套绘

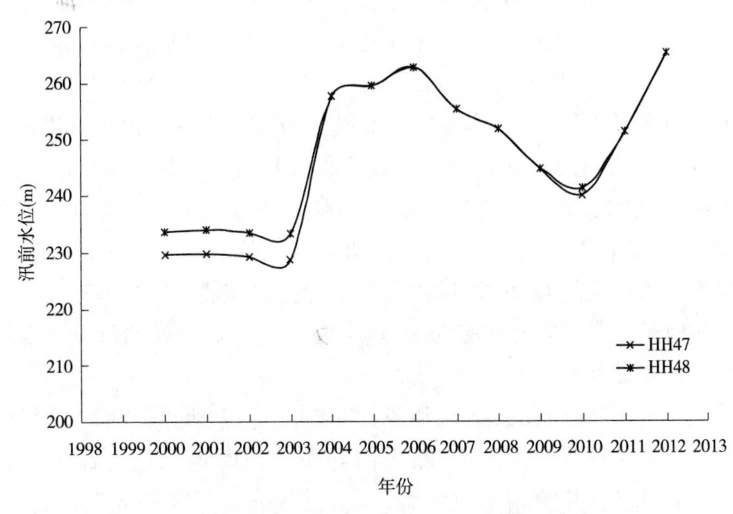

图 2-45　小浪底库区 HH47 断面和 HH48 断面汛前水位

2.3.2.4　试验位置选择确定

1. 抽沙位置确定

通过以上分析，小浪底库区近 2 年汛后水位变化不大，基本保持在 265 m 左右，方案 1 试验河段水深在 49 ~ 50 m，河宽约 1 640 m；方案 2 试验河段水深在 42 ~ 43 m，河宽约 900 m；方案 3 河段水深约 21 m，河宽约 570 m。选定的三个位置都能满足抽沙装置水下作业深度。

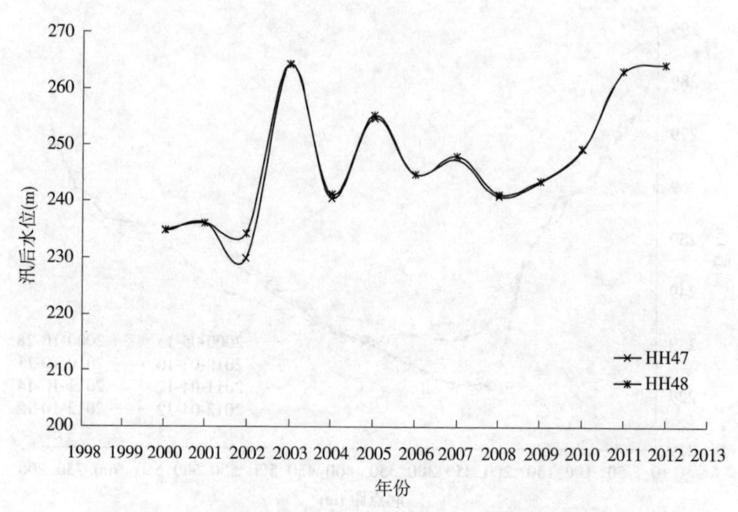

图 2-46　小浪底库区 HH47 断面和 HH48 断面汛后水位

3 种选定方案淤积泥沙颗粒级配各有代表性,方案 1 试验河段淤积厚度为 57. 07 ~65. 78 m,靠近淤积三角洲顶点位置,新淤积泥沙颗粒较细,d_{50}基本维持在 0. 007 mm 不变,小于 0. 025 mm 的泥沙百分数在 86% 以上;方案 2 选定在淤积趋于稳定河段,此河段泥沙组成较方案 1 略粗,根据 2009 年 HH26 断面实测资料,d_{50}约为 0. 016 mm,也属于细颗粒泥沙,小于 0. 016 mm 的泥沙百分数在 63% 以上;方案 3 选定区域为粗颗粒泥沙代表,d_{50}约为 0. 195 mm。

方案 1 和方案 2 河段水面较宽,分析该区域流速都在 0. 1 m/s 以下;方案 3 试验河段较窄,流速较方案 1 和方案 2 大,但按照水位 265 m、上游来流 5 000 m^3/s初步计算,选定试验位置流速为 0. 49 m/s,对抽沙作业影响也很小,能满足试验要求。

综合施工单位现场勘察结果和各方案地形特点(见图 2-47),通过调查分析,对西沃、青石沟、万仙山渡口、峪里沟等四个入库地点进行比选,确定距离主河道 5 km 远的石井镇峪里村码头,作为设备进入库区的地点。此地交通方便,道路直达库区,有进库码头,便于设备的组装和入库,汛后水深能够达到试验要求,峪里村紧靠库区,有公路直通峪里乡和新安县城,便于后勤保障和生活居住。

因此,本次试验最终采用方案 2 HH25—HH26 断面(距坝 41 ~43 km)附近开展抽沙试验。

2. 泥沙堆放位置确定

根据清淤位置研究内容,本次试验将泥沙输送至 HH01—HH03 断面较为

图 2-47　项目组成员赴库区进行现场查勘

有利,此段区域不仅较为顺直,利于泥沙堆积,而且有利于泥沙输移出库。如将试验出沙位置选取在 HH01—HH03 断面,抽沙试验位置(HH25—HH26)距离出沙位置约 40 km,试验费用将大大增加,本次试验经费不足以支撑如此长距离的管道输送试验。此外,由于本次试验的目的主要是研究总结小浪底库区水下抽沙以及高含沙水流泥沙输送技术和操作工艺,以及分析高含沙水流远距离管道输送关键技术参数,试验泥沙堆放位置并不影响本次试验目的;加之本次试验抽沙、输沙规模较库区总淤积泥沙很少,从库区清淤角度来说,基本不影响小浪底库区淤积程度,因此也无需进行如此远距离输沙。

为最小限度地减小对小浪底库区淤积以及生态环境等因素的影响,同时达到试验目的,本次试验选取与试验位置较近的峪里河支流作为试验排沙口位置。

第3章 高含沙水流远距离管道输送试验布置

3.1 水库减淤方法

随着水库淤积所带来的一系列问题的不断突显,人们越来越重视如何减少水库泥沙淤积这一问题,长期以来人们积累了大量的研究成果和防淤减淤工程经验。总结起来,目前常见的水库减淤方式可分为四类:①减少泥沙入库;②排浑出库减淤;③水力冲沙出库;④机械清淤。

3.1.1 减少泥沙入库

在水库上游采取拦沙措施,减少入库泥沙,是防止和减少水库淤积的最根本办法,常见的有水土保持、引洪放淤、绕库排浑以及修建拦泥坝等。

水土保持是在流域产沙区域采取保水固土措施,实施流域治理以减少产沙量。实践证明,对于流域面积不太大的大中型水库,水土保持综合治理在短期内可明显减少入库沙量。在美国的新人湖、高点水库等开展水土保持后,泥沙淤积减少了27%;印度乾的加水库开展水土保持后十年内淤积率降低到原来的1/5。我国的红山水库、官厅水库、牛形山水库、五星水库,以及陕西陇县段家峡水库等通过上游流域的水土保持治理,入库的泥沙显著减少。

引洪放淤是指当水库上游或旁侧有可供消纳泥沙的地形条件时(如低凹地或荒滩),将浑水支流改道放淤,既可淤滩造田,又能避免水库淤积。如我国靖边土桥水库,筑坝拦截了多沙支流大沟岔,洪水通过水库右侧7 km长的引洪渠,泄至广阔的滩涧造地。又如吉林吐尔吉山水库,汛期将洪水有计划地引入水库上游唐土甸子与中乃甸子放淤,多年来不仅淤出数万亩肥沃良田,而且防止了泥沙入库,水库至今淤积轻微。

绕库排浑根据来沙在时间上的不均匀性,在水库上游主河道旁选择有利地形修建绕库排沙渠(洞),汛期来沙到达库尾被拦沙闸截住并进入排沙渠,经排沙渠排往水库下游河道,如山西石崖水库和陕西首头庄水库均采用这种方式减少泥沙入库。

此外,可在水库上游修建拦泥坝等工程拦截泥沙,这种方式在日本采用较多。我国延川县的寒沙石水库蓄浑排清,在上游修建了一批拦泥坝拦蓄大量泥沙,再用卧管涵洞将清水排入水库,起到了显著的减淤效果;宁夏园河上的张湾水库和园河水库,前者实则是拦泥坝,滞洪拦泥排清水,为园河水库提供水源。

3.1.2　排浑出库减淤

排浑出库是指将含沙量较高的洪水直接排出水库,减少泥沙在水库中的沉积比例,达到减淤效果,常见的有异重流排沙和滞洪排沙等。

异重流排沙指在水库蓄水期,浑水进入水量较大的水库时,潜入库底形成向坝前运动的异重流,及时开闸可获得较高排沙比(中小型水库可达70%)。异重流排沙在很多水库都得到了应用,如甘肃省文县碧口水库、二龙山水库,陕西省黑松林水库。异重流排沙效果与洪水流量、含沙量、泥沙粒径、泄量、库区地形、开闸时间及底孔尺寸和高程有关。

滞洪排沙指水库汛期低水位运行或空库迎汛时,入库洪水流量大于泄水流量,细颗粒泥沙来不及大量沉积就被水流带至坝前而排出库外,其效率受排沙时机、滞洪历时、开闸时间、泄量大小和洪水漫滩程度等因素影响。陕西延安的王瑶水库、志丹县石沟水库等均采用过滞洪排沙的减淤方式。蓄清排浑汛期降低水位排沙、汛后抬高水位拦蓄清水,属于滞洪排沙,是目前一些重要大型水库采用的排沙方式。三门峡水库于1973年以来蓄清排浑,冲沙效果显著;小浪底水库初期抬高水位拦粗排细,后期将转入蓄清排浑运用;三峡水库亦采用蓄清排浑减少淤积,通过变动汛限水位加大减淤,增加防洪能力。

3.1.3　水力冲沙出库

水力冲沙是指利用自然形成或人为创造的有利水力条件,扰动水库淤沙以冲刷出库,实现减淤。常见有泄空冲沙、基流冲沙和横向冲蚀等方式。

水库定期泄空,利用泄空形成的沿程冲刷和溯源冲刷清除淤积在库中的泥沙,是恢复库容的有效方式之一,适用于季节性利用的水库。国外较多水库曾利用泄空冲沙减淤,如新西兰芒阿豪水库、苏联泽莫阿夫查尔水库、瑞士帕拉涅德拉水库、伊朗塞菲德路水库;国内黑松林水库、王瑶水库、新疆头屯河水库等也采用过这种方式。

基流冲沙又称常流量排沙,指空库时依靠挟沙不饱和的常流量冲刷库区淤积物,并在库区拉出一条深槽,对库容长期保持极为有利。其减淤效果取决于常流量和水流含沙量大小,此外,可借助人工手段将两侧淤泥推向主槽,加大减淤。王瑶水库、山西红旗水库、黑松林水库等都采用过基流冲沙的减淤方式。

横向冲蚀指拦截水库上游水流或开辟新的水源,沿两侧适当高程开挖高渠,利用滩槽高差开挖小沟槽进行横向冲蚀。王瑶水库、山西红旗水库、黑松林水库也都尝试过横向冲蚀排沙。此外,新疆头屯河水库利用高渠水力冲沙与横向冲蚀类似。

3.1.4 机械清淤

机械清淤是指利用设备直接将水库淤沙挖除排出,实现减淤。常见的清淤设备有虹吸排淤装置(水力吸泥清淤)、气力泵及挖泥船等。随着水库淤积越来越严重,不少专家利用机械方法对水库进行清淤。如山西红旗水库采用虹吸方法对库区泥沙进行清淤;20 世纪 80 年代,云南以礼河水槽子电站利用挖泥船将淤积泥沙搬运至排沙洞附近,实现浑水过机与冲沙;官厅水库也采用挖泥清淤,满足北京市的应急供水;针对小浪底库区淤积情况,高航等研究了运用自吸式管道进行排沙,利用水库自然水头,在库区内布置一种带吸泥头的水下管道排沙系统,将小浪底库区淤积泥沙排出。陆宏圻等研究利用射流泵冲吸库底泥沙,然后经过排沙洞排到下游。

传统水库减淤方式中,除机械清淤外,其他三种均应用广泛,但各种方法都具有一定局限性。利用减少入库泥沙方式——水土保持、拦泥坝等工程的投入费用很高,且见效时间较长;排浑出库方式借助季节性河流的自然来水冲淤,需同时受到多个部门协调调度,排沙效果不确定,库尾累积的粗沙也难以利用排浑排出;水力冲沙需要水库在很低水位运行,甚至要求放空水库,极大地影响水库发电航运等效益。目前,机械清淤方式应用较少、清淤规模较小。本次试验采用抽沙泵将库区泥沙抽出后,形成高含沙水流输送到库区指定位置,减少库区内泥沙淤积,属于机械清淤方式。

3.2 清淤方式选择

针对出现的不利于小浪底排沙的淤积形态,本次试验利用机械清淤的方法对小浪底库区淤积泥沙进行清淤。机械清淤包括虹吸法、挖泥船挖沙法、气力泵法、射流扰沙法等。从能量来源上可以分为两类:一种为利用水流自身能量清淤,一种为利用外加动力清淤。前者主要包括虹吸法等,后者包括气力泵法、挖泥船挖沙法以及射流扰沙法等。

虹吸法利用水库自然水头作为能源,借助由操作船、吸头、管道、连接建筑物组成的系统装置进行排淤。吸泥清淤,不会消耗多余水量,且进行排淤时,水库里面的水是不必要泄空的,这便有效地节省了能量。利用这种方式,清淤可以随时进行,不受季节限制,清淤时只需要结合灌溉的特点,可常年进行排沙。但是虹吸清淤对上下游水位差的依赖程度大,水位差影响甚至决定着输出的流量,同时只局限于坝前一定范围内使用,采用此方法进行清淤时,应用范围小。

挖泥船清淤需要采用必要的装置,首先要配备挖泥船,且挖泥船需有效携带吸头、铰刀、抓斗等装置,具有破土、清淤、输送等众多功能。挖泥船利用铰刀、耙头、吸头、抓斗、链斗或铲斗等设备进行挖沙,具有机动性好,不受时间、地域限制,耗水量小等优点。在清淤时减少了人工费用,且清淤不受限于水库的调度状况(因为挖泥船具有良好的机动性能)。但是挖泥船的售价一般较高,在深水区使用较为不便。

气力泵清淤是依靠空气压缩装置,利用设备压缩空气产生动力,整个气力泵设备由空气压缩机、泵体、压缩空气分配器构成。气力泵清淤的费用较挖泥船小,且整体维修起来较为方便,排淤的浓度较高,浑水含沙量最高达 900 kg/m^3。运行费用较低,可深水操作,如瑞士保拉尼卡水库曾经采用 Pnenma 气力泵式深水挖泥船,作业水深达 50 m。气力泵的吸头处需要放置机械铰刀,但是由于铰刀的材料不同,造成铰刀的使用寿命也存在差异,在实际的工作过程中,可能为清淤工作带来一些不便。

针对机械清淤的各自特点:虹吸法虽然可常年进行,且节省能量,但依赖于上下游水位差,同时清淤区域有限,而小浪底水库为狭长型水库,因此这种方法并不大范围适用于小浪底水库;挖泥船由于售价昂贵,且深水区施工不便,本次试验暂不考虑;气力泵进行清淤较为合适,但目前国内外气力泵用于深水区抽取高含沙的产品较少,因此不适用本次试验清淤。根据对各自清淤方式的对比分析,结合小浪底库区特殊的水沙环境,参照气力泵清淤的清淤形式,本次试验采用泵体扰沙、抽沙的方式对小浪底库区淤积泥沙进行清理,并采用管道远距离输送的方式研究泥沙输送形式及泥沙远距离输送中的能量损失情况。

高含沙水流远距离管道输送试验主要由抽沙装置、抽沙平台和输沙装置三部分组成(见图 3-1)。抽沙装置布设在库底,先由射流装备将库底板结的泥沙打碎,然后利用抽沙泵将泥浆通过抽沙软管垂直输送到水面上的抽沙平台中;抽沙平台上布置集浆罐和加压泵,将吸上来的泥浆加压后排入输沙管道;输沙管道用浮筒固定漂浮于水面,泥浆经输沙管道排送至指定位置。该方式操作简单、灵活方便,可整体拖至库区的任何位置,并且在任何季节都可以清除远坝泥沙,增加有效库容,消除泥沙淤积体给枢纽运行带来的威胁。

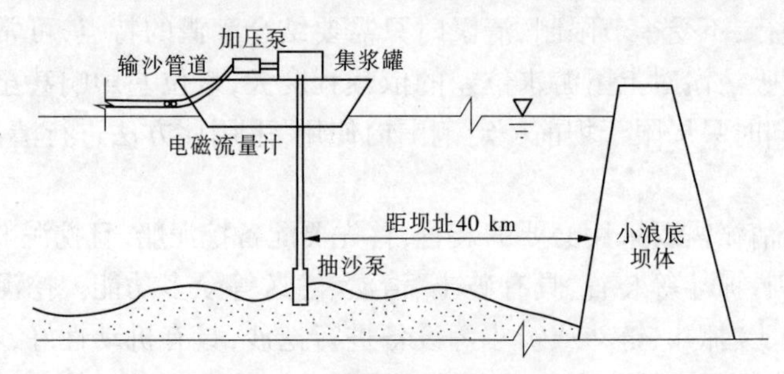

图 3-1 管道输沙方式示意图

根据试验总体布置方案,试验设备主要包括:抽沙装置主要由水下射流装置、抽沙泵以及抽沙软管等组成;抽沙平台为试验人员的操作平台以及承载试验设备的配套装备,主要包括操作装备、动力装备、起吊装置、加压泵、集浆罐等;输沙装置主要由水上浮体、输沙钢管、输沙胶管等组成。

3.3 试验设备研究与选择

3.3.1 抽沙平台研究选择

本次试验在抽沙平台的选择上对多个方案进行了比较分析,其中包括舟桥部队舟体水上平台方案、以黄河浮舟为载体的水上平台方案、专用船体载体水上平台方案、以移动导流桩坝试验平台为载体的水上平台方案、自动驳船方案等。根据多方比较各自方案的优缺点,最终锁定两个方案:以移动导流桩坝试验平台为载体的水上平台方案和自动驳船方案。

以移动导流桩坝试验平台为载体的水上平台方案如图 3-2 所示。平台设计总长 15 m,宽 19 m,由四个 15 m×3 m×2 m(长×宽×高)和两个 15 m×3.5 m×2 m(长×宽×高)的平台联结组成。平台面积 285 m^2。平台设计吃水深度 0.5 ~1.0 m。单块自重 15 t,6 块共计 90 t。

自动驳船方案是以自动驳船作为抽沙平台。经现场勘察,载重 280 t、500 t、1 000 t 的自动驳船,均能满足作为抽沙平台的要求。通过综合考虑,重点考察了一艘 280 t 的自动驳船(见图 3-3),该自动驳船安装两台 6105 型柴油机，甲板长 28 m，宽 9 m，可供使用面积 252 m^2，船离水面高 1.6 m。

图 3-2　移动导流桩坝试验平台

图 3-3　自动驳船平台

移动导流桩坝试验平台为非动力平台。以移动导流桩坝试验平台作为抽沙平台，需要将其从郑州花园口解体，陆上运输至小浪底库区，再进行水上拼装。本次试验过程中需要移动抽沙平台，试验平台无动力，平台移动时需要利用拖船或者在导流桩坝平台上安装动力装备，无论是利用拖船还是安装动力装备，不仅费用较大，而且操作不方便、安全性低，特别是遇大风、暴雨等恶劣天气时，非动力平台的移动、固定作业将十分困难。

自动驳船为动力平台。自动驳船能直接行驶到试验现场，节约运输、拼装的时间和费用。在试验期间，当小浪底库区内遇到强风时，为保证安全，自动驳船可以启动驳船自身动力，快速调整方向，减小平台迎风面积，降低大风大浪对驳船的影响，280 t 自动驳船可抵抗 7 ~ 8 级大风，而且当遇上大暴雨时，可用排水系统将雨水快速排出，不会对水上平台产生影响。此外，驳船驾驶员长期在库区行船，熟悉库区气象条件和水文环境，遇到恶劣天气情况时具有实际操作经验，能更有效地保障抽沙平台的安全。

经综合分析，自动驳船方案不仅设备费用较低，而且利于移动，操作简单，安全性高。因此，最终选取 280 t 自动驳船作为抽沙平台。

3.3.2　输沙钢管和抽沙软管研究选择

目前，市场上运用的大部分输沙钢管为 ϕ 325 mm 和 ϕ 400 mm 的钢管。ϕ 325 mm 的钢管数量较多，加工技术比较成熟，且质量较轻，在其他抽沙项目中运用较多。ϕ 400 mm 的钢管目前在国内抽沙工程项目中运用较少，且质量较重，考虑到输沙管道浮体的承重能力及安装操作、与抽沙泵流量匹配等因素，从试验操作角度，选择 ϕ 325 mm，长度 6 m 的钢管作为本试验输排沙管道。此外，根据本次试验抽沙泵的抽沙参数以及前人对输沙管道的研究成果，本次试验选取 ϕ 325 mm 钢管（见图 3-4）满足流量、流速要求。

试验输沙管道是由浮体承载输沙管道漂浮在水面上连接而成的，如采取钢管与钢管之间直接连接,受水面风浪影响,钢管容易产生扭曲变形或折断。为保障输沙管道能够在水上架设和完成输排沙任务,在连接输沙管道时,需要连接输沙胶管作为软连接,使输沙管道具备一定的自由度和较好的适应性,从而保证现场试验中输沙管道不致折弯和损坏。试验中输沙胶管选用ϕ 325 mm,单长为1.2 m的胶管(见图3-4)。

由于本次试验采用的深水抽沙泵出水口尺寸直径为200 mm,因此抽沙软管采用的是山东滨州黄河胶管厂生产的ϕ 200 mm软胶管(见图3-5),每节抽沙软管的长度为5 m,胶管之间用法兰盘连接。

图3-4　输沙钢管和输沙胶管　　图3-5　抽沙软管

由于试验中抽沙软管采用ϕ 200 mm的软胶管,输沙钢管采用ϕ 325 mm的钢管,为了保证抽沙软管和输沙钢管有效匹配,试验中加工了集浆罐(见图3-6),经连接两台抽沙泵的抽沙软管先将抽取泥沙汇集到集浆罐中,然后经加压后排入与集浆罐连接的输沙管道中。

图3-6　集浆罐

3.3.3　浮体研究选择

搭载输沙管道的浮体目前主要有两种方式:一种是专用橡胶泡沫圆形浮

体,另一种是利用空油桶自主研究加工而成,两种方案的性能和使用效果基本相同。

采用橡胶泡沫圆形浮体(见图 3-7),将ϕ 325 mm 的输沙管道固定在浮体中间,实现输沙作业。但目前市场上很难租到橡胶泡沫圆形浮体,如购买,每个价格在 1 200 元左右,按照 1 000 m 的排距计算,需用浮体 420 个。购买费用需 50.4 万元,投资较大。

根据黄河下游放淤固堤施工以及部分取水工程沉沙池临时清淤施工经验,为节约试验投资,试验时将密封后的空油桶固定在自主研制的钢架上,形成自主研发的浮体装置(见图 3-8 ~ 图 3-10),此浮体装置能与输沙管道有机组装。每一节管道上有 6 个空油桶拼装为载重浮体,每个投资需 403 元,420 个共计 16.926 万元。

图 3-7　专用橡胶泡沫圆形浮体

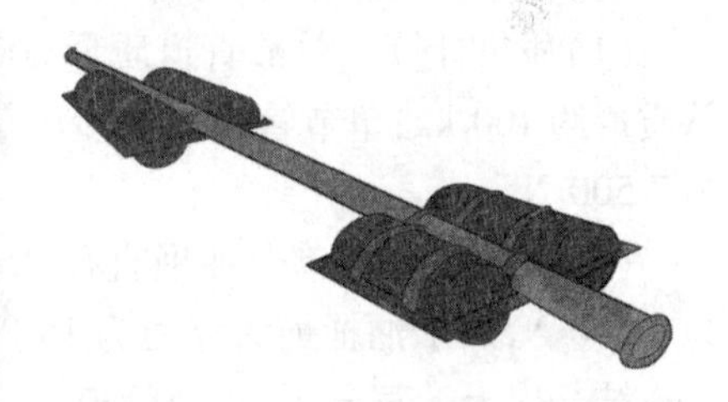

图 3-8　水上浮体铺设示意图

图 3-9　加工好的浮体

图 3-10　水上浮体

试验中共加工研制两种浮体装置,分别为大浮体装置和小浮体装置。其中,大浮体装置由 4 个空油桶加工而成,小浮体装置由 2 个空油桶加工而成。大浮体装置采用 Q235B 型号角铁和扁铁加工制作而成,形状为长方形的四桶浮体,由四根纵向长 2.4 m 和横向长 1.2 m 的角铁焊接而成,相邻两条纵向长边中间用扁铁隔开,浮体装置上部中间位置安放输沙管道,浮体装置下部每个间隔位置用于安置浮桶,用细钢丝绳或8#钢丝将浮桶和输沙管道浮体装置紧密固定在一起,四个浮桶被牢牢固定在浮体装置下部,而上部支撑输沙管道,能够保证输沙作业顺利开展。

小浮体装置由两个用于固定浮桶的扁铁圆环和用于固定连接的角铁组成,扁铁的型号为5#扁铁,长度为1.8 m,角铁的型号为Q235B,上、下两根长度分别为0.6 m和1.1 m。使用时分别用两个浮体钢架的扁铁圆环固定两个浮桶的上、下两端,再用螺丝连接扁铁圆环的接口处,拧紧即可。

试验中在一根输沙管道的前后两端,分别安装1个大浮体和1个小浮体,每一根输沙管道上大小浮体之间的距离为3 m,后一根输沙管道仍然按这种方法和顺序依次安装,保证1个大浮体和1个小浮体有序间隔安装固定,能够保持整个输沙浮体装置的平衡和稳定。

输沙浮体装置的浮力计算如下:

(1)质量计算。单节管道质量200 kg;单节管道所需浮体油桶数为6个,总质量约100 kg;单节管道内水沙质量约450 kg,合计质量为750 kg,总质量为7 500 N。

(2)浮力计算。单个油桶直径0.6 m,高0.9 m,体积0.25 m^3,最大浮力为2 500 N,六个油桶最大浮力为15 000 N,油桶入水1/2,其浮力为7 500 N。

结合以上计算分析,单节管道下浮筒产生的浮力满足支撑单节管道的重量,因此本次试验研究、加工的浮体满足浮力要求。

利用空油桶加工浮筒不仅满足浮力要求,而且相较于橡胶泡沫圆形浮体投资少,因此本次试验采用空油桶加工浮筒。

3.3.4 深水抽沙泵改进研制

小浪底水库抽沙区水深最深可达50~70 m,需要抽沙泵具有较大的扬程,且抽取泥沙的含沙量较高,对抽沙泵要求较高。国内生产的抽沙泵大多扬程较小,难以用于大水深作业,而且适应的含沙量偏低。目前,能满足试验要求的有意大利德福隆公司生产的EL系列的电动泵。意大利德福隆公司生产的抽沙泵有两种,一种为EL系列的电动泵,一种为HY系列的液压泵。HY系列的液压泵需要配备的设备较多,投资较大。EL系列的电动泵只需要有电源就可下水试验,且动力不需太大,EL 604HC输送直径为250 mm,生产能力为720 m^3/h,扬程为16 m,功率为75 kW,质量为1 400 kg,每台价格为35万元。EL系列的电动泵抽沙能力强,但此系列的抽沙泵扬程较低,不能满足试验要求。此外,由于意大利德福隆公司生产的抽沙泵需订购,不仅成本较高,订购时间也难以满足时间要求。

国内外没有已经成熟的抽沙泵能直接应用于本试验,因此试验最终选择由河南黄河河务局与泰安乾洋泵业科技有限公司合作,改进研制的高含沙深水抽沙泵。

3.3.4.1　抽沙泵关键技术指标

本次试验需要通过抽沙泵自身吸力,启动水下淤积泥沙,形成高含沙水流。高含沙水流抽沙试验主要有三个关键问题:①泥沙的粒径变化大;②抽沙深度深;③抽取泥沙含沙量高。因此,需结合库区实际对试验抽沙泵关键技术指标进行分析、确定。

根据试验中选取的输沙管道直径 0.325 m,结合前人关于临界不淤流速的研究成果,选取临界不淤流速 v 约为 2 m/s,由公式

$$Q = \pi r^2 v \times 3\ 600 \tag{3-1}$$

可得流量约为 600 m^3/h。因此,本次试验抽沙泵选取流量为 600 m^3/h。

本次试验以高含沙水流作为研究对象,抽取含沙量一般在 1 300 kg/m^3 以内,将抽沙泵抽沙体积浓度定为 50%(泥沙粒径≤0.6 mm)。

根据最大抽沙深度,抽沙泵潜深选为 70 m;试验采用管径为 0.2 m 抽沙软管,由抽沙泵流量 600 m^3/h 算得抽沙软管内流速为 5.3 m/s。结合扬程公式

$$H = \frac{\gamma_{浑水} - \gamma_{清水}}{\gamma_{浑水}} h + \lambda \frac{lv^2}{d2g} + \xi \frac{v^2}{2g} \tag{3-2}$$

式中:$\gamma_{浑水}$ 为浑水容重,当体积浓度为 50% 时约为 18 kN/m^3;$\gamma_{清水}$ 为清水容重,取 9.8 kN/m^3;l 为管长,等于抽沙泵潜水深 h;d 为抽沙软管直径;λ 为胶管沿程阻力损失系数,取 0.028;ξ 为局部水头损失系数,取 1.2。

根据计算,抽沙管道沿程阻力水头损失约为 14 m,局部水头损失约为 2 m,水深 70 m 抽取浑水所需水头约为 32 m。因此,本次抽沙泵扬程应不小于 48 m,选取设计扬程 50 m。

根据以上分析,本次试验研制泵需要达到以下标准:泵潜深 70 m;流量不小于 600 m^3/h;抽沙体积浓度可达 50%(泥沙粒径≤0.6 mm);扬程可达 50 m。

3.3.4.2　抽沙泵改进研制

本次研制的深水 LQ 两相流潜水渣浆泵(见图 3-11)是在原来 LQ 泵设计框架的基础上,运用清华大学许洪元教授的固液速度比理论,设计新的过流系统和机械密封系统,提高性能,使之满足试验要求。

深水抽沙泵主要由电机、油室、机械密封设备、泵体等部分组成，其中泵体和机械密封设备是该系统的核心部件。抽沙泵能否正常工作以及其工作效率，都与泵体和机械密封设备优劣密切相关。此外，在深水环境中作业，抽取高浓度泥沙，对泵体各部件的使用寿命也有更高的要求。

1. 机械密封可靠性

解决抽沙泵的轴密封问题是关键性技术难题，通过多次研究，单纯的机械密封效果不好、可靠性不高，而机械密封与合理的动密封相配合，才能使密封更加可靠，达到稳定的无泄漏运行要求。

图 3-11　深水 LQ 两相流潜水渣浆泵结构图

根据清华大学许洪元教授提出的机械密封前零压力理论，将动密封系统分成两个减压区：副叶片减压区和副叶轮减压区，副叶片减压区减压 70%，副叶轮减压区减压 30%，确保机械密封前腔中 $P \approx 0$，优化出一组最佳组合的副叶片－副叶轮几何参数，确保动密封系统的运行可靠性。

数值计算表明，原有的副叶片－副叶轮动密封系统在机械密封前压力较大，对机械密封的使用寿命非常不利。以降低泵流道副叶轮前的压力为目标对副叶片几何参数作了修正，如图 3-12、图 3-13 所示。

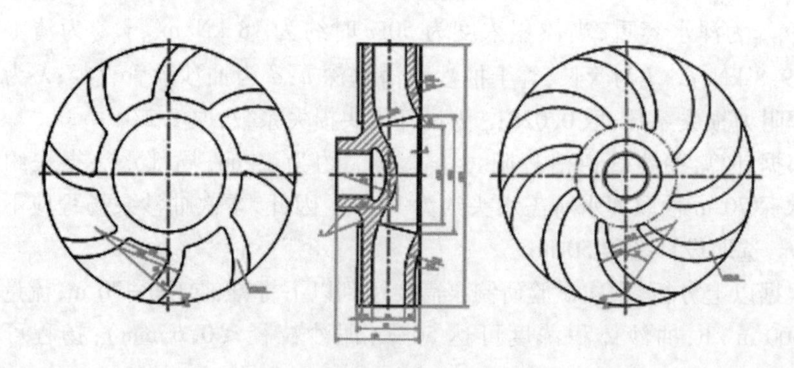

图 3-12　原副叶片结构图

进一步改进了副叶轮的设计，使得机械密封前的压力真正接近零压力，见图 3-14、图 3-15。

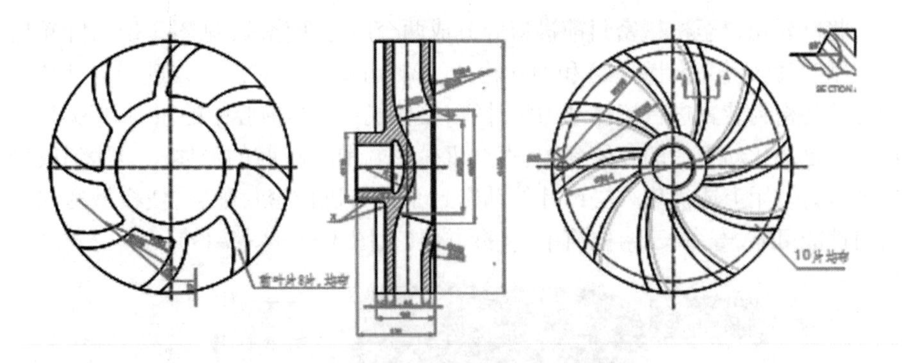

图 3-13　优化设计后副叶片设计图

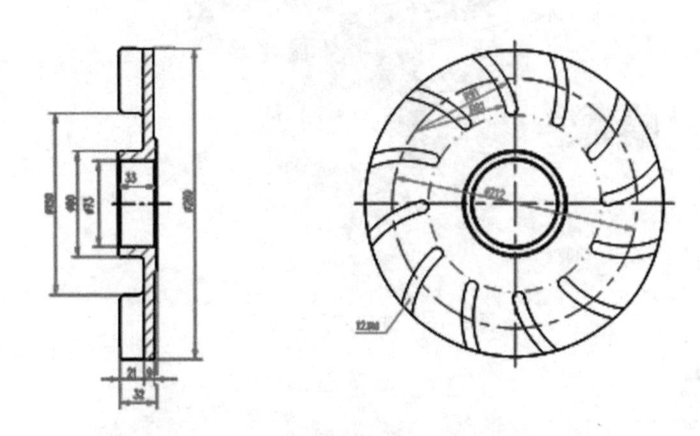

图 3-14　原副叶轮结构图

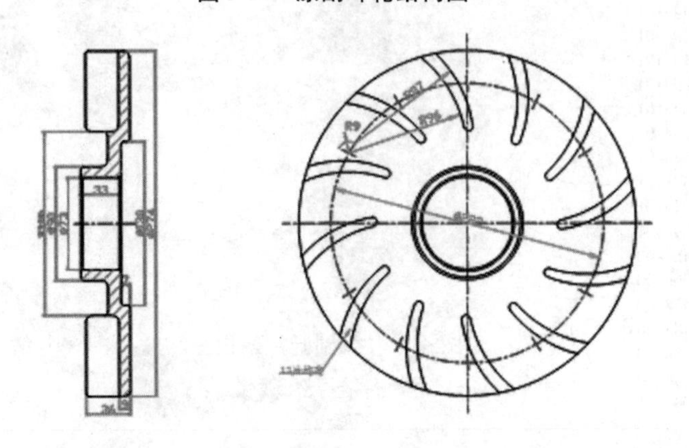

图 3-15　优化设计后副叶轮结构图

将叶轮出口至机械密封前进口腔分成两个压力变化区(见图 3-16):叶轮后盖板副叶片区(第一计算区)和副叶轮区(第二计算区),对设计改进的副叶片 - 副叶轮动密封装置进行流体动力学计算,校核机械密封前腔中的压力,根据计算结果反复优化动密封的几何参数,直至机械密封前进口腔的流体压力达到或接近零压力。用上述优化方法设计的动密封系统与机械密封配合,使机械密封的密封性能可靠、寿命长、结构简单、装拆方便(见图 3-17 ~ 图 3-19)。

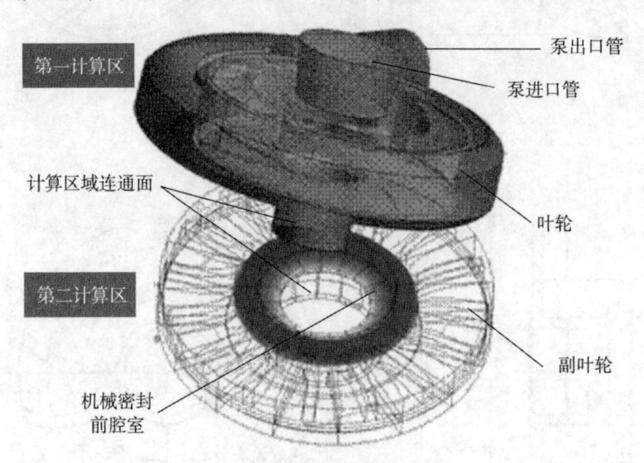

图 3-16　进口腔压力变化区

图 3-17　后盖板副叶片叶高中间面上流速矢量图(面流量 0.5 kg/s)

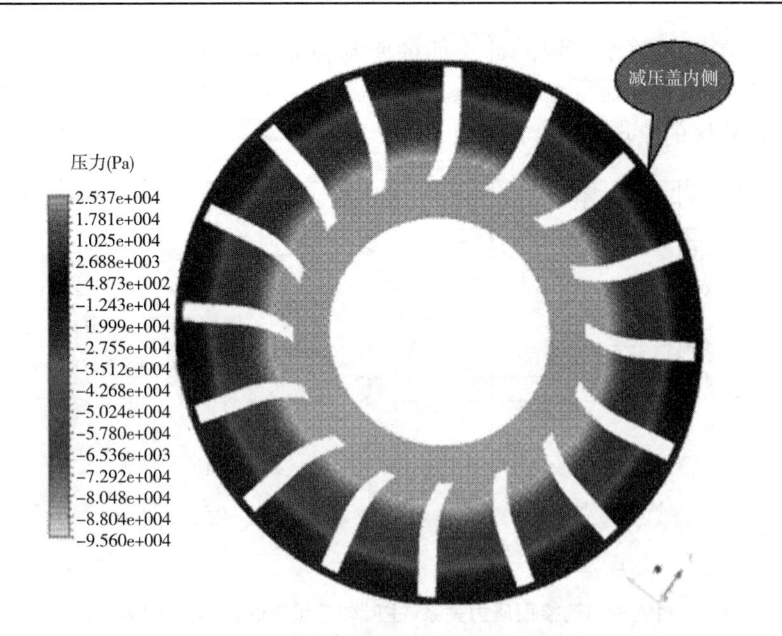

图3-18　副叶轮叶高中间面静压力分布图(面流量0.5 kg/s)

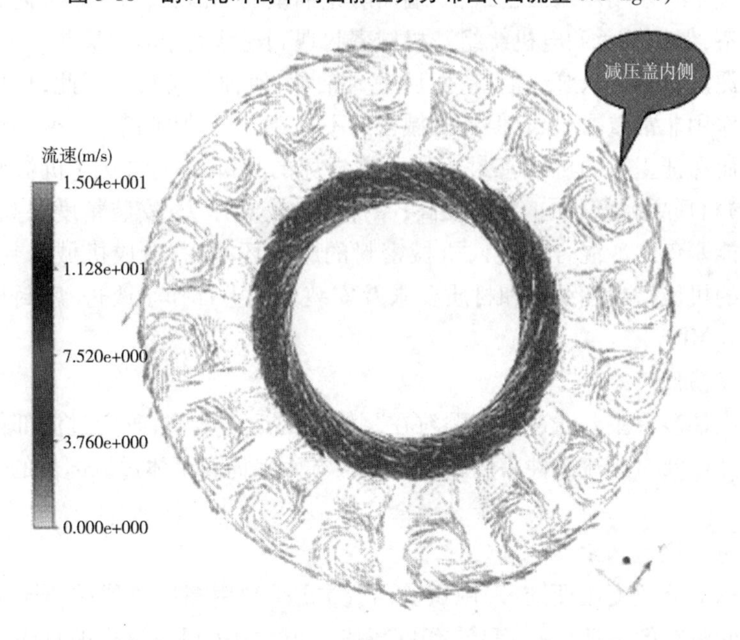

图3-19　副叶轮叶高中间面流速矢量图(面流量0.5 kg/s)

分别在连通两个区域的计算面的密封流量为 0. 1 kg/s、0. 2 kg/s、0. 5 kg/s、1. 2 kg/s、1. 5 kg/s、1. 65 kg/s、1. 8 kg/s、2. 0 kg/s 时，进行了第一计算区与第二计算区的流场计算。结果如图 3-20 所示。

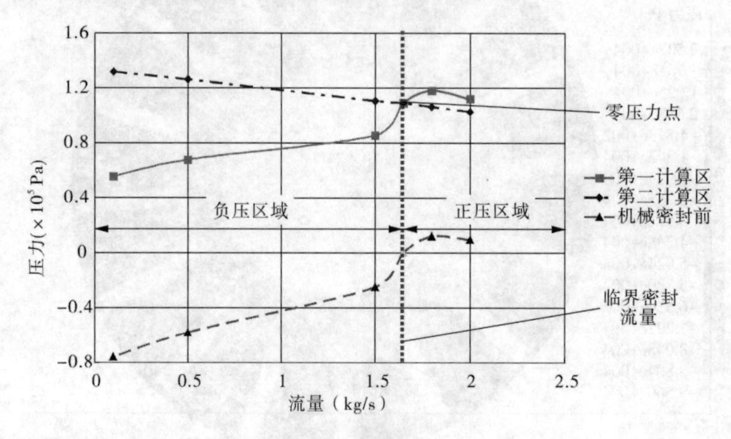

图 3-20　密封流量与连接面压力关系（主叶轮流量 365 m^3/h、$n=980$ rad/min）

机械密封采用双端面密封，一端面防止油室的油泄露，另一端面防止泥沙进入油室，保护轴承和电机绕组。机械密封遇到泥沙后很容易磨损，失去密封作用。泥沙首先进入泵组油室，而后进入轴承，使轴承磨损。因此，机械密封的密封作用非常重要，只有保证机械密封不损坏，才能保证潜水渣浆泵的安全运行。而保证正常的机械密封部位不易损坏的关键是：摩擦环（机械密封的动静环）材质要耐磨、加工精度要高；摩擦环的安装压力、安装精度要高，只有这样才能避免水沙混合物进入机械密封的摩擦环端面，造成机械密封损坏。深水泵的机械密封在结构和材质要求及安装方式上都作了改进，密封压力可达到 0. 8 MPa。

2. 提高使用寿命

本次抽沙泵主要通过研究颗粒在泵体内的运动轨迹，改变过流部件的结构和尺寸以及对过流部件采用耐磨材料两方面来提高泵体过流部件的使用寿命。

1）分析颗粒的运动轨迹

根据固液速度比理论，采用试验研究方法（利用高速摄像拍摄泵流道中各种不同颗粒的运动轨迹）和计算机数值摸拟方法（利用拉格朗日法计算各种不同颗粒的运动轨迹），对颗粒在叶轮、蜗室中的运动轨迹进行比较分析（见图 3-21）。研究不同粒径、不同密度的固体颗粒在渣浆泵叶轮和蜗室中的运动规律。

在泵内两相流动研究和磨损规律研究基础上,运用固液速度比方程(式(3-3))使设计开发的深水抽沙泵流道符合固液两相流流动规律。

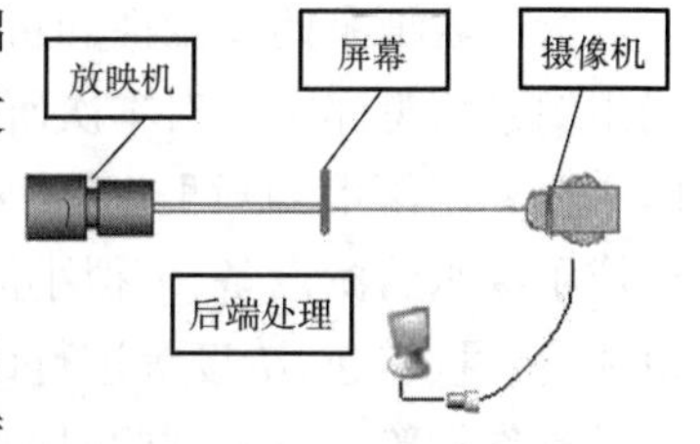

图3-21　高速摄影图像示意图

$$k_c = C_d + (1 - C_d)k_v \tag{3-3}$$

式中:k_v 为固液速度比;k_c 为固液两相流浓度比,即输送浓度和当地浓度的比值。

根据固体颗粒的运动规律,改进了抽沙泵的叶轮、叶片结构和尺寸(见图3-22),叶片改为圆柱型,不仅制造简单,而且更符合叶轮内固液两相流流动规律,能有效地转换能量,防止泵高速破坏,达到高效耐磨的目的。

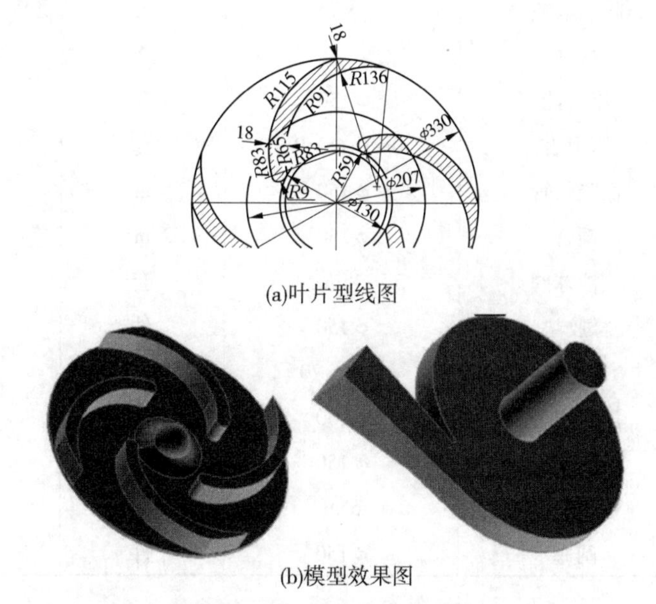

(a)叶片型线图

(b)模型效果图

图3-22　叶轮型线和模型效果图

2)过流部件选用高耐磨的高铬材料

采用Cr28耐磨材料制造叶轮、泵壳、副叶轮等过流部件。材料的硬度HRC≥60。合理的水力设计加上高耐磨材料,确保了过流部件的耐磨性,从而使过流部件的使用寿命大大延长。

3.3.4.3 抽沙泵室内试验

为了验证泵的安全性和可靠性,2013 年 12 月 10 ~ 15 日,河南黄河河务局组织泰安乾洋泵厂对本次研发的 LQ 两相流潜水渣浆泵进行性能测试。试验主要利用深水 LQ 两相流潜水渣浆泵,以及与其配套使用的电气控制设备,形成了深水清淤设备,模拟小浪底库区情况,进行深水抽沙试验,对运行测试电流、流量、转速、浓度等进行详细记录,分析试验数据,测试抽沙泵运行情况,总结操作经验。室内试验时购置、租赁的设备见表 3-1。

表 3-1 室内试验设备

序号	名称	型号	单位	数量
1	深水抽沙泵	LQ – 110	套	1
2	电器控制柜	110 kW	台	1
3	防水电缆	3 × 75	m	150
4	卷扬机		套	1
5	流量计	ϕ150	套	1
6	压力表	0 ~ 0.6 MPa	套	1
7	橡胶软管	ϕ150	m	40
8	钢管	ϕ150	m	600
9	测沙球阀	1 in	套	1
10	橡胶垫	ϕ150	件	20
11	标准件	M18 × 70	套	100
12	法兰接头	ϕ150	件	10
13	连接管	ϕ150	件	30
14	卡子	6 in	副	80
15	闸阀	ϕ150	件	1

具体试验操作过程如下:

(1)2013 年 12 月 10 ~ 12 日在厂区车间内进行常规检测、动作试验,对连接、传动部分进行紧固、调整。

(2)2013 年 12 月 13 日将试验设备及所需物资运输到试验点(泰安乾洋泵业科技有限公司抽沙系统仿真运行试验中心,见图 3-23)。

(3)2013 年 12 月 13 日吊装试验设备,连接管路、电缆,安装阀门、流量计

图 3-23　抽沙系统仿真运行试验中心

等试验所需附件(见图 3-24)。

(4)2013 年 12 月 14 日用深水抽沙泵进行抽取清水试验,设备运行正常,流量正常(450 ~ 560 m^3/h),设计流量 500 m^3/h。

(5)2013 年 12 月 15 日进行常规检测试验,对流量、压力、流速、抽沙浓度等进行测试(见图 3-25)。

图 3-24　试验设备安装

图 3-25　现场试验

在室内试验中,根据试验的内容和要求,对试验、检测项目进行了全面的试验、检测,对试验过程中遇到的问题及时进行处理、解决,对试验、检测项目及数据进行记录。所有的试验、测试项目均达到了设计要求,具体的深水抽沙泵试验记录见表 3-2。

根据试验操作和试验测量数据,分析可得:

(1)由表3-2中的数据可以知道此次试验设备运行平稳,没有大的波动,说明泵的整体结构成熟。

表3-2　110 kW 潜水渣浆泵抽沙性能试验测量数据

记录时间(时:分)	流量(m^3/h)	压力(MPa)	电流(A)	运距(m)	高度(m)
13:10	471	0.08	150	330	18
13:15	448	0.08	150	330	18
13:20	495	0.08	150	330	18
13:25	506	0.10	170	330	18
13:30	484	0.16	160	330	18
13:35	452	0.08	150	330	18
13:40	509	0.09	160	330	18
13:45	439	0.08	150	330	18
13:50	534	0.16	170	330	18
13:55	475	0.15	160	330	18
14:00	528	0.10	150	330	18
14:05	520	0.10	160	330	18
14:10	532	0.10	150	330	18
14:15	492	0.10	160	330	18
14:20	515	0.10	170	330	18
14:25	491	0.13	170	330	18
14:30	499	0.09	160	330	18
14:35	534	0.11	160	330	18
14:40	476	0.12	160	330	18
14:45	526	0.13	170	330	18
平均	496	0.107	159	330	18

(2)测量水沙混合物浓度时,分成多个小组进行测量,每个小组取4个样本,见图3-26。

用每个小组取的样本数据通过加权平均数的计算公式进行计算,这次试验抽取的水沙混合物的平均含沙量体积浓度为 38%。

(3)由上面提供的数据可以计算出此次试验抽取的总沙量为

$$496\ m^3/h \times 0.38 \times 1.35\ h = 254\ m^3$$

根据以上计算,单泵 1.35 h 在体积浓度为 38%,流量为 496 m^3/h 的情况下,可抽送泥沙 254 m^3。

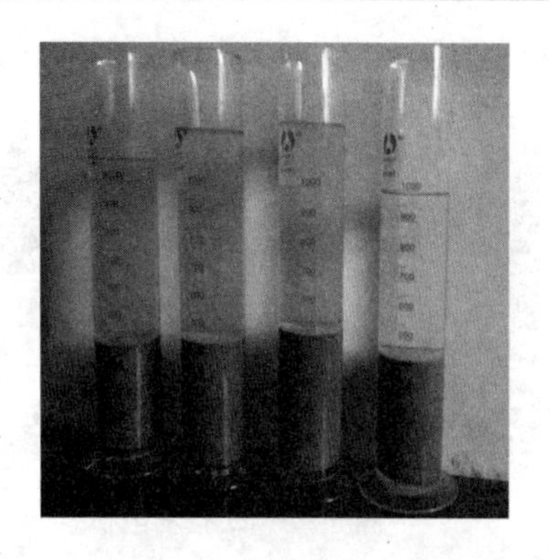

图 3-26　试验样本

本次室内试验中,利用自主研制的深水抽沙泵是在电流为 150 ~ 170 A、平均流量为 496 m^3/h、平均压力为 0.107 MPa 的情况下进行抽沙试验的,抽沙泵运行情况正常。由于本次研制的深水抽沙泵的额定电流可以达到 240 A,所以深水抽沙泵抽取的水沙混合物的浓度还有很大的提升空间。

3.3.5　其他设备研究选择

3.3.5.1　动力装备选择

抽沙泵动力有两种供应形式,一是利用当地网电;二是租用移动电站。

网电虽然供电稳定,但其前期铺设费用较高。根据现场勘察情况,需把高压架至水库边,再用防水电缆接至浮体边,安放变压器、配电柜等才能使用。高压电缆至少在 1 000 m 以上,高压电缆价格 100 元/m,仅此一项,费用就高达十多万元,并且还需要水上电缆浮体、变压器、配电柜等,价格十分昂贵。本次试验规模较小,如果利用当地网电作为动力,配备费用较高,但若大规模抽沙、输沙,利用当地网电费用较移动电站费用小,可利用当地网电作为动力。此外,利用当地网电还需与当地供电部门协商,存在诸多影响试验进度的因素。因此,本次试验采用移动电站(见图 3-27)作为本次试验的动力来源。

根据试验动力要求试验总负荷为 330 kW,如果用移动电站,电机启动的瞬时功率需用一台 500 kW 的发电机,移动电站在市场上较容易租到,月租为 3 ~4 万元(包括发电机维护技术人员费用),根据试验要求,发电机租用时间大约为 3 个月,且随用随发,成本消耗小,使用安全,因此试验采用 500 kW 移动电站供电。

3.3.5.2　加压泵选择

由于本次试验泥沙输送距离较远,需在平台上安装一台与抽沙泵相配套的加压泵,根据调研,本次试验中租用 1 台功率为 55 kW、流量为 1 000 m^3/h

的加压泵(见图 3-28)。

图 3-27 试验发电机

图 3-28 试验采用加压泵

3.3.5.3 射流装置选择

为更好地进行水下扰沙,本次试验选择水下射流装置作为试验的主要扰沙方式,射流装置包括一台 37 kW 的清水离心泵和水枪喷头(见图 3-29、图 3-30)。

图 3-29 清水离心泵

图 3-30 抽沙泵高压水枪喷头

3.3.5.4 起吊装置研究制作

在水下抽沙时,抽沙泵的升降是通过卷扬机连接钢丝绳,经龙门架固定轴承来完成的。根据计算抽沙泵、排泥管等配套装置总质量为 2 t,考虑到抽沙时的瞬时拉力总计达到 5 t,我们根据这一荷载设计龙门架和配置卷扬机。

龙门架采用 30 号工字钢加工而成,结构形式为“门”形结构,两根竖向工字钢长 3 m,一根横梁长度为 1.5 m,在竖向工字钢上部接近横梁位置有一根斜向长 2.85 m 的 20 号槽钢,如图 3-31、图 3-32 所示,两端分别焊接在竖向工字钢上部和水上平台加固板上面。为保障水上抽沙平台的稳定性和强度,在作为水上抽沙平台的船体上再加焊一层 20 mm 厚的钢板,保证龙门架、卷扬机和整个水上抽沙平台紧密地连接成一个整体，当龙门架起吊抽沙泵时，不会发生抽沙平台表面撕裂或变形的情况。

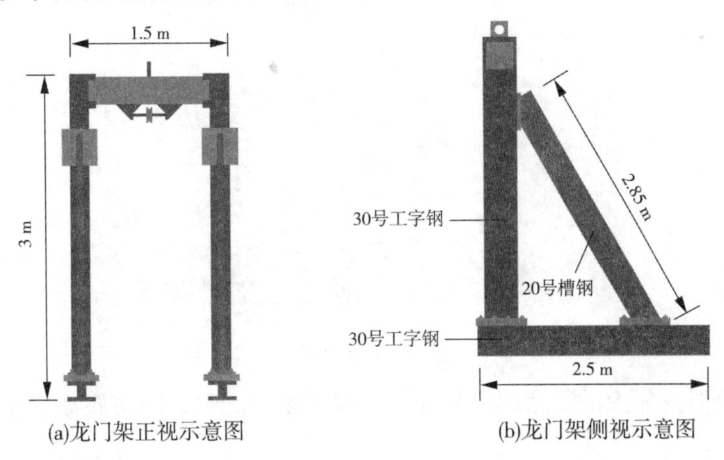

图3-31 龙门架结构示意图

根据需起吊的荷载，为安全起见，配备22 kW的卷扬机（见图3-33）、28#钢丝绳，此卷扬机的起吊能力为10 t，满足试验要求。

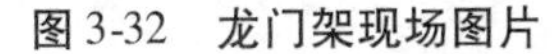

图3-32 龙门架现场图片

图3-33 卷扬机

水利部水工金属结构质量检验测试中心于2014年10月14～18日，对高含沙水流远距离管道输送技术试验研究项目中的输水管道和起吊架质量进行了质量检测（见图3-34）。

根据《水利工程压力钢管制造安装及验收规范》（SL 432—2008）和《水利水电工程启闭机制造安装及验收规范》（SL 381—2007），对具备检测条件的项目进行检测，检测项目如下：

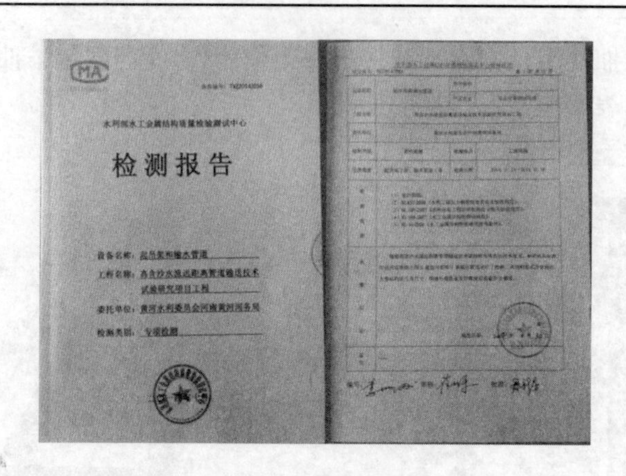
检测报告

图 3-34　检测报告

(1)对浮船上的 2 套起吊架焊缝外观质量、几何尺寸、防腐涂层厚度进行检测。

(2)对输水管道的焊缝外观质量、几何尺寸、防腐涂层厚度进行抽检(抽检 10 条焊缝)。

检测结果如下:

(1)所检起吊架和输水管道几何尺寸合格。

(2)所检起吊架和输水管道焊缝外观质量合格。

(3)所检起吊架和输水管道防腐涂层厚度合格。

第4章　高含沙水流抽沙输沙技术现场试验

4.1　试验总体布置

4.1.1　抽沙平台设备布设

抽沙平台选用280 t自动驳船，先对船体进行改造，对需要安装设备部位的船甲板和翘板进行了加厚处理，并对相应部位进行内支撑加固。在平台的布置上，根据抽沙系统的工作原理，充分考虑船体的安全平衡和布局的合理性，最大限度地利用船体空间，使试验阶段各操作系统互不干扰，两台抽沙泵和龙门架分别安装在船体甲板后部的两侧，发电机安装在甲板前部，加压泵安装在甲板中央位置，见图4-1～图4-3。

图4-1　现场试验水上平台1

平台上共安装2个龙门架、1台500 kW发电机组、3个配电柜、6台卷扬机、1台75 kW加压泵、1个集浆罐、16根ϕ200 mm抽沙软管(长5 m)，其他还有深水抽沙泵、电缆等材料设备，平面位置见图4-4。

平台上的2个龙门架每个尺寸为长3 m、宽1.2 m、高3 m，重1.8 t，总重3.6 t，2个龙门架所占面积为7.2 m^2。深水抽沙泵的直径为1.3 m、高1.8 m，

图 4-2　现场试验水上平台 2

图 4-3　现场试验水上平台 3

2 个抽沙泵所占面积为 3.4 m^2，每个质量为 2 t，总重 4 t。3 个配电柜中：1 号柜长 0.8 m、宽 0.35 m、高 1.2 m，所占面积 0.28 m^2，重 0.06 t；2 号柜长 0.5 m、宽 0.3 m、高 1 m，所占面积 0.15 m^2，重 0.05 t；3 号柜长 0.6 m、宽 0.45 m、高 1.2 m，所占面积 0.27 m^2，重 0.07 t。75 kW 加压泵和配套电机的长度为 2 m、宽 0.7 m，所占面积为 1.4 m^2，重 1.9 t。发电机组的长 2.5 m、宽 1 m，所占面积为 2.5 m^2，重 2 t。ϕ200 mm 抽沙软管长 5 m，每个胶管所占面积为 2.5 m^2，16 根胶管并排放置于平台上所占面积共 40 m^2，每个胶管重约 0.1 t，16 根胶管总重 1.6 t。深水电缆所占面积为 3 m^2，焊机等辅助小型设备所占面积约

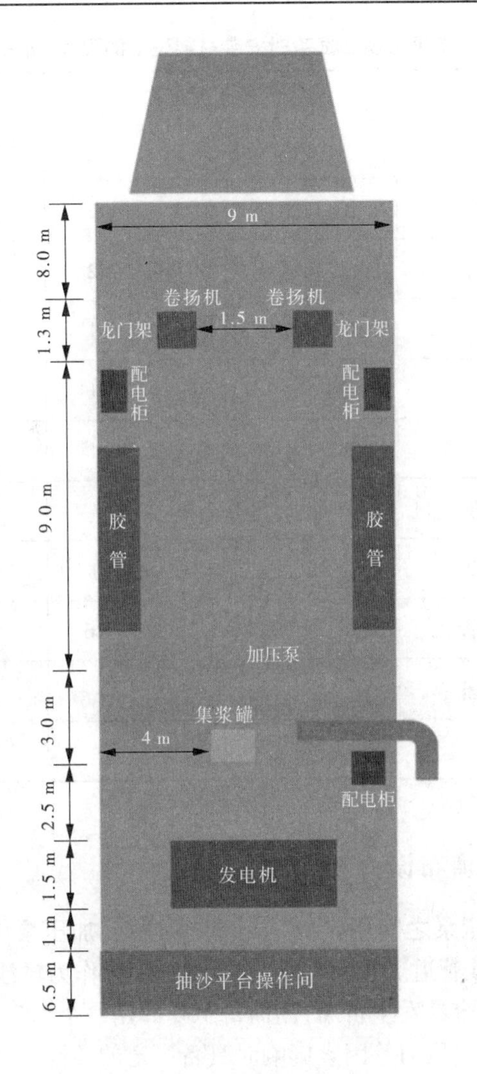

图 4-4　抽沙平台平面布置

为 10 m^2，小型辅助设备材料预估重 8 t，具体见表 4-1。从表 4-1 中可以看出，平台设备共占用面积 75.2 m^2，质量总计 23.28 t。而自动驳船可用甲板面积 252 m^2，载重 280 t，所以该自动驳船满足抽沙平台设备的安装要求，平台设备总重远小于驳船的设计载重，在其合理布置安装后，平台的稳定性能得到有效保障。

表 4-1　水上平台现场试验时安装材料设备的尺寸、所占面积、质量

序号	设备材料	尺寸(m)	数量	所占平台面积(m^2)	质量(t)
1	龙门架	长:3,宽:1.2,高:3	2	7.2	3.6
2	抽沙泵	长:1.3,宽:1.3,高:1.8	2	3.4	4
3	配电柜 1	长:0.8,宽:0.35,高:1.2	1	0.28	0.06
4	配电柜 2	长:0.5,宽:0.3,高:1	1	0.15	0.05
5	配电柜 3	长:0.6,宽:0.45,高:1.2	1	0.27	0.07
6	加压泵和配套电机	长:2,宽:0.7	1	1.4	1.9
7	发电机组	长:2.5,宽:1,高:1.2	1	2.5	2
8	抽沙软管	长:5	16	40	1.6
9	其他设备			20	10
合计				75.2	23.28

4.1.2　输沙管道布设

抽沙泵与加压泵之间用ϕ 250 mm 软管连接,加压泵出口连接ϕ 325 mm 软胶管至水上输沙管道。选用ϕ 325 mm 直径钢管作为输沙管道,考虑输沙管道连接处为刚性,容易发生折断,因而每 100 m 用一个 1.2 m 长的软管进行连接,以便输沙钢管受风力等因素影响时具备一定的柔性。

将输沙钢管、1.2 m 长的连接软胶管、浮体钢架、浮桶在码头水边的浅水区域进行组装,用钢箍和螺栓将密封桶固定在浮体钢架上,加工制作成浮体装置后,将输沙钢管搬运到浮体装置上,每节输沙管道下面前后有两个浮体装置托浮,共 6 个浮桶,管道连接时法兰盘之间用 325#橡胶垫进行密封,防止漏水。

输沙管道在岸边浅水区进行拼装和加工,同时把各种测量仪器设备固定,然后利用拖船拖至指定位置进行固定,这样依次安装连接完成全线输沙管道,如图 4-5 ~ 图 4-11 所示。

图 4-5　运至试验现场的浮桶

图 4-6　运至试验现场的输沙钢管

图 4-7　现场加工好的小浮体装置

图 4-8 现场加工好的大浮体装置

图 4-9 安装浮体

图 4-10 连接输沙管道 1

图 4-11　连接输沙管道 2

4.1.3　测验断面布设

为研究管道阻力损失和临界不淤流速问题,测验研究断面布设时考虑到钢管和柔性连接管道内壁阻力不同,在断面布设时针对不同位置在 1 000 m 试验管道上共布设 7 个量测断面,量测断面布设如图 4-12 所示。抽沙管道水面连接加压泵处后面安装 DN300 电磁流量计用于流量测量(见图 4-13),流量计位置设为测量 0 断面,在出口处用流速仪测量出口流速以校核流量。

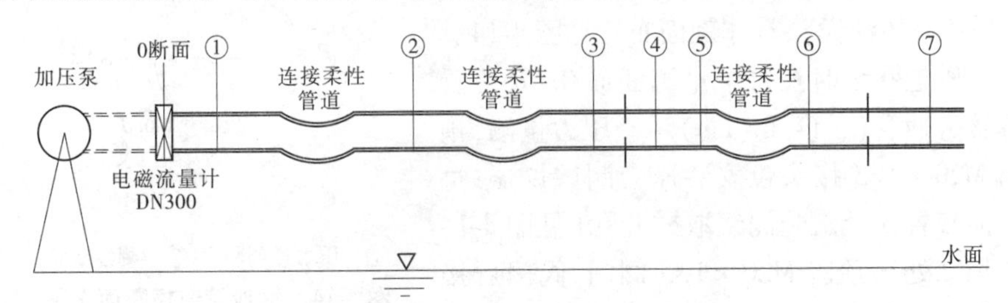

图 4-12　抽沙管道试验量测断面布设

具体量测断面位置分别为:

(1)距 0 断面起点距为 5 m,位于第一组钢管前部。

(2)距 0 断面起点距为 25 m,位于第二组钢管后部。

(3)距 0 断面起点距为 35 m,位于第三组钢管前部。

(4)距 0 断面起点距为 515 m,位于第二十八组钢管前部。

(5)距 0 断面起点距为 525 m,位于第二十八组钢管后部。

(6)距 0 断面起点距为 535 m,位于第二十九组钢管前部。

图 4-13　电磁流量计

(7)距 0 断面起点距为 965 m,位于最后一组钢管前部。

每个断面测量包括管道压力(P)、混合沙样(S_u、S、S_d)黏度、含沙量、屈服应力及颗粒级配等参数量测。

每个量测断面测管道中部压力为 P(距离管道顶部 0.5d 处的压力,d 为管道直径);每个断面在三处取沙样:管道上层沙样 S_u(距离管道顶部 0.08d 处的沙样)、中部沙样 S(距离管道顶部 0.5d 处的沙样)和管道底部沙样 S_d(距离管道底部 0.08d 处的沙样),具体剖面布置见图 4-14。

管道布设时在每个量测断面 0.5d 位置焊接旁通管(长度≤5 cm)用于压力量测,预留 M20×1.5 接头供安装压力测试仪器;每段面布置 3 处试验泥浆取样开孔(见图 4-14 标识②处),预留 M20×1.5 阀门,阀门后接适当长度软管用于取样。

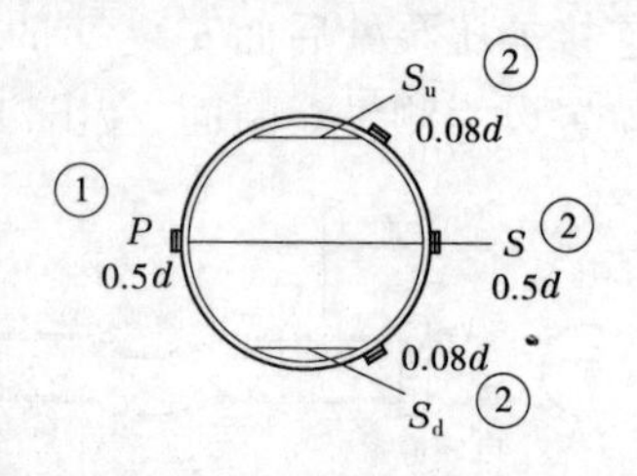

①—压力量测断面;②—测沙断面

图 4-14　抽沙管道横断面布置

4.2　现场试验工程技术

4.2.1　抽沙平台固定与移动

4.2.1.1　抽沙平台固定

试验前经现场查勘,库区水域面积宽阔,风浪较大,对平台的固定要求很高,试验前期制订了三套方案,一是抛锚固定平台、二是抛铅丝笼固定、三是抛土工袋固定。抛锚固定就是制作 4 个 150 kg 的大型锚体抛入库中,与平台连接。抛铅丝笼固定是用装石块的铅丝笼替代锚体,抛土工袋固定则是用装填泥土的土工袋替代锚体,两者都是靠替代锚体自身的重量固定平台。

抛锚固定平台的具体方法为,首先利用GPS定位仪确定四个抛锚地点的位置并用浮标标记,每个抛锚点到抽沙点的距离为100 m,分别位于抽沙平台的左前、右前、左后、右后四个方向;通过运输船把锚体抛入指定位置,锚体上面连接60 m长的钢丝绳,上面连接浮体,以示锚体位置,待四个锚体全部抛好后,将水上平台航行至作业区域,使用GPS定位仪对准作业坐标,减速航行至抽沙点停泊;将水上平台的固定钢丝绳从相应的卷扬机上逐步放出,由运输船将平台的固定钢丝绳拖运至抛锚点浮体处,将平台的固定钢丝绳和锚体上方的钢丝绳连接固定,以此方法将其他3个抛锚点的锚体和水上平台连接,每条固定钢丝绳总长为200 m,考虑到钢丝绳坡度,每个锚用钢丝绳120 m,卷扬机上预留80 m,连接后通过卷扬机将钢丝绳拉紧,拉紧过程中根据锚体和水上抽沙平台的相互位置进行调整,直到水上抽沙平台在预定的抽沙位置稳定下来,受力平衡,水上抽沙平台固定作业完成。

固定平台初期,采用抛锚固定方式来固定水上抽沙平台,每天都发现试验平台不在原来位置,并且移动距离很大。经过分析研究,发现试验位置库底为淤泥,锚体不能抓牢库底,而锚体自身重量也不足以固定平台,所以抽沙平台会随风浪移动。经研究决定采取抛铅丝笼固定,利用铅丝笼自身重量沉入库底淤泥层而固定平台,铅丝笼的重量需要经过计算确定。

抽沙平台利用四根钢丝绳从四个角固定,考虑在最极端情况下,假设大风正好从某根钢丝绳的方向吹向平台,则此时只有一根钢丝绳起主要固定平台的作用,此时钢丝绳受力最大(见图4-15)。

在最极端情况下小浪底库区最大风速 $v = 25$ m/s,则最大风压 $P = v^2/1\ 600 = 391(\mathrm{N/m^2})$(标准大气压下风压计算公式),抽沙平台的最大有效受风面积 $S = \sqrt{9^2 + 28^2} \times 1.6 = 47(\mathrm{m^2})$,则抽沙平台受到的最大风力 $F_{风力} = PS = 18\ 377(\mathrm{N})$,由钢丝绳受力分析(见图4-16)可得钢丝绳拉力 $F_{拉力} = 20\ 546$ N,钢丝绳拉力垂直分量 $F'_{拉力} = 9\ 189$ N,则铅丝笼有效质量为918.9 kg时满足固定要求,钢丝绳选用直径为17 mm以上的高强度钢丝绳,可承受最大拉力超过150 kN。

制作铅丝笼的尺寸为1 m×1 m×2 m,里面装入块石,重5 t左右(见图4-17),有效重力约为30 000 N,远大于钢丝绳拉力的垂直分量,捆扎结实后抛入库中,能沉入淤泥后与库底淤泥牢固结合,固定平台效果良好。在试验

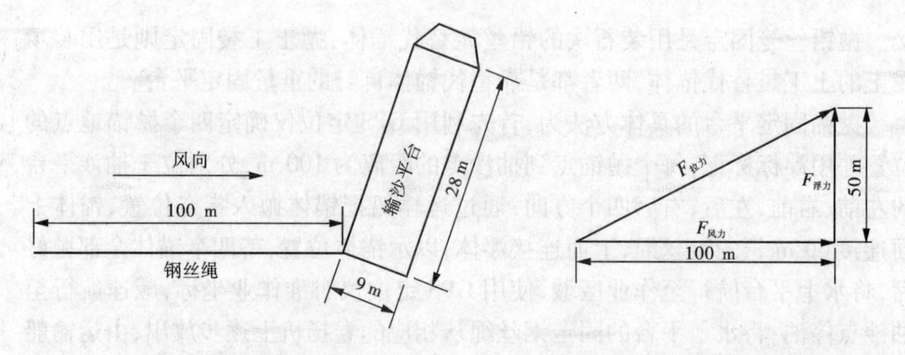

图 4-15　最极端情况下钢丝绳与平台位置　　　图 4-16　钢丝绳受力分析示意图

的整个阶段大多是使用此方法对平台进行固定，但存在铅丝笼不用后需将其吊出，难以清除等问题，所以又进行土工袋固定平台技术研究。土工袋为黄河下游抢险和工程进占使用的 3 m×1 m×1 m 土工袋，泥土充满重为 5 t。具体方法是在土工布大袋内装土，达到固定平台需要的重量后进行封口，封口完毕后土工袋由运输船运至固定点进行抛投来固定平台，土工袋底部设置活扣，并与一根单独尼龙绳连接，这根尼龙绳上段固定在浮体上。当需要提起土工袋时，在运输船上拉动土工袋底部的尼龙绳活扣，土工袋自然开口，再提起土工袋上的固定钢丝绳，这样土工袋中的土就会散落到库中，只剩土工袋提出回收。采用抛移土工袋方式固定平台，经验证发现效果同样良好。

图 4-17　铅丝笼制作

抽沙平台特殊情况下固定分为非运行期固定和不利气象情况下的平台固定。针对不利气象条件，采用抛铅丝笼或土工袋的方式在原地进行固定，根据库区实际情况，增加抛填锚体；在极端恶劣天气时，停止抽沙作业，将抽沙平台停靠固定在库区安全区域。在非运行期间，移动平台至码头停靠或在河道支流进行固定停靠。

4.2.1.2　抽沙平台移动

水上抽沙平台需要短距离移动时,采用调整四根连接在铅丝笼和水上抽沙平台的钢丝绳来实现平台的短距离移动。当水上抽沙平台准备向一个方向移动时,先放松预定方向对面的两根钢丝绳,钢丝绳放的长度为需要移动的距离,然后收紧移动方向的钢丝绳,水上抽沙平台在拉力的作用下,向预定方向移动。待到达预定位置后四根钢丝绳拉紧固定,这种短距离移动方法可以实现水上抽沙平台在0~80 m范围向周围任意位置移动。

经过现场试验,发现使用平台原有绞盘进行人工短距离移动时,虽能达到目的,但效率较低,较为费力,建议以后平台固定和移动时,使用卷扬机来进行操作。

远距离平台移动时,采用提出锚体,重新固定平台的办法。铅丝笼的取出方法如下:将四根连接水上平台和铅丝笼的钢丝绳从标示浮体处分开,连接水上平台的一端直接收回平台上,之后用运输船航行至抛锚处,使用运输船上的卷扬机逐个将铅丝笼提到运输船甲板上。在新的位置进行选点和定位后,运输船运至新抛锚地点,将铅丝笼抛到新位置,水上抽沙平台靠自身动力开到新的试验作业地点,将水上抽沙平台和水下铅丝石笼用钢丝绳进行重新连接固定,通过卷扬机调整钢丝绳,将水上抽沙平台固定在新的作业地点。用土工袋代替锚体,回收时可将袋中土体散入水中只收回袋子,在新的位置重新装填抛锚。

4.2.2　输沙管道固定与移动

4.2.2.1　输沙管道固定

输沙管道一端连接水上抽沙平台,通过输沙钢管的法兰盘连接固定,考虑到输沙管道和水上抽沙平台的排沙管高度不同,如果用钢管硬连接将会形成挤压损坏,因此采用长5 m、直径325 mm的橡胶管连接,这样在受风浪影响时不会造成挤压变形和折断(见图4-18)。

输沙管道排沙口一端采用直接抛投大体积土工袋进行固定(见图4-19)。输沙管道中间的固定方法是:用土工袋装上沙土,作为水下固定锚体,用细钢丝绳捆绑后一端固定在输沙管道指定位置,另一端抛入水下起固定作用。在固定位置的选择上,经过多次分析和试验,最终选择每隔100 m固定一个,每个固定点由10个50 kg的沙袋固定。抛沙袋地点不在管道正下方,入水点距管道不小于5 m,相邻两个沙袋分别在管道两侧,以防止管道摆动(见图4-20)。

图 4-18　水上抽沙平台和输沙管道连接

图 4-19　输沙管道排沙口固定

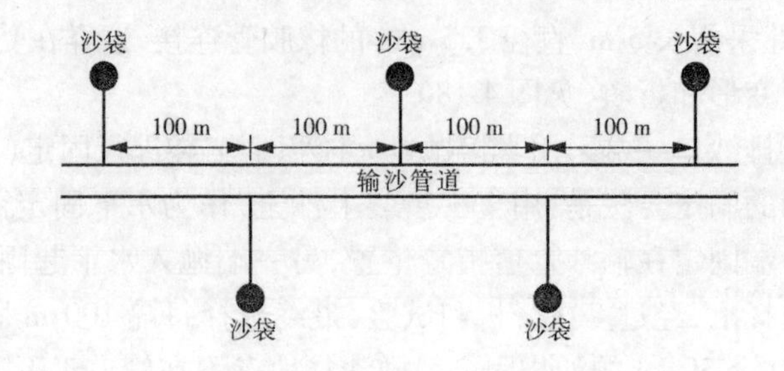

图 4-20　固定管道抛沙袋示意图

输沙管道的固定要求比抽沙平台的固定要求低，抽沙平台上有操作人员和机械设备，必须保证在最恶劣天气下平台的安全，而输沙管道的固定只需要保证在正常作业情况下的稳定，则管道固定的风力计算时风速取小浪底库区的平均风速 2.5 m/s，风压 $P = v^2/1\ 600 = 3.9(\mathrm{N/m^2})$，一根钢丝绳固定管道的有效受风面积 $S = 93\ \mathrm{m^2}$，则受到的风力 $F_{风力} = PS = 363(\mathrm{N})$。对钢丝绳受力分析可得，钢丝绳最大拉力 $F_{拉力} = 3\ 648(\mathrm{N})$，试验采用的细钢丝绳直径为 6 mm，可承受最大拉力为 20 kN。

如风速较大，可对土工袋的布置进行适当的加密和加重。当遭遇大风、暴雨等恶劣天气时，停止抽沙、输沙作业，输沙管道就近固定于岸边。在非运行期间，可将输沙管道拖动至就近支流或码头进行固定或拆卸。

4.2.2.2　输沙管道移动

输沙管道移动时采用平台自动驳船带动管道移动。输沙管道在岸边连接好后，用平台自动驳船带动管道移至试验位置，在移动过程中（见图 4-21），由于连接的管道较长（1 000 m），并且受两岸地形限制，移动速度较慢，有时还需要用冲锋舟把管道推离水边山体，因此把管道从中间断开，分成两个 500 m 分别用船只带动移动，这样就受水面环境的限制较小，也提高了移动的速度。在此次试验中总结出以下经验：一是需要移动的管道连接的长短要根据水面的情况而定，若水面宽阔，无太多的弯道管道，可适当加长一些，若水面弯道特别多或有湖心岛等管道，可适当短些；二是拖船和管道连接要注意船的整体平衡，管道要在船体的正后方，否则拖船会在水中打转。

图 4-21　移动中的输沙管道

当输沙管道需要短距离移动时，解开固定管道的所有钢丝绳，待管道到达预定位置后，就近利用已有的固定点把管道固定，远离的固定点把固定输沙管道的土工沙袋提起,在需要位置重新抛投固定。

当需要远距离移动时,将输沙管道与水上抽沙平台连接固定的一端拆卸开,然后将输沙管道全线的土工沙袋提起,松开排沙口侧的大锚体,使输沙管道不受锚体束缚,再用平台自动驳船将输沙管道拖至指定的位置,移动平台和管道时,尽量选择天气好、风浪小的天气。

4.2.3 高含沙水流水下抽沙技术

深水抽沙系统主要由深水抽沙泵、水下ϕ200 mm 抽沙软管及辅助抽沙装置组成。抽沙泵是为本次试验专门研制的深水抽沙泵,由山东泰安乾洋泵业公司与项目组合作研制生产。水下抽沙软管采用的是山东滨州黄河胶管厂生产的ϕ200 mm 软胶管,每节软胶管的长度为5 m,胶管之间用法兰盘连接。对于抽沙泵和管道在水下的升降,国内大部分采用泵管分离的方法,即泵的升降由卷扬机完成,软管的升降由转管机完成,在升降过程中卷扬机和转管机同步工作。本次试验受预算资金的限制,转管机在市场上无法租到,而且购买价格昂贵,还需要无接头长软管,价格远高于短软管,根据这种情况,经过研究和多次试验,采用了以下替代方法:深水抽沙泵和卷扬机钢丝绳通过卡头连接固定后,制作圆形卡箍,固定在抽沙软管法兰盘下胶管槽内,再将保险扣一端挂在钢丝绳的卡头上,一端挂在胶管法兰盘下端的卡箍上,每个软胶管固定一次,以保证水下抽沙软管跟随抽沙泵和钢丝绳保持同步升降,且防止了抽沙软管发生弯折。水下电缆也是采用细的尼龙绳和水下钢丝绳及其他辅助器材固定连接,一起下潜和提升,完成水下抽沙作业。经过现场试验,这种方法完全能满足试验要求,缺点是下潜速度慢,人工多。

4.2.3.1 抽沙泵下水的操作技术

在水上抽沙平台上将水下抽沙软管连接后启动卷扬机,提起抽沙泵向上移动50 cm,将支撑抽沙泵的活动钢板从抽沙泵下方移动至平台内侧。利用卷扬机上的钢丝绳将抽沙泵通过龙门架装置逐步放入水中,抽沙泵连接第1根水下胶管、高压水枪胶管和电缆入水后,继续开动卷扬机,当第1根水下抽沙软管上端在水上平台上面1 m处时,停止卷扬机,用高强度尼龙绳将第2根水下胶管、高压水枪胶管和电缆管通过卡扣和卷扬机钢丝绳连接固定(见图4-22),每下潜5 m捆绑一次,直至下到水下泥沙层面上,确保每5 m一节的水下抽沙软管都和钢丝绳连接固定。在抽沙泵带动水下抽沙软管、高压清水管和电缆入水的过程中,将每段5 m长的水下抽沙软管按顺序编号,以便随时掌握入水胶管的具体长度。

图4-22　卡扣、尼龙绳与输沙管道的连接

4.2.3.2　抽沙泵出水的操作技术

当需要停止抽沙作业时，先逐步提起抽沙泵，当提出浑水层，进入清水层时，观察抽沙泵运行指标仪器仪表，观测水深等相关数据，当满足抽沙泵可以安全停机的要求后，先关闭抽沙泵电源开关，再关闭水下高压水枪电源开关，然后当平台上管道泥沙显示已经全部排至输沙管道后，关闭集浆罐阀门和加压泵电源开关。启动卷扬机逐步提出抽沙泵，在提出的过程中，首先将最上方的水下胶管上端提升至高于水上平台1 m的位置，用龙门架和卷扬机钢丝绳将水下胶管固定后，由作业人员将固定在一起的每段水下胶管拆卸开，让水下胶管、高压水枪管同抽沙泵钢丝绳分离，将水下胶管、高压水枪管有序地摆放在预定平台位置，卷扬机逐步将抽沙泵提出水面，在高于平台50 cm处，关闭卷扬机，将移动支撑钢板推至抽沙泵正下方固定后，启动卷扬机将抽沙泵下落在水上平台的支撑钢板上固定好，再关闭卷扬机。

4.2.3.3　水下抽沙试验技术

现场试验中，在近岸浅水区安装好各类仪器仪表、连接好水上抽沙平台和1 km长输沙管道后，启动卷扬机起吊抽沙泵入水，在抽沙泵上部距离水面2 m时停止，启动抽沙泵进行抽清水试验，当抽沙泵启动后，清水即沿着输沙管道排至1 km外的出沙口区域，观察各仪器设备和输沙管道运行效果是否良好，如有故障则进行排除直至运行正常。

将抽沙平台和输沙管道移动至选好的抽沙区域，固定好抽沙平台和输沙管道后，在小浪底库区抽沙试验点进行再次抽清水试验，将抽沙泵下降至水下35 m位置，开始进行抽清水试验，经过2 h的现场抽清水试验，观察各项设备器械是否运转正常，如有故障则进行排除直至运行正常。

之后，继续下降抽沙泵，及时监测抽沙泵下落深度，当抽沙泵下落深度达到测定的水沙层时，停止卷扬机作业，先开启水下高压水枪的清水泵开关，水下高压喷枪开始作业，然后开启抽沙泵，当仪器仪表数据显示水下管道已经抽取泥沙并向上输送后，先开启集浆罐的阀门，然后开启加压泵，使通过抽沙泵抽上来的泥沙经过集浆罐和加压泵后迅速排至输沙管道。抽沙泵作业时，要求技术人员时刻观察配电柜上的仪器仪表，并按照仪表上的数据指挥抽沙泵作业人员进行抽沙泵的下降或上升，达到控制抽沙深度、含沙量等指标，确保满足抽沙设计要求，最后取得各种试验数据。

抽沙的主要流程就是 2 台抽沙泵从水下抽出泥沙后送入集浆罐，用加压泵把集浆罐中的泥沙送入输沙管道（见图 4-23），在输沙管道上用安装好的各种仪器测出所需的各种数据。

图 4-23　输沙管道出浑水

4.2.4　水流泥沙要素调整

本次试验使用的深水抽沙泵是为该项目专门研制的新技术抽沙设备，由专业技术人员进行操作。通过调整深水泵频率可以调整抽沙管道中的流速、流量，通过小幅度的提升和降低深水泵的位置可以改变浑水的含沙量，而改变管道中泥沙级配则需要大幅度改变深水泵的水下位置，或者将抽沙平台移动到泥沙组成不同的位置进行抽沙。

4.2.5　试验数据采集

按照试验量测断面位置和船只调配情况，试验在断面取样操作时分为 4 个试验小组，共需要 3 只测量船只用于数据取样（见图 4-24、图 4-25）。第一试验小组位于抽沙平台，负责试验操作整体调度、进口流量监测和测量断面①处的含沙量监测及参数取样；第二试验小组在1号测量船工作，负责测量断面②和③处的试验参数取样；第三试验小组在2号测量船工作，负责测量断面④、⑤和⑥处的试验参数取样；第四试验小组在3号测量船工作，负责出口处位置和断面⑦处的试验参数取样及流速测量。

图4-24　试验数据采集1

图4-25　试验数据采集2

试验在进口水泵抽沙含沙量稳定情况下，分组对特征流量级和特征含沙量级进行分组测量。每组次对量测断面进行1组压力数据记录；留取1组沙样后期进行颗粒级配分析；对含沙量进行连续取样，并在测量船上用电子天平记录取样浑水质量。

管道内平均流速按照进口流量和管道内径计算，泥沙取样后样本中浑液黏度值、浑液屈服应力(剪切应力)值由施工现场取样后在实验室进行测量计算。

4.3　试验存在的工程性问题

在现场试验中,由于现场条件的复杂性和不可预见性,出现了几种主要问题。

4.3.1　抽沙泵旋转

4.3.1.1　基本情况

在小浪底库区进行现场抽沙初期试验中,启动抽沙泵开始作业后不久,连接抽沙泵出沙的抽沙软管产生扭曲、打结现象,则立即暂停所有试验设备,并对试验设备进行详细的检查、整理,再次启动抽沙泵进行抽沙作业,仍然出现抽沙软管打结现象,且打结严重,致使试验无法进行,如图 4-26、图 4-27 所示。

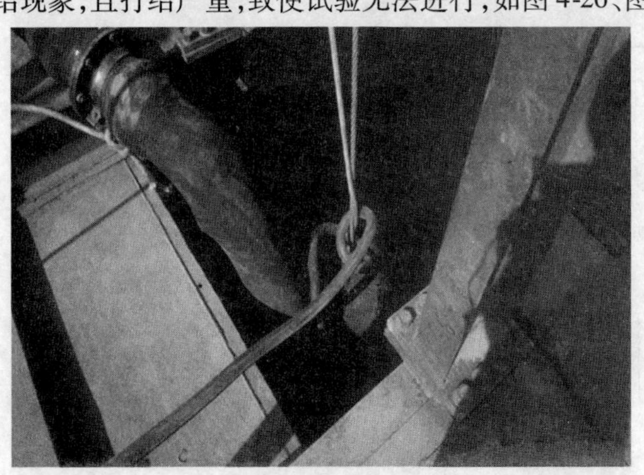

图 4-26　试验时发生的抽沙软管扭曲、打结情况 1

4.3.1.2　原因分析

试验发生的抽沙软管扭曲、打结问题,经研究分析,其根本原因为抽沙泵在抽沙过程中泵体的旋转,从而导致抽沙软管旋转。抽沙泵在浅水、清水抽沙时,也有抽沙泵水下旋转的现象,但抽沙泵旋转不明显,不影响抽沙泵的正常使用。而在深水抽沙时,软管和钢丝绳因悬垂长度大,抗扭能力较差,加之在小浪底库区深水抽沙中,抽沙泵需要将库底板结泥沙打碎后抽出,抽沙泵与泥沙接触面产生较强的作用力,致使抽沙泵旋转严重,从而影响试验进行。

图 4-27　试验时发生的抽沙软管扭曲、打结情况 2

4.3.1.3　处理措施

据试验情况分析，经过多方的考察和研讨，提出以下方案来解决抽沙泵旋转问题：一是使用多节可拆卸的圆钢管连接抽沙泵和平台，利用圆钢管自身的抗扭能力来防止抽沙泵旋转；二是在抽沙泵上端连接安装一根横梁，横梁的两端分别用钢丝绳连接在试验平台首尾两端，通过拉紧钢丝绳来防止抽沙泵旋转；三是在泵体上加装反向转动装置，通过反扭矩抵抗泵体旋转。

经过比选和研究，第一种方案由于抽沙泵在工作中需要提升或下降进行调整深度，而钢管在平台龙门架上固定，受抽沙泵的旋转力和固定钢管的摩擦力限制，微量升降调整会非常困难，此装置制作费时费工；第三种方案加工安装抗扭转部件较为费时，其抗扭转力很难控制。因此，现场试验中没有采用第一种和第三种方案。试验最终采用在抽沙泵上端安装槽钢作为横梁，在水上抽沙平台首尾各连接一根钢丝绳，这种方法制作简单、操作容易，只要加工好一根横梁，安装后就可以进行抽沙试验，如图 4-28、图 4-29 所示。

4.3.1.4　解决方案效果

通过安装防旋转横梁的方案措施，抽沙泵的旋转问题得到了解决，水下抽沙软胶管也不会再发生扭曲和打结，确保现场试验抽沙系统的稳定运行。在以后整个试验过程中，都采用了此方法。需要注意的是，两侧固定的钢丝绳要随着抽沙泵的下潜或提升来放松或收紧，确保抽沙泵始终在两侧钢丝绳的控制之下。

图 4-28 抽沙泵固定装置安装 1

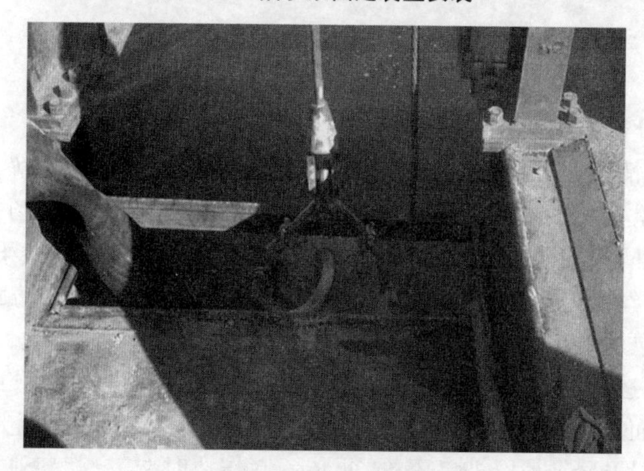

图 4-29 抽沙泵固定装置安装 2

4.3.2 含沙量偏低和水下泥沙塌方埋泵

4.3.2.1 基本情况

现场抽沙试验过程中，初期抽取的泥沙含沙量不稳定，普遍偏低。经多次改进抽沙作业工艺，含沙量逐步提高，但依然不稳定，含沙量始终保持在 160~200 kg/m^3。

此外，在抽沙作业进行一段时间后，两台抽沙泵中的一台突然显示泥沙含量急剧增大，操作人员应紧急提升抽沙泵，在此期间，抽沙平台上用于提升抽沙泵的龙门架端轴承由于水下巨大的拉力，弯曲脱落，造成试验的紧急暂停。

4.3.2.2　**原因分析**

针对现场试验中出现的泥沙含量突然增大以及龙门架轴承脱落现象，经过现场勘测分析，确定该现象的产生是库底水下泥沙的突然塌方所致。

对于理想的均质沙质土层，随着泵抽沙深度的增加，抽沙泵四周泥沙将按照水下休止角形成漏斗状沙坑。然而在实际抽沙试验中，通过操作抽沙泵升降，发现库底泥沙板结严重，属于层沙层淤状况。另外，抽沙泵辅助扰沙能力不强，致使含沙量偏低，为提高含沙量，抽沙泵下潜速度较快，且深度会超过板结层，当板结层下方的泥沙被抽空时，就会出现板结层塌方，导致抽沙泵被掩埋，如图 4-30所示。

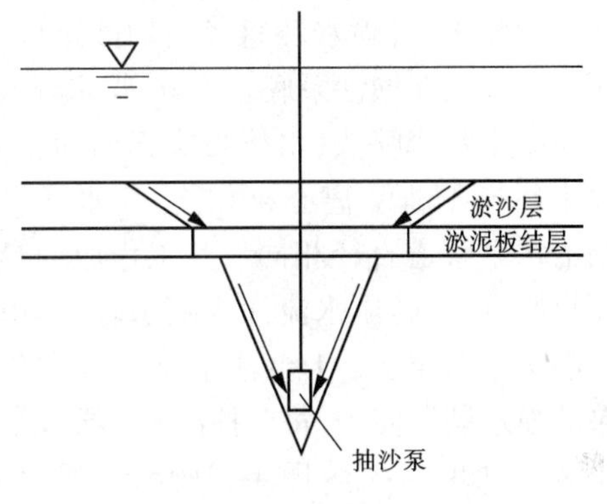

图 4-30　河床实际抽沙状况示意图

4.3.2.3　**处理措施**

基于上述现象和原因分析，研究提出了以下三种处理方案：

(1)抽沙泵底部安装高压水枪。当抽沙泵底部支架安装高压水枪后，水枪水压的作用不仅会冲开抽沙泵周围的板结泥层，避免板结层坍塌，同时可加大抽沙泵的扰沙能力，从而稳定提高抽沙含沙量。这种方法应保证水枪有足够的流速和压力，达到其强烈扰沙效果。

(2)抽沙泵底部加装透气管。当产生埋泵现象时，通过透气管向抽沙泵的底部注水，使抽沙泵的底部形成沙水混合物，使抽沙泵正常开机并自救。这种方法的优点是即使产生埋泵也不至于造成抽沙泵电机被烧毁，缺点是仍不能解决板结层坍塌问题，而且对提高含沙量没有明显作用。

(3)频繁挪动抽沙地点。当抽沙泵在一个固定位置抽沙下降到一定深度时，将抽沙泵挪到相邻位置继续抽沙，这样不断往复地挪动抽沙地点抽沙，使这一片的抽沙区域形成蜂窝状，板结的泥层会变松软，然后塌落。这种方法对抽沙操作技术要求极高，抽沙深度的选择以及转换抽沙地点的时间选择至关重要，在小浪底复杂的水下情况下很难操作。

经对比分析研究，后两种方法均属于被动措施，不能从根本上解决水下泥沙塌方问题，且提高含沙量的效果也较差。因此，现场试验采用在抽沙泵泵底安装焊接高压水枪喷头，利用 37 kW 清水离心泵，将清水泵胶管和钢丝绳、抽沙软管连接在一起，进入抽沙作业层，当抽沙泵开始作业时，利用清水泵向安装在抽沙泵底端的高压水枪注水，进行库底扰沙。当抽沙泵开始作业时，清水泵的水枪喷头将抽沙泵附近的泥沙冲开，防止形成易发生塌方的沙坑。

高压水枪喷头是在抽沙泵底座下方安装高压水枪喷水环，喷水环直径与抽沙泵底座相同，正好能安装在抽沙泵底座下方，喷水环底部平均分布 6 个水枪喷头，水枪喷头方向为垂直向下。喷水环与 37 kW 离心泵相连，喷水环管道直径与清水泵管道直径相同。其工作原理是通过高压离心泵，使高压水流注入喷水环，再由 6 个水枪喷头喷射出去。1 台清水泵可以供 2 台抽沙泵的喷水装置使用，每台抽沙泵都要安装一套喷水装置，如图 4-31 ~ 图 4-33所示。

图 4-31　抽沙泵底端的高压水枪喷头 1

图 4-32　抽沙泵底端的高压水枪喷头 2

4.3.2.4　解决方案效果

安装和调试后，再次进行了抽沙试验，当抽沙泵下至水下 45 m 时，运行正常，没有再发生泥沙塌方掩埋抽沙泵情况，且含沙量有明显提升，普遍达到 300 kg/m^3 以上，抽沙试验正常。由此可以看出，对于存在板结性质的淤积层，很有必要安装高压射水喷枪。在抽沙泵下降抽沙作业中，高压水流可以有效地把泵周围的泥沙打散分解，尽量向漏斗坑的理想状态发展。即使水下泥沙发生塌方抽沙泵被掩埋，也可以通过高压水枪向淤泥中注水，保证抽沙泵能够自救。同时通过高压水流对周围泥沙的冲击分解，保证了抽沙作业的顺畅，此后现场抽沙试验一直顺利进行，直至试验结束。

图 4-33　抽沙泵底高压水枪喷头安装

4.4　试验组织及安全操作规程

4.4.1　现场机构与组织

高含沙水流远距离管道输送试验于 2014 年 9 月初在山西垣曲对抽沙平台进行了加固处理,并在抽沙平台上布设安装了发电机组、龙门架、卷扬机、集浆罐、加压泵等设备;在新安县峪里村对水上浮体和输沙管道进行拼接安装。于 2014 年 10 月正式开始现场试验,至 2014 年 11 月底完成现场试验。

本次试验为水上抽沙作业,环节复杂,需精心组织、合作分工、职责明确,以确保按质按时完成试验任务。在本次试验中将工人分为抽沙平台组、管道组、供电组、后勤供应组 4 个组,在试验前的安装加工连接阶段,所有人员参与到加工安装连接工作中。

抽沙平台组负责平台的租赁、运输、组装,配件的制作,抽沙泵及水下管道的安装、抽沙,平台的移动和固定等。设负责人 1 名,具体操作人员和岗位安排如下:负责抽沙管道连接和管道升降 10 人,加压泵开关 1 人,集浆罐开关 2 人,专职安全员 1 人,抽沙泵作业人员 4 人,共计 19 人。

管道组负责试验中管道抽沙时的巡察、浮桶浮体连接固定,设负责人 1 名,需要工作人员 4 名,共计 5 名。

供电组负责线路和配电柜的安装、发电机供电等,设负责人 1 名,发电机组人员 1 名,电工 2 名,共计 4 名。

后勤供应组负责船只的调度、租赁,配件、材料、油料、生活的采购供应,地方关系协调处理,安全督察等工作,设负责人 1 名,采购员 1 名,1 艘大船、2 艘冲锋舟共 5 名船只操作员，炊事员 2 名，指挥车、生活车司机 2 名，安全和后勤管理 1 名，资料员 2 名，共计 14 名。

以上 4 个小组总计 42 人，试验过程中的每项试验操作都由专人负责。在总指挥的领导下，各职能小组各司其职、分工合作、步调一致、加强沟通，有问题逐级反映。具体作业按照操作规程执行。

此外，黄河水利科学研究院派遣 5 名专业人员进行试验数据观测，西安理工大学派遣多名专业人员参加试验，泰安乾洋泵业科技有限公司派遣 2 名专业人员参加抽沙泵的操作指导。

河南黄河河务局项目组人员对现场进行组织协调，在试验过程中，专家多次赴试验现场进行指导。

4.4.2 操作规程

4.4.2.1 平台固定移动操作规程

(1)作业前水上平台指挥人员先到现场观察，充分了解作业现场的地质地形、水深、流速、流向、气象、船只来往动态等情况变化规律，以及它们对平台固定移动操作的影响和安全条件。

(2)作业前抽沙平台指挥人员应将该次抽沙平台固定和移动的基本过程，抛锚、平台固定和移动地点方位，所采用的方法，使用的机械设备，向平台作业人员讲解清楚；做好码头和平台设施的安全保卫，明确遇到突然恶劣天气条件时，各类作业平台船只、人员设备安全转移措施和安全位置。

(3)操作人员明确自己的职责，平台作业人员应按现场指挥人员的指令和操作规程进行作业。

(4)检测水上平台、各类辅助船只设备的性能和状态，确保运行良好，并符合安全生产的要求；检查人员准备情况，确保所有作业人员在岗在位，身体和精神状态良好；检查、核对平台固定移动所用的联络、指挥对讲机等通信器材是否完好正常；检查灭火器材和救生器材是否完好，数量是否达到安全规范要求。

(5)发电机启动前须认真检查机油油位、水箱水量、柴油存量及油路系统是否正常，安全防护装置是否齐全有效。做好各种螺栓的紧固和转动部位的润滑工作，及时清洁空气滤清器；保持柴油管路不松动、不漏油，防止混入空气，造成启动困难。发电机启动后应首先观察机油压力是否正常，空负荷试运转 10 min 后方可合闸送电。运行中要注意观察电流表、电压表等仪器，保证供电质量。如发现异常情况，应做出认真判断，必要时应及时停机检查。

(6)卷扬机应在作业前进行检查和试运行,查看承载力、运行状况及有无焊接处松动、螺丝松动、钢丝绳破损等问题,试运行达标后,方可投入使用。卷扬机等设备不允许超负荷作业,避免发生事故。

(7)作业区域严禁行船和人员停留。各类作业平台和船只之间保持安全距离,防止相互碰撞。

4.4.2.2　管道固定移动操作规程

(1)管道固定和移动作业前,水上平台指挥人员应充分进行现场环境观察、监测和分析。

(2)作业前指挥人员应将本次管道固定和移动的基本过程、方式方法、地点方位、使用的机械设备等内容向作业人员讲解清楚。

(3)检查各类作业船只的性能和状态,确保运行良好,并符合安全生产的要求。

(4)由作业人员制作小型土工袋,每个质量为 100 ~ 200 kg,用作管道固定的锚体,具体数量根据输沙管线长度确定,由运输船将固定管道的锚体运至作业区域。

(5)启动水上平台,将输沙管道和平台连接固定后,由水上平台拖带输沙管道至设计位置,然后管道固定人员从运输船上将固定锚体的土工袋从平台方向开始抛投,按照要求每隔一定距离固定一次,管道固定点两侧交错各抛投一个锚体,从管道连接平台一端一直固定到管道排沙口端,排沙口再用 500 ~ 1 000 kg 的土工包锚体进行加固。

(6)当输沙管道需要移动时,首先停止一切作业,人员按分工进入管道移动岗位,短距离移动时,由作业人员乘运输船到排沙口处松开排沙口端大锚体,提起管道沿线土工袋,采用动力船拖带输沙管道移动至设计位置,然后重新固定。当长距离移动时,将输沙管道与平台连接处分离,然后将输沙管道全线土工袋提起,松开排沙口侧大锚体,用运输船将管道拖带至设计位置,重新固定。

(7)管道移动时,要求操作区域天气条件好、视野开阔。作业前应检查全部锚体连接是否结实牢固、运输船防护栏杆是否完整,抛锚时要留有适当的富余量,及时检查各类部件是否紧固,确保作业人员人身安全。

4.4.2.3　水下抽沙作业操作规程

(1)水上平台指挥人员按照水下抽沙作业要求,明确各个职能小组人员分工、岗位职责,开展岗前安全教育,进行安全检查,做好各项安全保障措施。

(2)水上平台指挥人员对各小组负责人进行工作交底和技术指导,各小组负责人对班组具体作业人员进行操作培训和讲解，确保全体作业人员熟练掌握技术要领和操作规程。

(3)作业前水上平台指挥人员分析掌握天气、水位、流量等影响抽沙作业的条件，确保抽沙作业条件符合安全运行要求。

(4)作业前水上平台指挥人员带领各操作小组负责人对发电机组系统、配电柜、抽沙泵、龙门架等抽沙各个系统环节进行检查，确保所有组成系统指标正常、运转可靠。

(5)检查水上平台按照要求固定在抽沙区域，输沙管道全线按要求连接完成，输沙浮体装置稳定可靠，排沙口固定在设计排沙区域，水下抽沙管道按设计要求连接完成，并和抽沙泵相连接，水下高压喷枪等抽沙辅助装置安装连接到位，并经调试符合抽沙设计要求。

(6)抽沙泵在水下启动作业时，密切关注水上抽沙平台的固定装置是否牢固，水上平台是否发生较大范围摆动等情况，如抽沙平台固定不牢则及时停止作业。

(7)水下抽沙时，应严格按照要求和操作规定进行操作，全过程监测发电机组的电压，抽沙泵的流量、压力、电流、浓度和潜水深度等性能指标，如有异常情况，立刻按照要求停止相关作业，关停相关机械设备，决不允许带故障作业、违章操作。正常作业时，抽沙泵起吊装置 2 m 范围内禁止人员进入，水上作业平台禁止吸烟、点火等行为，避免火灾、机械伤害等事故发生。

(8)抽沙作业完成后，所有设备、材料及配件归放原位加以固定，并进行全面系统检查，做好抽沙泵、配电柜、卷扬机等设备的防雨、防滑、防火等安全工作。

4.4.3　安全保障措施

4.4.3.1　水上作业安全措施

为保障项目试验顺利进行，确保完成既定任务，达到预定试验目标，根据项目总体安排，在保证安全和质量的前提下编制了本安全保障方案，要求全体参与试验作业人员，在试验项目的准备和作业全过程中，全面贯彻“安全第一、预防为主”的安全生产方针，全力保障作业安全、机械设备和人员的安全，以确保顺利完成试验任务。

(1)建立全员岗位安全生产责任制，每个人都是安全生产责任人，水上安全负责人组织参与项目全体人员认真学习和掌握本项目的具体情况和特点，以及项目试验安排，让每个参加试验的人员明确自己所担负的工作内容和安全要求,并充分认识到本项目安全工作的重要性。

(2)严格执行库区管理局和地方海事等部门的规章制度,一切试验作业行为符合当地管理部门的要求。试验所使用的船只全部取得船检部门检测合格证,并配备必要的救护、消防等安全设施。船只操作驾驶人员实现持证上岗,了解、熟悉本河段作业区情况,并熟知本船的动力设备和管线的布置、安装、修理方法、技术要求,做到操作熟练,发现故障能及时排除。

(3)成立水上作业安全领导小组,配备一名专职安全员,专门检查安全隐患和各类安全问题。配齐用于水上试验的救生圈、救生衣、灭火器以及其他救生设备等安全器材。

(4)在试验中对水上作业安全技术方案、设备材料等各种因素环节进行现场跟踪检查,发现有缺陷和隐患及时解决,危及人身安全时,必须停止作业,在现场试验中有不安全因素不得试验。

(5)停靠各类船只和进行管道安装拆卸的临时码头区域按照相关要求进行建设和管理,做好安全防护和各种突发情况保障,严禁无关人员进入。

(6)开展输沙管道安装时,在指定的临时码头进行安装。安装前,先把管道首端进行固定,然后依次从管道堆放区运输管道至安装地点进行安装作业,严禁多个作业面共同作业,防止发生人员和机械伤害。

(7)水上抽沙平台作业前充分了解作业区域的水深、流速、河床地质等有关情况,为水上平台行驶、抛锚、定位做好安全准备工作。水上平台、冲锋舟、辅助船只等各类船只作业时,严禁超载、超负荷,船体进行各类作业时必须稳定牢固,牵引或拖带用的钢丝绳必须连接牢固并采用型号为20#以上的钢丝绳,以保证牵引的强度和可靠性。

(8)水上作业生产管理人员应掌握和及时了解当地的气象和水文情况。遇有大风天气应提前组织检查和加固船只锚缆等设施,遇有雨、雾天视线不清时,船只应显示规定的信号,必要时停止航行或作业,严格执行暂停试验的要求,并对水上抽沙平台、输沙管道及各类仪器设备进行保护和加固,保障试验任务安全进行。

(9)对试验过程中所有可能坠落的物体,一律先行撤除或加以固定。水上试验作业中所用的物料都堆放平稳,不妨碍通行和装卸。工具随手放入工具袋,水上平台应在当天试验结束后即清扫干净,拆卸下的物件及余料和废料均应及时清理、运走,不得任意乱置或向下丢弃,传递工具设备时禁止抛掷。

(10)水上平台进行试验作业时,应选择天气晴好、无风或微风时,行驶至指定地点,锚定后在涉及区域范围内设置浮桶彩旗等警示标志,并安排冲锋舟进行巡逻，指挥在库区航行的各类船只避让试验区域。当水上平台在预定地点固定后，且由试验现场指挥员下达安全指令后，各类作业人员方可开展试验作业任务。

(11)各类船只临时停止作业时，尽量将船只向岸侧停泊，当天试验任务结束时，立刻驶往临时码头停靠固定。船只靠岸后搭设跳板、扶手或安全护网，经踏试稳定牢固后，才可以上下人或装卸货物。

(12)水上试验作业前，由指挥员和专职安全生产管理人员进行安全教育，水上作业时，必须有两人以上共同操作，决不允许发生个人单独作业的情况，工人在水上平台作业时必须穿救生衣。

(13)各个试验班组每天对所属人员进行两次人员安全检查，确保所有试验人员都在安全可控范围之内。由安全生产管理人员每天对生产生活中存在的安全生产隐患进行集中检查，对查出的隐患现场下达整改通知书，责任到人。所有隐患必须按期完成整改，记录在案备查。

(14)严禁下库区游泳、洗澡，严禁私自乱接电线，严禁无证作业，严禁无保护用品上岗，严禁穿拖鞋皮鞋作业，严禁违章指挥、违章操作，整个试验过程不允许喝酒，严禁船只超载，杜绝任何违反安全行船的行为发生，严禁人员在船上嬉戏打闹。

(15)成立救援队。为预防不测，安排一艘冲锋舟，由 3 名水性较好的年轻职工组成救援队，承担人员和设备落水、船只进水及各类突发险情的救护工作。

(16)采取切实措施，安排专人密切注意天气情况，以及小浪底库区水位、流量等信息，做到时刻关注试验区域天气变化，提前做好防范恶劣天气及安排试验等各项工作。

(17)试验期间，安全领导小组长负责每天召开安全工作碰头会，听取当天安全工作汇报，督促、检查安全工作是否落到实处。

4.4.3.2 突发应急情况安全措施

1. 大风水上平台稳固性措施

当库区发生大风大浪时：一是立刻停止试验作业；二是通过卷扬机调紧锚体的长度，使水上平台不至于产生较大幅度摆动。必要时启动平台动力抗风稳固平台，对于长时间狂风暴雨的恶劣情况，应及时移动平台到安全区域并固定。

2. 暴风、大雨天气的人员安全措施

暴风、大雨天气的人员安全主要措施如下：一是随时关注天气变化情况；

二是遇暴风、大雨时立刻停工，对船只设备进行加固，加固完成后，人员全部撤至安全区域；三是专人负责安全区域的防护工作，随时观测人员所在区域的安全环境因素。

3. 暴风、大雨天气的设备防护措施

现场试验过程中安排专人及时接收各类天气预报，在遇到各类恶劣天气时严禁作业。遇突发恶劣天气时，指挥长指挥现场试验人员进行水上平台、船只的防护、固定工作，停止抽沙作业后，将抽沙泵提出水面，用固定设备固定好以防晃动，用防雨塑料布等材料将各类材料设备覆盖和捆绑固定，并且事先选好安全水域和安全地段，当暴风、大雨来袭时，将船只和机械设备、水上平台、输沙管道移至安全区域，避免停在主河道、易发生泥石流或暴雨集中等危险区域。

4. 故障紧急处理措施

当抽沙泵发生故障后，应立刻关闭抽沙泵，停止抽沙作业，对安全方面情况进行处理，同时由抽沙组负责人立刻报告至现场负责人，现场负责人应立刻向项目指挥部汇报，试验小组长立刻组织负责该设备器具的技术人员进行检查和故障排除，并将故障原因、造成的损失、故障处理情况进行书面上报。

当输沙管道发生故障时，立刻停止抽沙作业，安排管道组技术人员对故障进行检查和排除，需要关闭电源设备时，立刻通知发电组关闭发电机组。

第5章 管道输沙分析

5.1 试验管道参数变化分析

5.1.1 试验数据初步分析

本次管道试验输送的物质主要分清水和浑水两种工况。清水条件下,测量了950 m³/h(双泵)和620 m³/h(单泵)两个量级下的沿程压力变化。浑水条件下测验数据包括流量、含沙量、颗粒级配和管道沿程压力。不同工况数据测量情况如表5-1所示。本次试验的测验分为8个小组,每组分为若干测次,见表5-2。由于泥浆泵从河底抽取的泥浆浓度随机变化,且每个断面上、中、下3个测点的含沙量也不稳定(见图5-1),所以将3个测点含沙量的均值作为该断面的含沙量,7个断面间含沙量的均值作为这组试验的含沙量。

表5-1　不同工况数据测量情况

工况	流量(m³/h)	流速(m/s)	中值粒径		含沙量	
			范围(mm)	测次	范围(kg/m³)	测次
工况1(双泵)	950	3.18	0.026 4~0.062 4	21	14.528~454.976	126
工况2(单泵)	620	2.08	0.012 6~0.125 7	34	11.440~622.512	333

对实测含沙量进行分析得出:流速为950 m³/h时,90%的含沙量小于200 kg/m³;流速为620 m³/h时,90%的含沙量小于360 kg/m³(见图5-2)。中值粒径的取值范围也有较大波动,将7个断面中值粒径的均值作为该组试验的D_{50}。分析进出口的颗粒级配情况,发现小流量时,存在较大的分布带宽和较明显的细化现象;大流量时的情况恰相反(见图5-3、图5-4)。表明大流速带动了更多粗泥沙的运动,减少了淤积。

表 5-2　实测压力资料统计

流量 (m^3/h)	组号	含沙量 (kg/m^3)	D_{50} (mm)	D_{90} (mm)	各断面压力值(kPa)						
					CS1	CS2	CS3	CS4	CS5	CS6	CS7
双泵950	1	99	0.047 4	0.106 1	290	285	285	160	160	150	6
	2	140	0.041 0	0.101 3	300	290	285	160	150	150	6
	3	146	0.050 9	0.109 6	300	285	285	160	150	150	6
	4	清水			310	300	300	178	177	175	6
单泵620	5	174	0.062 9	0.124 8	223	218	218	117	115	115	4
	6	279	0.051 2	0.107 0	225	220	220	120	116	115	4
	7	241	0.060 3	0.136 7	220	215	215	118	118	115	4
	8	清水			255	240	240	132	132	130	4

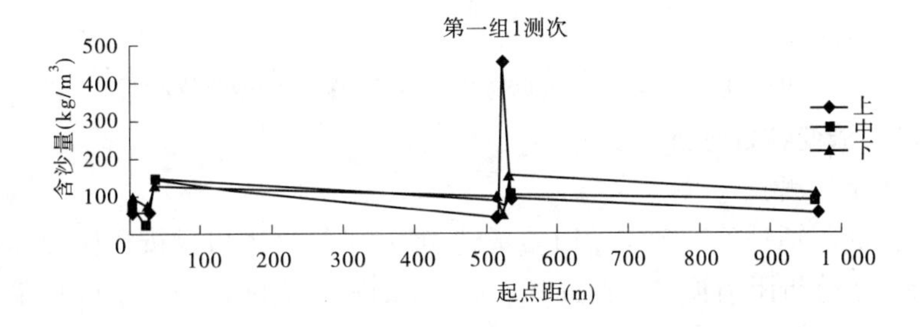

图 5-1　3 个测点含沙量的沿程变化

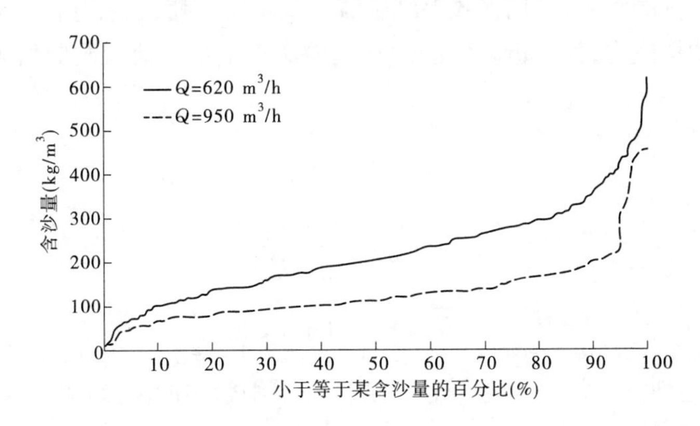

图 5-2　不同工况含沙量分布情况

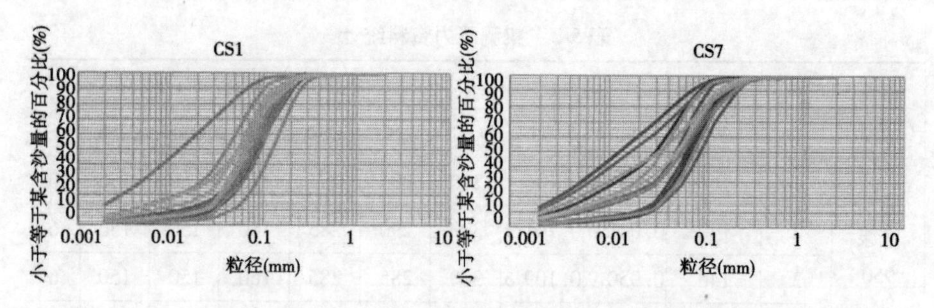

图 5-3　$Q = 620\ m^3/h$ 时进出口断面颗粒级配变化情况

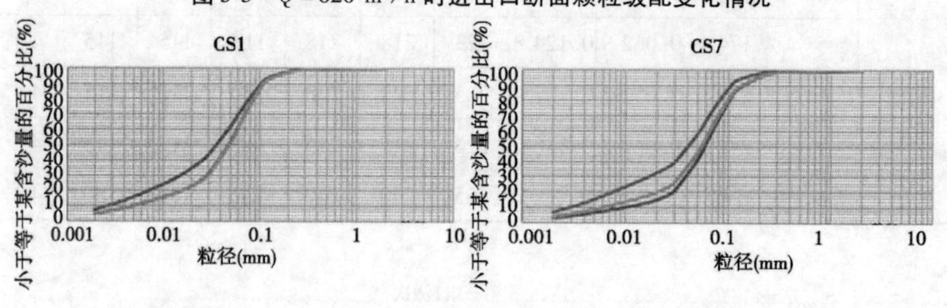

图 5-4　$Q = 950\ m^3/h$ 时进出口断面颗粒级配变化情况

5.1.1.1　流变特性分析

1. 流变仪测验

流型的判别是分析浆体运动的基础，确定了流型才可以按相应的理论基础来进一步分析阻力损失。前面述及，泥沙的颗粒级配影响浑水或泥浆的流型，故本次用试验泥沙配制了 707 kg/m³、828 kg/m³、864 kg/m³、1 104 kg/m³ 4 种不同含沙量的泥浆，采用横式毛细管流变仪来做流变试验，分析计算各含沙量所对应的切应力，为分析高含沙的管道输送做铺垫。流变测验所采用的计算公式如下：

$$\tau_B = 0.75\frac{P_c R}{2L} \tag{5-1}$$

$$\eta = \frac{\pi R^4}{8L}\frac{P_1 - P_2}{Q_1 - Q_2} \tag{5-2}$$

$$P_c = \gamma_m \overline{H} + P_b - (\alpha + \zeta)\gamma_m \frac{v^2}{2g} \tag{5-3}$$

式中：R 为毛细管半径；L 为毛细管长度；v 为毛细管中的流速；P_i 为各个断面的加压值即压力计读数，i 为 1，2，b，c；Q_i 为各断面流量，i 为 1，2；$\overline{H}$ 为测压管水头；γ_m 为容重；α 为动能修正系数；ζ 为浆筒流入管中的局部阻力系数。

经率定，$\alpha + \zeta = 2.16$。

不同含沙量下泥浆的流变特性见表 5-3 ~ 表 5-6。

表 5-3　含沙量为 707 kg/m^3 时的流变特性

序号	接杯体积（mL）	时间（s）	流量（cm^3/s）	初始筒内水深（cm）	时段末筒内水深（cm）	筒内水深（cm）	外加压力（kPa）	p（厘米水柱）
1	156	10.4	15.00	16.5	14.3	15.4	30	327
2	137	9.5	14.42	14.3	12.2	13.25	26	283
3	122	10.4	11.73	12.2	10.2	11.2	22	240
4	89	8.4	10.60	10.2	8.9	9.55	18	197
5	68	8.6	7.91	8.9	7.9	8.4	14	154
6	53	9.3	5.70	7.9	7.1	7.5	10	112
7	44	9.5	4.63	7.1	6.4	6.75	8	91
8	34	9.8	3.47	6.4	5.9	6.15	6	70
9	34	15.6	2.18	5.9	5.3	5.6	4	49

表 5-4　含沙量为 828 kg/m^3 时的流变特性

序号	接杯体积（mL）	时间（s）	流量（cm^3/s）	初始筒内水深（cm）	时段末筒内水深（cm）	筒内水深（cm）	外加压力（kPa）	p（厘米水柱）
1	120	10.85	11.06	10.9	9	9.95	30	321
2	104	10.83	9.60	9	7.4	8.2	26	278
3	86	10.88	7.90	7.4	6.1	6.75	22	235
4	72	10.91	6.60	6.1	4.9	5.5	18	192
5	54	10.81	5.00	4.9	3.9	4.4	14	150
6	37	10.87	3.40	3.9	3.5	3.7	10	108
7	29	10.67	2.72	3.5	3.1	3.3	8	87
8	22	10.88	2.02	3.1	2.7	2.9	6	66

表 5-5 含沙量为 864 kg/m^3 时的流变特性

序号	接杯体积(mL)	时间(s)	流量(cm^3/s)	初始筒内水深(cm)	时段末筒内水深(cm)	筒内水深(cm)	外加压力(kPa)	p(厘米水柱)
1	105	10.81	9.71	15.3	13.6	14.45	30	328
2	88	10.56	8.33	13.6	12.3	12.95	26	285
3	77	10.69	7.20	12.3	11	11.65	22	242
4	64	10.56	6.06	11	10.1	10.55	18	200
5	48	10.49	4.58	10.1	9.4	9.75	14	158
6	42	10.7	3.93	9.4	8.8	9.1	12	137
7	33	10.57	3.12	8.8	8.3	8.55	10	115
8	24	10.59	2.27	8.3	7.8	8.05	8	94

表 5-6 含沙量为 1 104 kg/m^3 时的流变特性

序号	接杯体积(mL)	时间(s)	流量(cm^3/s)	初始筒内水深(cm)	时段末筒内水深(cm)	筒内水深(cm)	外加压力(kPa)	p(厘米水柱)
1	30	10.6	2.83	15.35	14.9	15.125	30	331
2	26	11.7	2.22	14.9	14.4	14.65	26	289
3	22	10.8	2.04	12	10.6	11.3	24	263
4	20	10.5	1.90	9.7	9.3	9.5	22	240
5	25	14.8	1.69	7.8	7.4	7.6	20	217
6	29	20.5	1.41	5.6	5.2	5.4	18	193
7	23	30.5	0.75	4.1	3.5	3.8	16	169

通过式(5-3)计算这4组含沙量下以清水水柱高度表示的压力,与毛细管出流量做出相关图(见图5-5),趋势线与 x 轴的截距就是 P_c,因此可根据上述公式求得不同含沙量下的 η、τ_B。如表5-7所示,当含沙量等于707 kg/m^3 时,τ_B 为0,即含沙量为707 kg/m^3 是本次试验浆体牛顿体与非牛顿体划分的临界含沙量。由于本次试验测得的含沙量均小于707 kg/m^3,浑水没有 τ_B,故属于牛顿体范畴。

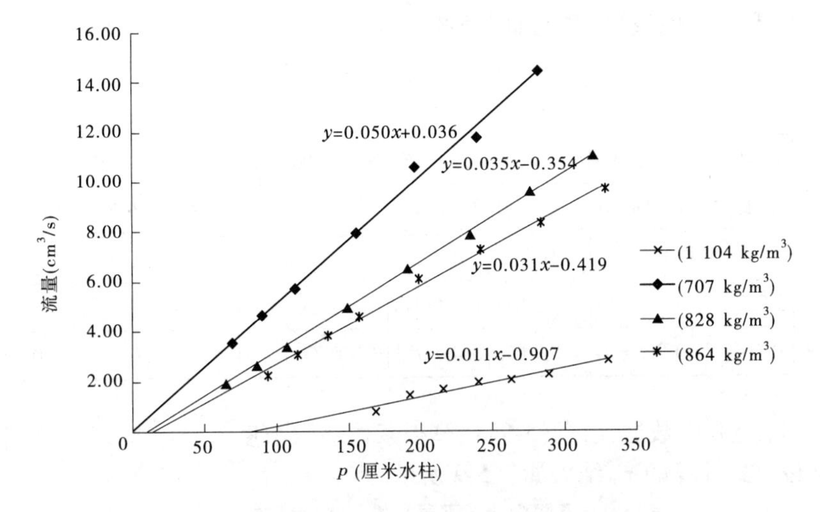

图5-5　不同含沙量下的流量—压力相关图

表5-7　不同含沙量下的 η、τ_B

含沙量(kg/m³)	P_c(cm)	η(g·s/cm²)	τ_B(N/m²)
707	-0.72	0.000 045 9	0
828	10.11	0.000 092 6	0.8
864	13.52	0.000 107	1.06
1 104	80.28	0.000 397	6.32

2. 公式计算

费祥俊的高含沙水流切应力计算公式是目前应用最多的公式之一，在此也采用该公式，具体如下：

$$\tau_B = e^{-5.53\varepsilon_0+7.73} \tag{5-4}$$

$$\varepsilon_0 = 1 - \frac{C_V - C_{V0}}{C_{Vm}} \tag{5-5}$$

$$C_{Vm} = 0.92 - 0.2\lg\left(\sum \frac{p_i}{d_i}\right) \tag{5-6}$$

$$C_{V0} = 1.26C_{Vm}^{0.32} \tag{5-7}$$

式中：C_{V0} 为浆体临界浓度；C_{Vm} 为浆体极限浓度；p_i 为小于某一粒径级泥沙所占百分数。

本次试验中颗粒级配情况如表 5-8 所示。

表 5-8 本次试验中小于某一粒径级泥沙所占百分数

d_i(mm)	0.001 6	0.003 5	0.007 5	0.017 5	0.037 5	0.062 5	0.077 5	0.09
p_i(%)	0.451 314	5.735 393	6.979 576	12.998 57	26.021 96	20.223 86	2.998 855	9.153 212
p_i/d_i	2.820 712	16.386 84	9.306 101	7.427 754	6.939 19	3.235 818	0.386 949	1.017 024
d_i(mm)	0.112 5	0.137 5	0.2	0.375	0.625	0.875	1.125	1.625
p_i(%)	6.762 933	3.653 045	3.781 034	1.190 746	0.049 5	0	0	0
p_i/d_i	0.601 15	0.265 676	0.189 052	0.031 753	0.000 792	0	0	0

根据表 5-8 中数据，由式(5-6)计算得浆体极限浓度 $C_{Vm}=58.27\%$，则采用费祥俊公式计算的 τ_B 结果如表 5-9 所示。

表 5-9 不同含沙量下费祥俊公式计算的 τ_B

含沙量(kg/m³)	C_V(%)	ε_0	τ_B(N/m²)
500	18.9	1.060 128 321	0.27
600	22.6	0.995 363 204	0.47
707	26.7	0.925 751 066	0.85
828	31.3	0.847 582 161	1.65
864	32.6	0.824 297 806	2.01
1 104	41.7	0.668 791 58	7.58

流变试验中，由于粒径较粗且流变仪量程有限，只做到了 1 100 kg/m³ 含沙量的量级，将实测的宾汉屈服应力与费祥俊公式计算的结果进行对比，若拟合较好，可以用公式计算结果外延，具体拟合情况如图 5-6 所示。可见实测值与计算值之间普遍存在着一个近似常量的差值(约为 0.85)，分析认为是流变仪本身的系统误差造成的。因此，在需要进行极高含沙量的计算时，可以采用费祥俊公式计算。

牛顿体与非牛顿体的区别就在于是否存在 τ_B，而 τ_B 跟泥沙颗粒级配以及含沙量有关，本次试验中级配粒径结果如表 5-8 所示，计算出极限浓度 $C_{Vm}=58.27\%$。由表 5-9 可知，含沙量为 500 kg/m³ 时，τ_B 小于 0.3 N/m²，非常接近于 0。综合考虑测验结果与费祥俊公式计算结果，并就 τ_B 对临界流速影

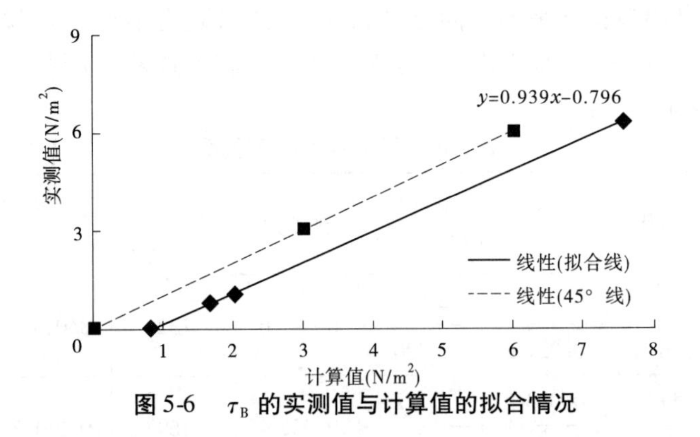

图 5-6　τ_B 的实测值与计算值的拟合情况

响的灵敏度进行分析后认为含沙量为 500 kg/m³ 左右是本次试验浑水牛顿体与非牛顿体的划分临界值。

5.1.1.2　运动形式分析

泥沙的运动形式可以从管道输送的冲淤情况进行判定,不淤积表示颗粒多为悬移运动,否则为推移运动。为了研究管道输送中的冲淤情况,采用了两种分析方法,排沙比分析和悬浮指数分析。

1. 排沙比分析

根据实测的含沙量和流量资料,计算管道进口 1 断面和管道出口 7 断面相同时间段内的输沙量,以出口与进口单位时间的输沙量之比作为管道排沙比,整体上分析出管道内是否有淤积形成。1 ~7 断面的间隔为 960 m,流量为 950 m³/h 时,流速为 3.18 m/s,浆体从 1 断面运动到 7 断面需要 5 min,所以采用 7 断面延迟 5 min 的含沙量;流量为 620 m³/h 时,流速为 2.08 m/s,浆体从 1 断面运动到 7 断面需要 7.7 min,所以采用 7 断面延迟 7.7 min 的含沙量。

2. 悬浮指数分析

根据扩散理论含沙量垂线分布规律,常用的悬浮指数公式为

$$Z = \frac{\omega}{\kappa U_*} \tag{5-8}$$

式中:ω 为颗粒沉速, m/s;κ 为卡门常数,取值 0.4; U_* 为摩阻流速, m/s。

依据悬浮指数判别临界值,当 $Z > 5$ 时,泥沙颗粒发生推移运动;当 $Z < 0.1$ 时,泥沙颗粒发生悬移运动。

表 5-10 中排沙比均接近于 1,考虑试验测量取样存在误差,并且分析颗粒级配时可以看出出口处的颗粒级配并没有发生明显的细化现象,在试验完毕后拆卸管道过程中也未发现存在泥沙残留的现象,故认为四组情况均不发生

淤积,进口和出口排沙平衡。同时,四组的悬浮指数均小于 0.1,说明四组均为悬移运动,进一步验证管道中没有发生淤积。根据这两个方法的分析,认为四组工况均未发生淤积。

表 5-10　管道冲淤分析计算

试验工况	位置	D_{50} (mm)	输沙量 (kg/min)	排沙比	平均含沙量 (kg/m³)	悬浮指数 Z	运动形式
双泵第一组	进口	0.044 6	2 592	0.993 6	132	0.028 0	悬移
	出口	0.051 3	2 420				
单泵第一组	进口	0.083 9	1 272	0.932 4	169	0.051 7	悬移
	出口	0.041 9	1 186				
单泵第二组	进口	0.061 9	2 372	0.957 0	264	0.031 4	悬移
	出口	0.040 5	2 270				
单泵第三组	进口	0.058 2	1 962	0.913 5	240	0.045 5	悬移
	出口	0.062 4	1 792				

5.1.2　管道阻力变化规律理论分析

5.1.2.1　实测阻力分析

实测 7 个断面压力值沿程变化如图 5-7 所示,分别是 950 m^3/h 和 620 m^3/h 两组流量不同含沙量下压力的沿程变化。

从图 5-7 可以看出,在相同流量下,无论清水或是不同含沙量的浑水,第 7 断面的压力值均相同,流量为 950 m^3/h 时,第 7 断面的压力值为 6 kPa,流量为 620 m^3/h 时,第 7 断面的压力值为 4 kPa,与不同浓度下沿程阻力不同这一规律不符,造成这种现象的原因可能是第 7 断面靠近出口,趋于明流,与管段其他位置的有压管流之间存在根本性的区别,因此不将第 7 断面的压力值纳入计算当中。以 1 ~6 断面(间距 530 m)的压力变化及断面间距来计算此次试验的水力坡降。

$$
\begin{aligned}
i_m &= \frac{h_f}{L} \\
h_f &= (P_1 - P_6) \times 13.6 \times 7.5/1\,000
\end{aligned}
\tag{5-9}
$$

式中:i_m 为浑水水力坡降;P_1、P_6分别为第 1 断面和第 6 断面的压力值,kPa;L

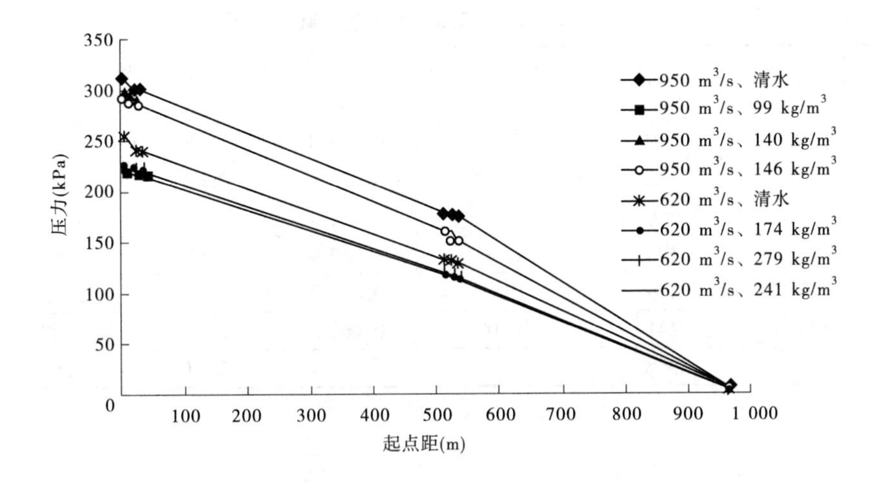

图5-7　实测7个断面压力值沿程变化

为管道长度，m。

可根据达西－韦斯巴赫公式计算沿程阻力系数 λ：

$$h_{\mathrm{f}} = \lambda \frac{L}{d}\frac{v^2}{2g} \tag{5-10}$$

式中：v 为两相流平均流速，m/s；d 为管径，m。

由表5-11可以看出，两种工况下的清水阻力系数分别为1.64%和3.54%。根据经验与水力学及河流动力学相关知识，清水的阻力系数不应有如此大的差距，结合现场试验中测量取样的随机性与误差，最终将两者平均值作为本次试验的清水阻力系数，即 λ_0 为0.025 9。

1. 阻力坡降与体积浓度的关系

从图5-8可以看出，流速为3.18 m/s且浓度较低时，阻力坡降随浓度增大先增大后减小；流速为2.08 m/s且浓度相对较高时，阻力坡降随浓度增大先减小后增大。这说明，在一定流速下，当浓度大于某一值时，阻力坡降随浓度会先减小后增大，因此存在一个临界值使阻力损失最小，当浓度超过这一临界值时，随着浓度的持续增大会加剧固体颗粒间的相互碰撞，从而导致碰撞消耗的能量加大，阻力损失加大。综上所述，管道输沙中可以找到一个最佳输送浓度使阻力损失最小，即使考虑输沙量的因素也应避开阻力明显过大的区域。

表 5-11 不同工况下的坡降

流量(m^3/h)	含沙量(kg/m^3)	体积浓度(%)	D_{50}(mm)	阻力坡降(%)	阻力系数(%)
双泵 950	99	3.74	0.047 4	2.69	1.7
	140	5.28	0.041 0	2.88	1.82
	146	5.51	0.050 9	2.69	1.7
	清水			2.60	1.64
单泵 620	174	6.57	0.062 9	2.08	3.06
	279	10.53	0.051 2	2.12	3.12
	241	9.09	0.060 3	2.02	2.98
	清水			2.41	3.54

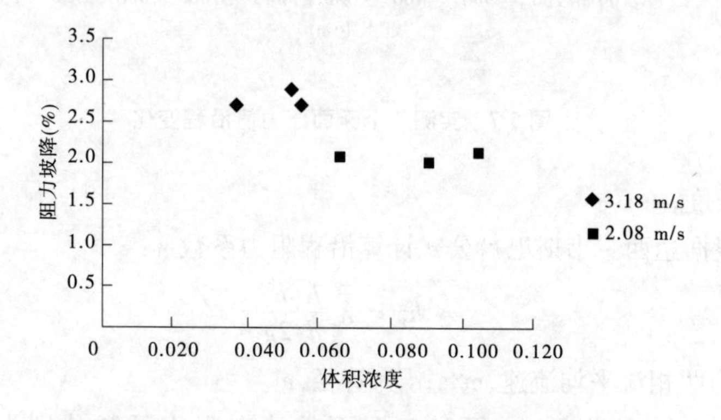

图 5-8 不同流速下阻力坡降与体积浓度的关系

2. 阻力坡降与泥沙粒径的关系

图 5-9 表明,在流速为 3.18 m/s 且粒径较细时,阻力坡降随着粒径的增大而减小;在流速为 2.08 m/s 且粒径较粗时,阻力坡降随着粒径的增大先减小后增大。前者是由于在流速较大时,图 5-9 中 0.04~0.05 mm 都处于悬浮运动的状态,颗粒的紊动强度较大,相对粗颗粒而言,细颗粒的紊动会更加剧烈,颗粒的垂向交换速率增大,使得细颗粒与细颗粒之间、细颗粒与水流之间的摩擦加大,导致在同一流速下,细颗粒的阻力损失大于粗颗粒;后者情况的主要理论依据是,随着颗粒粒径的增大,重力的影响逐渐增大,此时要维持颗粒的悬浮运动就需要获得更多的能量,导致阻力损失增大。

3. 阻力坡降与输送流速的关系

由于本次试验条件限制,只有两个流速级,分别是 3.18 m/s 和 2.08 m/s,但通过图 5-8 和图 5-9 不同流速下阻力坡降与体积浓度、泥沙粒径的关系都可以明显地看出,流速与阻力损失呈正比关系。流速越大,浑水与管壁的摩擦

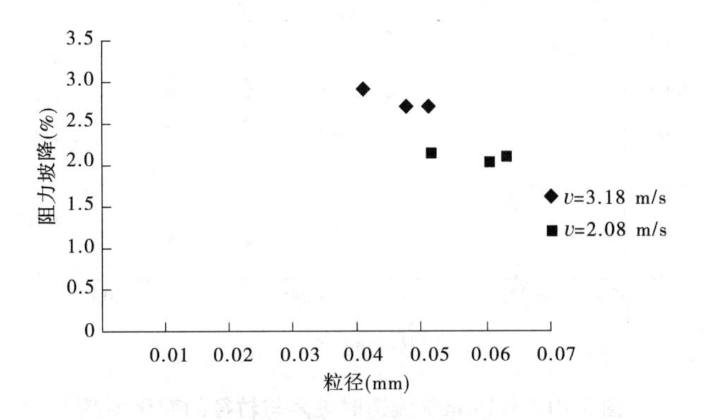

图5-9 不同流速下阻力坡降与泥沙粒径的关系

加大,且泥沙颗粒之间的摩擦也加大,总体增大了输送时的摩擦阻力损失。

5.1.2.2 阻力模型计算分析

目前管道输送阻力损失分析中常用的有杜兰德模型、陈广文模型、王绍周模型和费祥俊模型,将本次试验所得到的6组数据分别带入这4种计算模型(式(1-13)、式(1-14)、式(1-18)、式(1-22)),本次计算模型中所需要的清水阻力损失系数采用两组试验实测值的平均值即 $\lambda_0=0.0259$。将计算的坡降值与实测坡降值进行比较分析,见表5-12。

表5-12 实测坡降与计算坡降比较

v(m/s)	D_{50}(mm)	含沙量(kg/m^3)	C_V(%)	坡降(%)				
				实测	杜兰德	陈广文	王绍周	费祥俊
3.08	0.047 4	99	3.74	2.69	4.21	4.12	4.00	4.38
	0.041 0	140	5.28	2.88	4.21	4.12	3.96	4.48
	0.050 9	146	5.51	2.69	4.27	4.12	3.95	4.51
2.08	0.062 9	174	6.57	2.08	2.19	1.78	1.70	2.00
	0.051 2	279	10.53	2.12	2.13	1.78	1.64	2.11
	0.060 3	241	9.09	2.02	2.25	1.79	1.67	2.09

从图5-10和图5-11可以看出,在3.18 m/s流速时,各模型与实测的阻力坡降值存在一定偏差,不排除测量误差与模型使用限制范围的原因。在图5-12和图5-13中,费祥俊模型的计算值与实测值相比,结果较为相近,其次为杜兰德模型。因此,可知费祥俊模型满足本次试验的阻力损失计算要求,同时可以兼顾杜兰德模型,将其计算值作为参考。

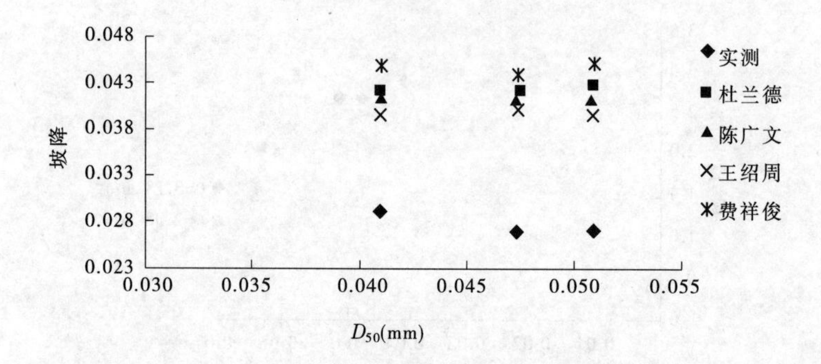

图5-10 3.18 m/s 流速时坡降与粒径的变化关系

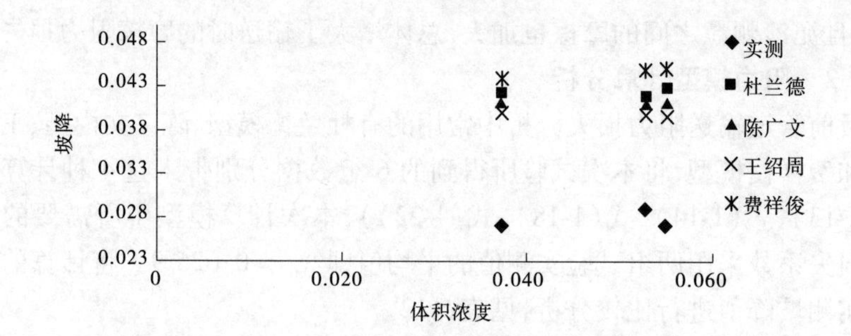

图5-11 3.18 m/s 流速时坡降与体积浓度的变化关系

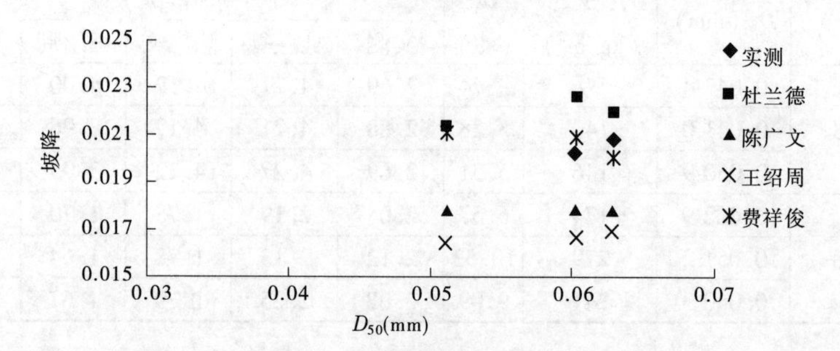

图5-12 2.08 m/s 流速时坡降与粒径的变化关系

1. 阻力坡降和体积浓度的关系

图5-14 和图5-15 反映的是给定流速和粒径的条件下,各模型水力坡降与体积浓度的变化关系,并将实测的六组浓度资料与这些理论关系相比较。结果发现不同流速时的情况不相同,流速为3.18 m/s 时,与各模型拟合结果均存在一定差距;流速为2.08 m/s 时,综合比较三个粒径情况,与费祥俊模型拟

合较好,与杜兰德模型拟合情况次之。

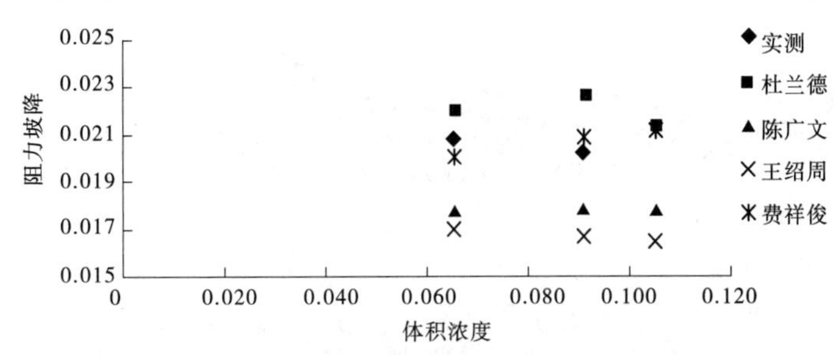

图 5-13　2.08 m/s 流速时坡降与体积浓度的变化关系

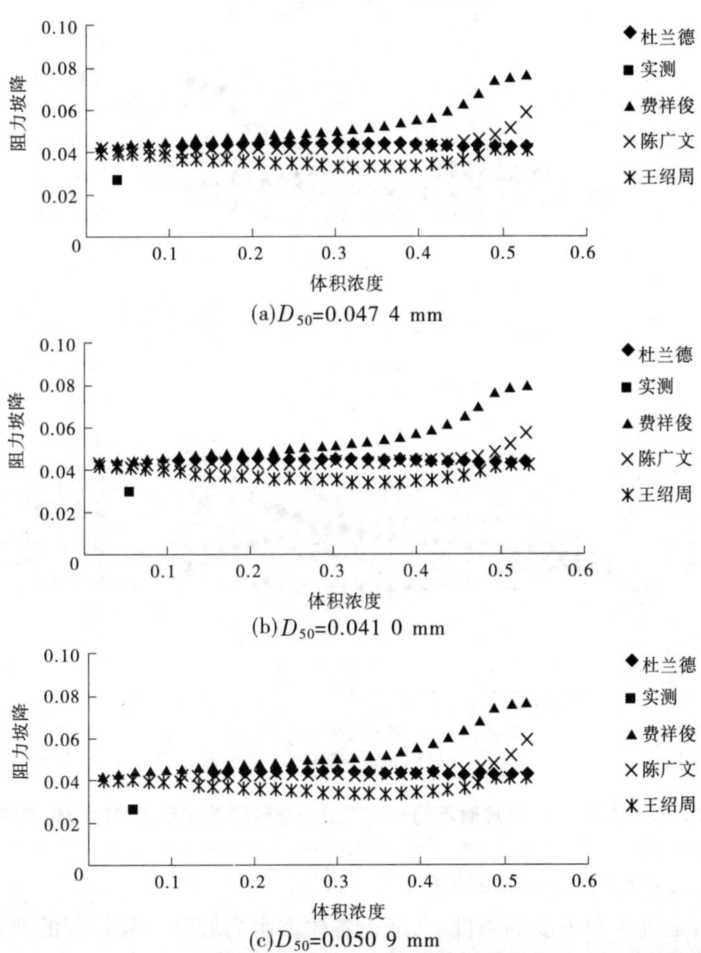

图 5-14　3.18 m/s 流速时不同粒径下阻力坡降随着体积浓度的变化规律

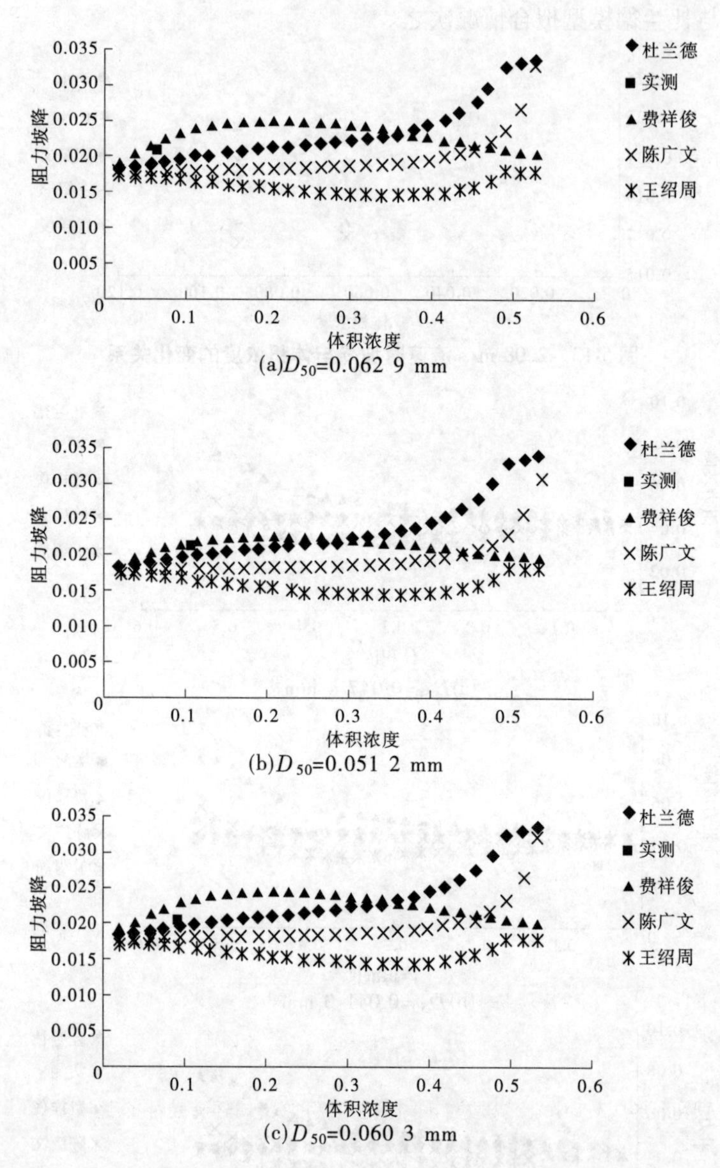

(a) D_{50}=0.062 9 mm

(b) D_{50}=0.051 2 mm

(c) D_{50}=0.060 3 mm

图 5-15　2.08 m/s 流速时不同粒径下阻力坡降随着体积浓度的变化规律

2. 阻力坡降与泥沙粒径的关系

在给定流速和浓度的条件下，分析各模型水力坡降与粒径间的变化关系，并将实测的 6 组资料点据与这些理论关系相比较（见图 5-16 和图 5-17），得出与浓度关系类似的结论，即流速为3.18 m/s时，实测值与各模型拟合结果均存在明显差距；流速为2.08 m/s时，综合比较三个体积浓度情况，实测值与费祥俊模型及杜兰德模型均拟合较好。

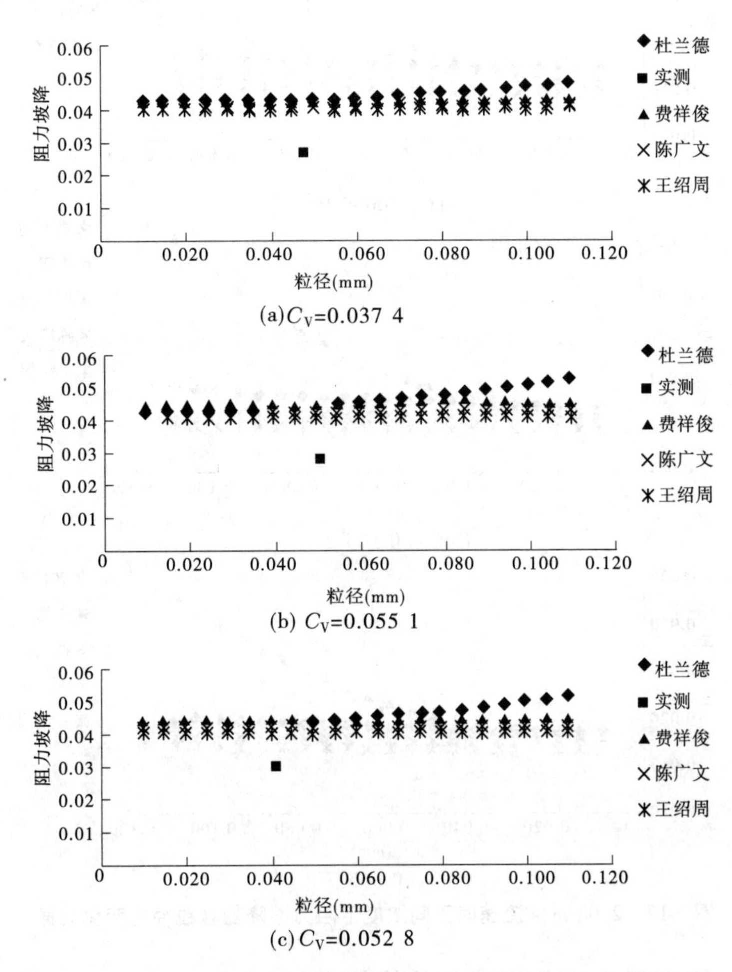

(a) C_V=0.037 4

(b) C_V=0.055 1

(c) C_V=0.052 8

图5-16　3.18 m/s流速时不同浓度下阻力坡降随着粒径的变化规律

3. 阻力坡降与流速的关系

目前因为试验中只有两个流速量级，无法确定地给出阻力坡降与流速的变化规律，但比较两个流速下实测水力坡降的大小，还是可以看出：在流速为2.08～3.18 m/s时，阻力坡降是随着流速的增大而增大的，这是符合之前章节描述的阻力机制的。

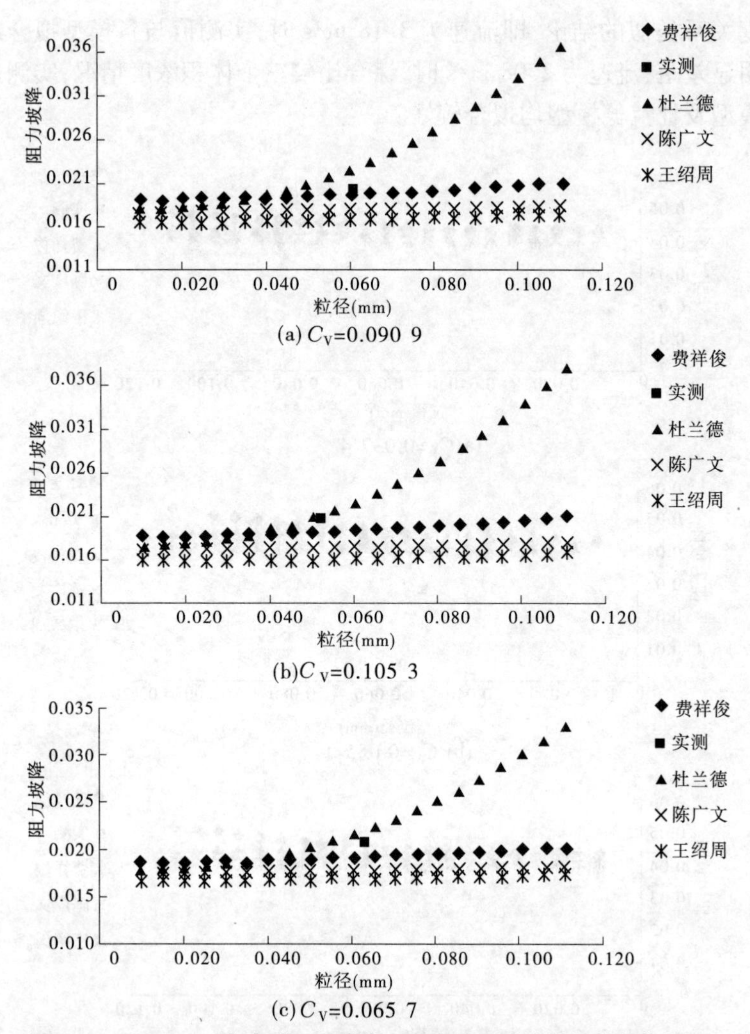

图 5-17　2.08 m/s 流速时不同浓度下阻力坡降随着粒径的变化规律

5.1.3　管道阻力变化规律数值模拟分析

5.1.3.1　数值模拟理论与计算模型建立

1. 数学模型选择

多相流广泛应用于流体力学、传热传质学、物理化学等学科，多相流的基本模型包括 VOF 模型、混合模型和欧拉模型。VOF 模型通过求解单独的动量方程和处理穿过区域的每一流体的体积分数来模拟两种或者三种不能混合的流体。典型的应用包括预测、射流破碎、流体中大泡的运动、决堤后水的流动和气液界面的稳态及瞬态处理。混合模型是一种简化的多相流模型，它用于模拟各相有不同速度的多相流，但是假定了在短空间尺度上局部的平衡。相之间的耦合是相当强的，它也用于模拟有强烈耦合的各向同性多相流和各相以相同速度运动的多相流。混合模型和欧拉模型适用于分散相体积分数超过 10% 的情形。而如果是分散相有着宽广分布的含沙水流，混合模型是最可取的；如果分散相只集中在区域的一部分，应当使用欧拉模型。

1）混合模型控制方程

本书模拟的管道输沙中，沙粒粒径较小，跟随性较好，混合模型是最恰当的模型。混合模型求解混合相的连续性方程、混合的动量方程、混合的能量方程、第二相的体积分数方程，以及相对滑移速度的代数表达如下所示：

连续方程：

$$\frac{\partial}{\partial t}(\rho_{\mathrm{m}}) + \nabla \cdot (\rho_{\mathrm{m}} \cdot \overrightarrow{v_{\mathrm{m}}}) = \dot{m}$$

动量方程：

$$\frac{\partial}{\partial t}(\rho_{\mathrm{m}} \cdot \overrightarrow{v_{\mathrm{m}}}) + \nabla \cdot (\rho_{\mathrm{m}} \cdot \overrightarrow{v_{\mathrm{m}}} \cdot \overrightarrow{v_{\mathrm{m}}})$$

$$= -\nabla_{\mathrm{p}} + [\mu_{\mathrm{m}}(\nabla \overrightarrow{v_{\mathrm{m}}} + \nabla \overrightarrow{v_{\mathrm{m}}}^{\mathrm{T}})] + \rho_{\mathrm{m}} \overrightarrow{g} + \overrightarrow{F} + \nabla \cdot \left(\sum_{k=1}^{n} \alpha_k \rho_k \overrightarrow{v_{\mathrm{dr},k}}, \overrightarrow{v_{\mathrm{dr},k}}\right)$$

能量方程：

$$\frac{\partial}{\partial t} \sum_{k=1}^{n} \left\{\alpha_k \rho_k E_k + \nabla \cdot \sum_{k=1}^{n} [\alpha_k \overline{v_k}(\rho_k E_k + p)]\right\} = \nabla \cdot (k_{\mathrm{eff}} \nabla T) + S_{\mathrm{E}}$$

相对滑移速度（也指滑流速度）被定义为第二相（p）的速度相对于主项（q）的速度：

$$\overrightarrow{v_{qp}} = \overrightarrow{v_p} - \overrightarrow{v_q}$$

漂移速度和相对滑移速度的关系通过下式表示：

$$\overrightarrow{v_{\mathrm{dr},p}} = \overrightarrow{v_{qp}} - \sum_{k=1}^{n} \frac{\alpha_k \rho_k}{\rho_{\mathrm{m}}} \overrightarrow{v_{qk}}$$

第二相的体积分数：

$$\frac{\partial}{\partial t}(\alpha_k \rho_p) + \nabla \cdot (\alpha_p \rho_p \overrightarrow{v_{\mathrm{m}}}) = -\nabla \cdot (\alpha_p \rho_p \overrightarrow{v_{\mathrm{dr},p}})$$

2）紊流模型选取

对于紊流模型的选取，除要测定其用于各种不同流动时能在不调整其中的常数项前提下以多大精度描述流动外，还要测定其计算所需的费用及处理问题所需的时间,后者对工程应用尤为重要。目前在工程应用和研究中使用最广泛的紊流模型为雷诺时均模型和大涡模拟,雷诺时均模型中又以双方程 $k-\varepsilon$ 模型最为成熟,以雷诺应力模型最为精确。最后选择标准 $k-\varepsilon$ 模型来开展计算工作,并且辅以精度更好一些的雷诺应力计算模型进行计算验证。

3)紊流模型控制方程

标准 $k-\varepsilon$ 紊流模型,连续方程、动量方程和 k 方程、ε 方程可分别表示如下:

连续方程:

$$\frac{\partial\rho}{\partial t}+\frac{\partial u_i}{\partial x_i}=0$$

动量方程:

$$\frac{\partial\rho u_i}{\partial t}+\frac{\partial}{\partial x_j}(\rho u_i u_j)=-\frac{\partial P}{\partial x_i}+\frac{\partial}{\partial x_j}\left[(\mu+\mu_i)\left(\frac{\partial u_i}{\partial x_j}+\frac{\partial u_j}{\partial x_i}\right)\right]$$

k 方程:

$$\frac{\partial(\rho k)}{\partial t}+\frac{\partial(\rho u_{ik})}{\partial x_i}=\frac{\partial}{\partial x_i}\left[\left(\mu+\frac{\mu_i}{\sigma_k}\right)\frac{\partial k}{\partial x_i}\right]+G-\rho\varepsilon$$

ε 方程:

$$\frac{\partial(\rho\varepsilon)}{\partial t}+\frac{\partial(\rho u_i\varepsilon)}{\partial x_i}=\frac{\partial}{\partial x_i}\left[\left(\mu+\frac{\mu_i}{\sigma_\varepsilon}\right)\frac{\partial\varepsilon}{\partial x_i}\right]+C_{1\varepsilon}\frac{\varepsilon}{k}G-C_{2\varepsilon}\rho\frac{\varepsilon^2}{k}$$

式中:ρ 和 μ 分别为体积分数平均的密度和分子黏性系数;P 为修正压力;σ_k 和 σ_ε 分别为 k 和 ε 的紊流普朗特数,$\sigma_k=1.0$,$\sigma_\varepsilon=1.3$;$C_{1\varepsilon}$ 和 $C_{2\varepsilon}$ 为 ε 方程常数,$C_{1\varepsilon}=1.44$,$C_{2\varepsilon}=1.92$;μ_i 为紊流黏性系数,它可以由紊动能 k 和紊动耗散率 ε 求出:

$$\mu_i=\rho C_\mu\frac{k^2}{\varepsilon}$$

其中,C_μ 为经验常数,取 $C_\mu=0.09$。

G 为由平均速度梯度引起的紊动能产生相,它可以由下式定义:

$$G=\mu_i\left(\frac{\partial u_i}{\partial x_j}+\frac{\partial u_j}{\partial x_i}\right)\frac{\partial u_i}{\partial x_j}$$

2.模型的建立

建立数值模拟模型的依据是小浪底库区现场试验的管道参数。模拟管道直径325 mm,管长50 m,参数率定时,以常温下的清水分别进行管道层流和湍流模拟计算。在管道含沙水流阻力损失规律研究计算时,按照现场试验情况,以10 ℃下的水沙两相流进行模拟。

3. 网格划分

本书模拟的流场为管道恒定流流场,模拟计算用恒定算法。参数率定阶段计算区域采取3.8万、7.38万和18.8万不同网格数分别模拟,以验证网格疏密程度对流场结构的影响。在阻力损失规律研究计算阶段主要以前两种网格数模型进行模拟,在不影响计算精度的情况下节约计算时间。考虑到管道边壁粗糙度对含沙水流的影响,网格划分时边界层首层厚度为0.5 mm,逐层递增比率为1.2,共4层。具体网格划分如图5-18所示。

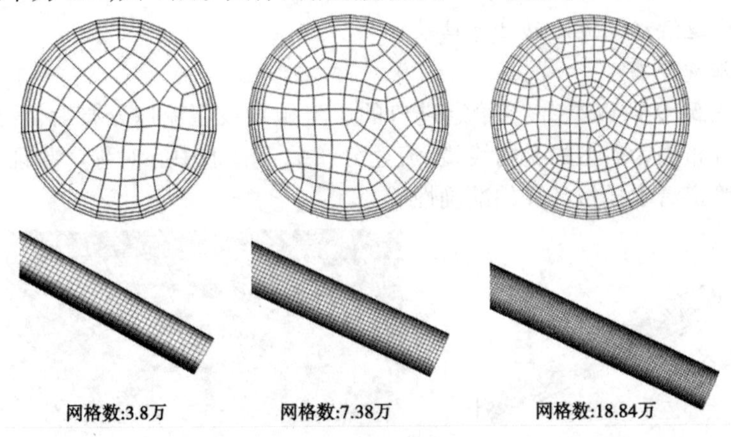

图5-18　管道网格划分

4. 边界条件

边界条件是指在求解域的边界上所求解的变量或其一阶导数随地点及时间变化的规律。只有给定了合理边界条件的问题,才可能计算出流场的解,所有计算水力学的问题都需要有边界条件,对瞬态问题还需要有初始条件。流场的解法不同,对边界条件和初始条件的处理方式也不一样。

(1)进口边界:采用流速入口,以用户自定义方式给出流速分布函数。

管道层流流速分布函数:

$$u = \frac{\gamma J}{4\mu}(r_0^2 - r^2)$$

式中:γ为液体容重;J为比降;μ为动力黏滞系数;r_0为管道半径;r为管道中某位置距管道中心距离。

其中,拟定断面平均流速$v = 0.005$ m/s,雷诺数$Re = 1\ 625$。

管道湍流流速分布函数:

$$u = u_{\max}\left(\frac{y}{r_0}\right)^{\frac{1}{8}}$$

式中：u_{max}为管轴最大流速；r_0 为管道半径；y 为管道中某位置距管壁距离。

其中，流量分别为 620 m^3/h 与 950 m^3/h 时，计算得到断面平均流速 $v=2.08$ m/s 和 $v=3.18$ m/s，雷诺数 $Re=5.2\times10^5$ 和 $Re=7.92\times10^5$。

(2)出口边界：先后采用压力出口和自由流出口。压力出口按静水压强分布给出，自由流出口水流比重为 1。

(3)壁面边界：采用无滑移壁面，近壁区域用标准壁面函数法来处理。

5.1.3.2　管道阻力模拟计算参数的率定

1. 管道清水层流流动计算结果

1)流速分布

从图 5-19 可以看出，当给定进口的层流抛物线型流速分布后，得到的出口流速分布仍为典型的抛物线型，流速分布关于管道中心对称。验证了数值模拟在管道清水模拟计算的准确性。

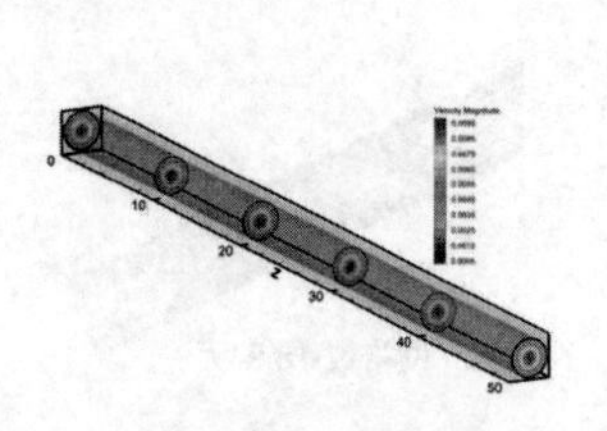

(a)沿程断面流速分布云图

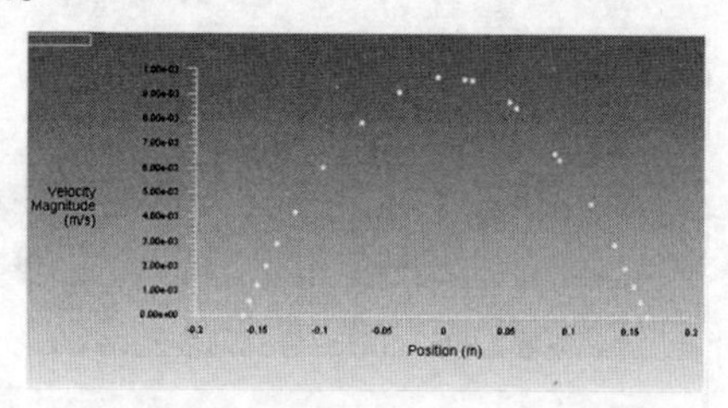

(b)出口断面沿管道直径流速分布

图 5-19　管道流速分布

2)压强－阻力损失规律

从图 5-20 可以看出，管道水流各断面流速均遵循层流流速分布，压强沿程降低，遵循沿程水头损失分布规律，且经过计算对比发现，采用压力出口和自由流出口得到的计算结果一致，故此后的计算初步均设定为自由流出口。

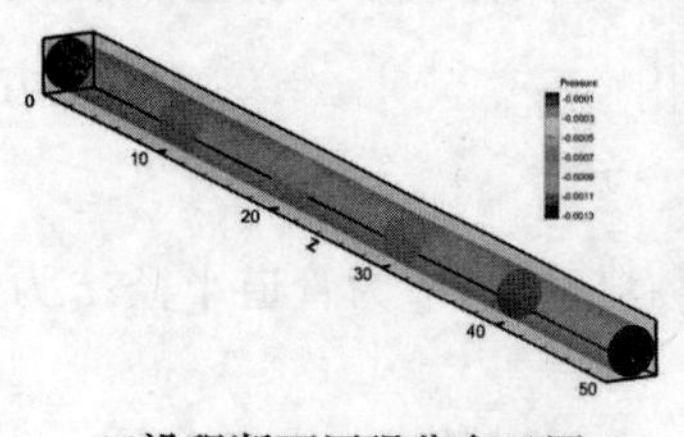

(a)沿程断面压强分布云图

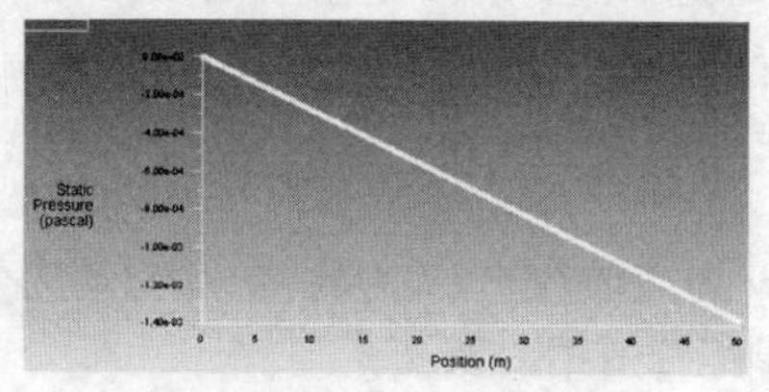

(b)沿管道中心线压强分布

图 5-20　管道压强分布

2. 管道清水湍流流动计算结果

1）计算参数方案

在湍流计算中，fluent 软件中涉及的参数有粗糙度、粗糙常数和湍流强度，按照各参数取值范围和实际工程情况，初步拟定表 5-13 所示三组参数进行率定。

表 5-13　参数方案

参数	粗糙度（mm）	粗糙常数	湍流强度（%）
方案一	0.3	0.5	20
方案二	0.6	0.8	25
方案三	0.6	0.6	25

2）参数方案计算结果

将模拟计算得到的结果与实测值、计算值对比，如表 5-14 ~ 表 5-17 所示。

表 5-14　$Q = 620\ m^3/h$ 各参数方案下沿程阻力模拟值与实测值比较

（单位：Pa/m）

参数方案	实测值	网格数					
		3.8 万		7.38 万		18.8 万	
		模拟值	相对误差	模拟值	相对误差	模拟值	相对误差
方案一	259.3	135.8	47.6%	134.3	48.2%	132.9	48.7%
方案二	259.3	195.7	24.5%	193.3	25.5%	191.3	26.2%
方案三	259.3	180.9	30.2%	178.8	31.0%	177.0	31.8%

表 5-15　$Q = 620\ m^3/h$ 各参数方案下沿程阻力模拟值与计算值比较

（单位：Pa/m）

参数方案	计算值	网格数					
		3.8 万		7.38 万		18.8 万	
		模拟值	相对误差	模拟值	相对误差	模拟值	相对误差
方案一	126.5	135.8	7.4%	134.3	6.2%	132.9	5.1%
方案二	159.7	195.7	22.5%	193.3	21.0%	191.3	19.8%
方案三	159.7	180.9	13.3%	178.8	12.0%	177.0	10.8%

表 5-16　$Q=950\ m^3/h$ 各参数方案下沿程阻力模拟值与实测值比较

（单位：Pa/m）

参数方案	实测值	网格数					
		3.8 万		7.38 万		18.8 万	
		模拟值	相对误差	模拟值	相对误差	模拟值	相对误差
方案一	320.7	330.6	3.1%	326.8	1.9%	323.5	0.9%
方案二	320.7	459.4	43.2%	453.8	41.5%	449.2	40.1%
方案三	320.7	425.1	32.6%	420	31.0%	415.8	29.7%

表 5-17　$Q=950\ m^3/h$ 各参数方案下沿程阻力模拟值与计算值比较

（单位：Pa/m）

参数方案	计算值	网格数					
		3.8 万		7.38 万		18.8 万	
		模拟值	相对误差	模拟值	相对误差	模拟值	相对误差
方案一	295.6	330.6	11.8%	326.8	10.6%	323.5	9.4%
方案二	373.4	459.4	23.0%	453.8	21.5%	449.2	20.3%
方案三	373.4	425.1	13.9%	420	12.5%	415.8	11.4%

3）流速分布

从图 5-21、图 5-22 可以看出，给定管道进口流速分布时，模拟得到的管道水流各断面流速均遵循湍流指数型流速分布，压强沿程降低，遵循沿程水头损失分布规律。验证了数值模拟对管道水流计算的准确、可靠性。

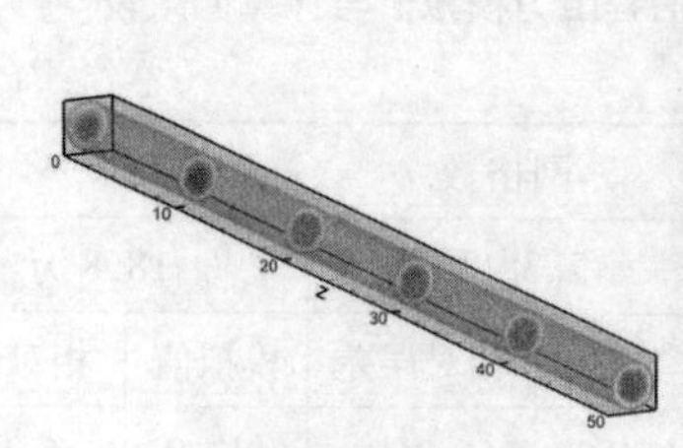

(a)沿程断面流速分布云图

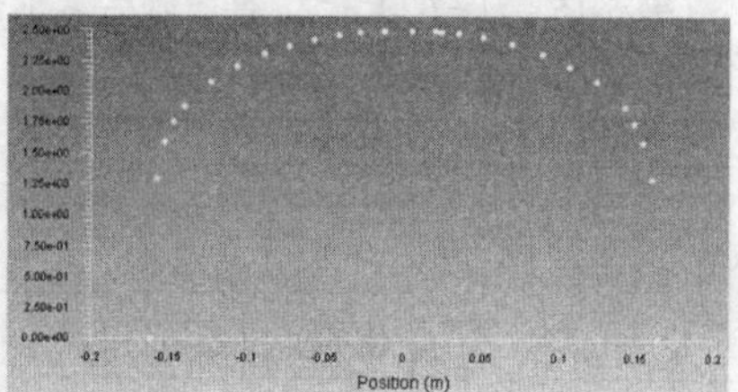

(b)出口断面沿管道直径流速分布

图 5-21　$Q=620\ m^3/h$ 管道水流流速分布

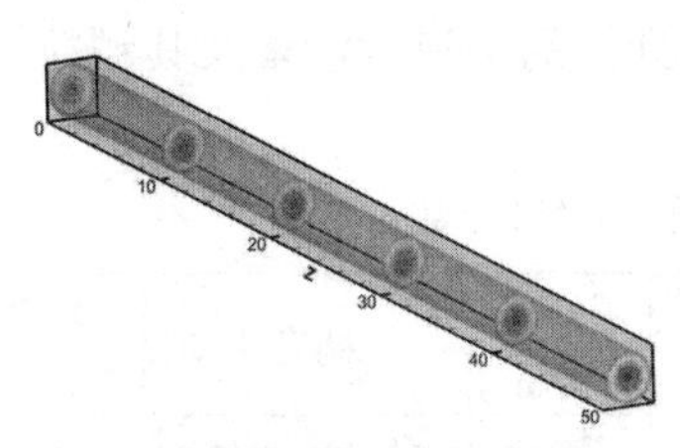

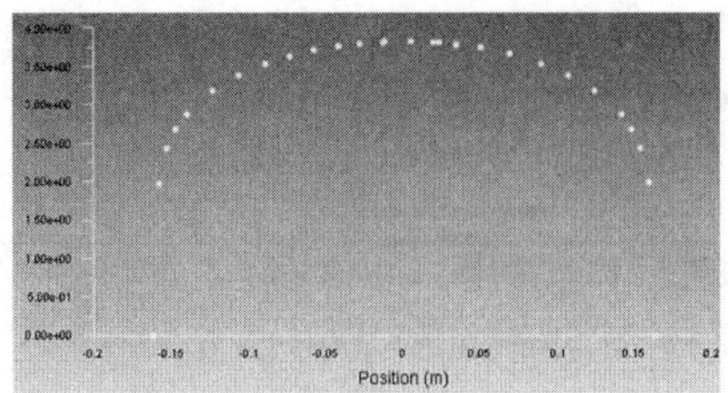

(a)沿程断面流速分布云图　　(b)出口断面沿管道直径流速分布

图5-22　$Q=950\ \mathrm{m^3/h}$ 管道水流流速分布

4)压强－阻力损失规律

综上所述,通过对管道层流流动和湍流流动数值计算模拟,并将湍流流动各方案参数模拟计算结果与计算值和实测值比较分析,可以看出,$Q=620\ \mathrm{m^3/h}$ 的压降测量结果比计算值偏大,$Q=950\ \mathrm{m^3/h}$ 压降测量结果比计算值略偏小(见图5-23、图5-24)。结合工程实际情况,综合分析后,选定粗糙度0.6 mm、粗糙常数0.6、湍流强度25%为合理参数组合,并进一步模拟计算管道含沙水流的三维流场信息,研究其沿程阻力规律。

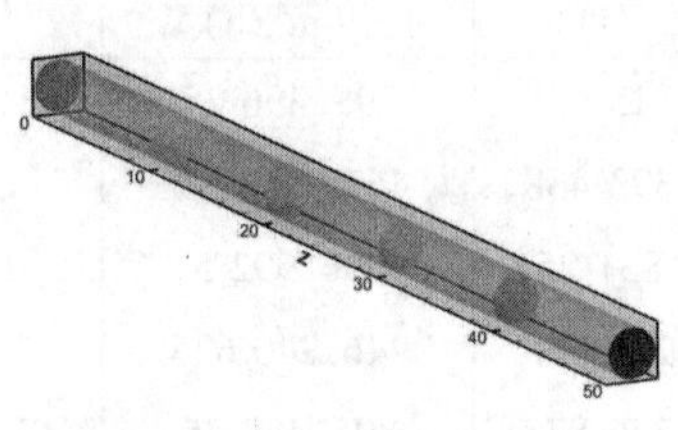

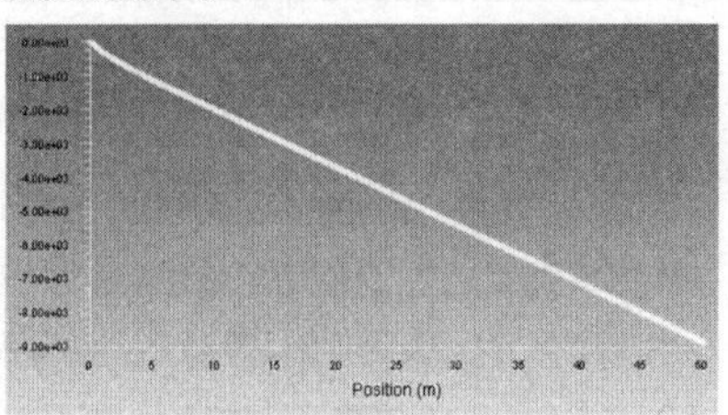

(a)沿程断面压强分布云图　　(b)沿管道中心线压强分布

图5-23　$Q=620\ \mathrm{m^3/h}$ 管道水流压强分布

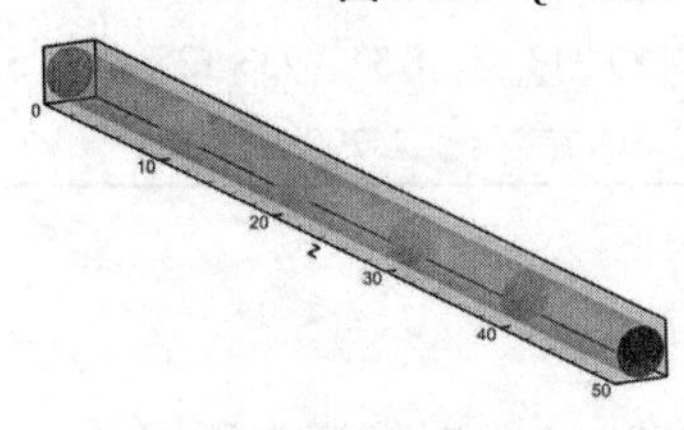

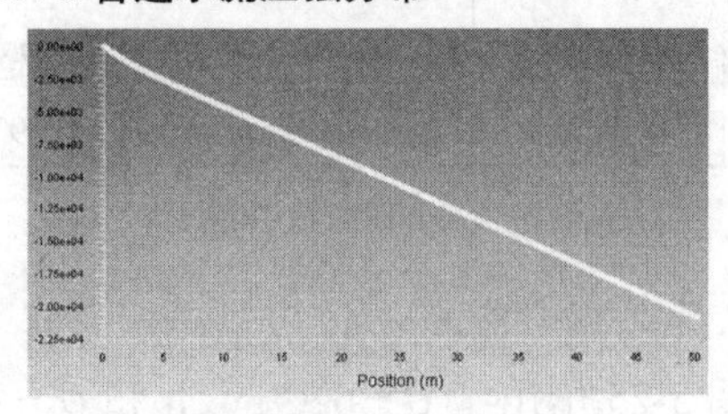

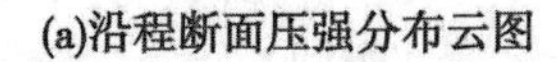

(a)沿程断面压强分布云图　　(b)沿管道中心线压强分布

图5-24　$Q=950\ \mathrm{m^3/h}$ 管道水流压强分布

5.1.3.3　计算结果与分析

在模拟管道直径325 mm,管长50 m,流量分别为620 $\mathrm{m^3/h}$ 和950 $\mathrm{m^3/h}$

时,以10 ℃的含沙水流进行管道湍流模拟计算的水流含沙量及其颗粒参数见表5-18。

表5-18　水流含沙量及其颗粒参数

质量浓度(kg/m^3)	体积浓度(%)	中值粒径(mm)	质量比	响应时间(ms)	稠密流动	沉降速度(cm/s)
99	3.74	0.047 4	0.10	0.31	过渡碰控型	0.108
279	10.53	0.051 2	0.31	0.38	过渡	0.121
600	22.64	0.05	0.78	0.33	稠密	0.126
1 000	37.74	0.05	1.61	0.33	稠密	0.126
1 200	45.28	0.05	2.19	0.33	稠密	0.126

再分别取体积含沙量10.53%、22.64%、26.42%和30.19%四种情况时,不同流速的阻力损失方案进行模拟,模拟含沙量和流速方案见表5-19。

表5-19　流速方案 C_V = 10.53%、22.64%、26.42%、30.19%时不同流速的阻力损失方案

v(m/s)	R = 0.162 5	$A = 3.14 \cdot R \cdot R$	Q(m^3/s)	Q(m^3/h)	U_{max}
1	0.162 5	0.082 915 625	0.082 915 625	298.496 25	1.195
1.5	0.162 5	0.082 915 625	0.124 373 438	447.744 375	1.79
2	0.162 5	0.082 915 625	0.165 831 25	596.992 5	2.39
2.5	0.162 5	0.082 915 625	0.207 289 063	746.240 625	2.988
3	0.162 5	0.082 915 625	0.248 746 875	895.488 75	3.586
3.5	0.162 5	0.082 915 625	0.290 204 688	1 044.736 875	4.18
4	0.162 5	0.082 915 625	0.331 662 5	1 193.985	4.78
4.5	0.162 5	0.082 915 625	0.373 120 313	1 343.233 125	5.38
6	0.162 5	0.082 915 625	0.497 493 75	1 790.977 5	7.172

注:U_{max}为按指数流速分布时管道中心最大流速。

1.水沙两相分布

图5-25给出了 Q = 620 m^3/h 和 Q = 950 m^3/h 时管道内不同含沙量下水沙两相流分布规律,可以看出,总体上随着含沙量的增加,管道底部含沙量逐渐增大,当含沙量增加至45.23%时,管道中水沙几乎为均一的砂浆。

各流量下管道中相对含沙量沿垂向分布见图5-26、图5-27。

2.流速分析

在两种流量下,分别作不同含沙量下管道横断面流速分布云图(见图5-28)。

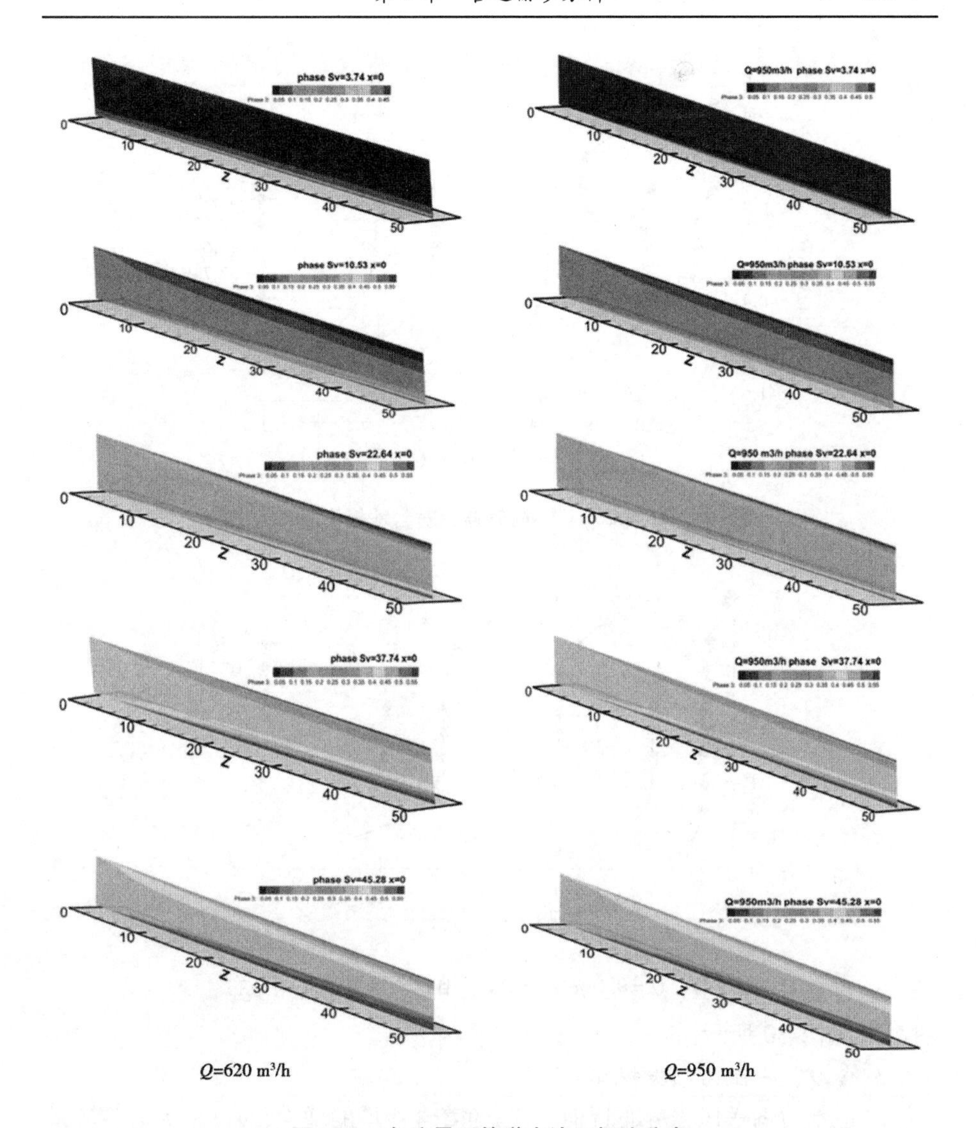

图 5-25　各流量下管道水沙两相流分布

由图 5-28 可见，在 $Q=620\ \mathrm{m^3/h}$ 时，由于沙粒的影响，速度分布逐渐不再关于管道中点对称，随着含沙量增大，最大流速点上移明显。可见小流量下，管道沙粒下沉，管道流速呈底部流速小而顶部流速大的分布规律。而在 $Q=950\ \mathrm{m^3/h}$ 时，随着含沙量的增大，管道流速依然呈顶部流速大而底部流速小的分布规律，但此时断面平均流速为 3.18 m/s，水流动能较大，挟沙能力大大提高，流速分布的不对称性显著降低。各流量下不同含沙量断面流速分布如

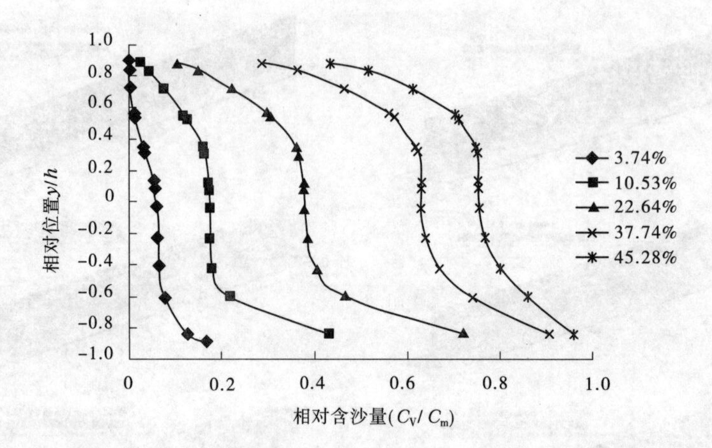

图 5-26　$Q=620\ m^3/h$ 时管道相对含沙量沿垂向分布

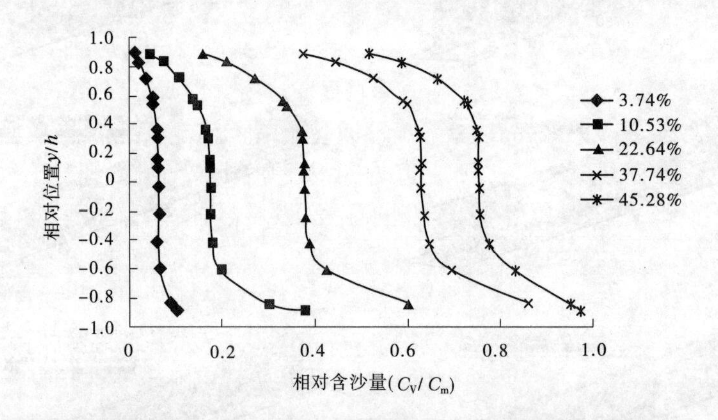

图 5-27　$Q=950\ m^3/h$ 时管道相对含沙量沿垂向分布

图 5-29、图 5-30 所示。

3. 含沙量－阻力损失规律

管道水力输送压强分布近似直线，随着含沙量的增大，坡度增大。各流量下管道不同含沙量时压强分布如图 5-31、图 5-32 所示。

可以看出，管道压压强沿程降低，随着含沙量的增大，压压强直线越陡，即阻力损失越大。将模拟结果分别与杜兰德阻力损失模型和陈广文阻力损失模型以及现场实测结果对比的情况如图 5-33、图 5-34 所示。

可以看出，模拟值与杜兰德模型和陈广文模型均符合良好，在流量 $Q=620\ m^3/h$、断面平均流速为 2.08 m/s 时，模拟值与实测值以及两种理论模型均符合良好；而在 $Q=950\ m^3/h$、断面平均流速为 3.18 m/s 时，实测值与模拟

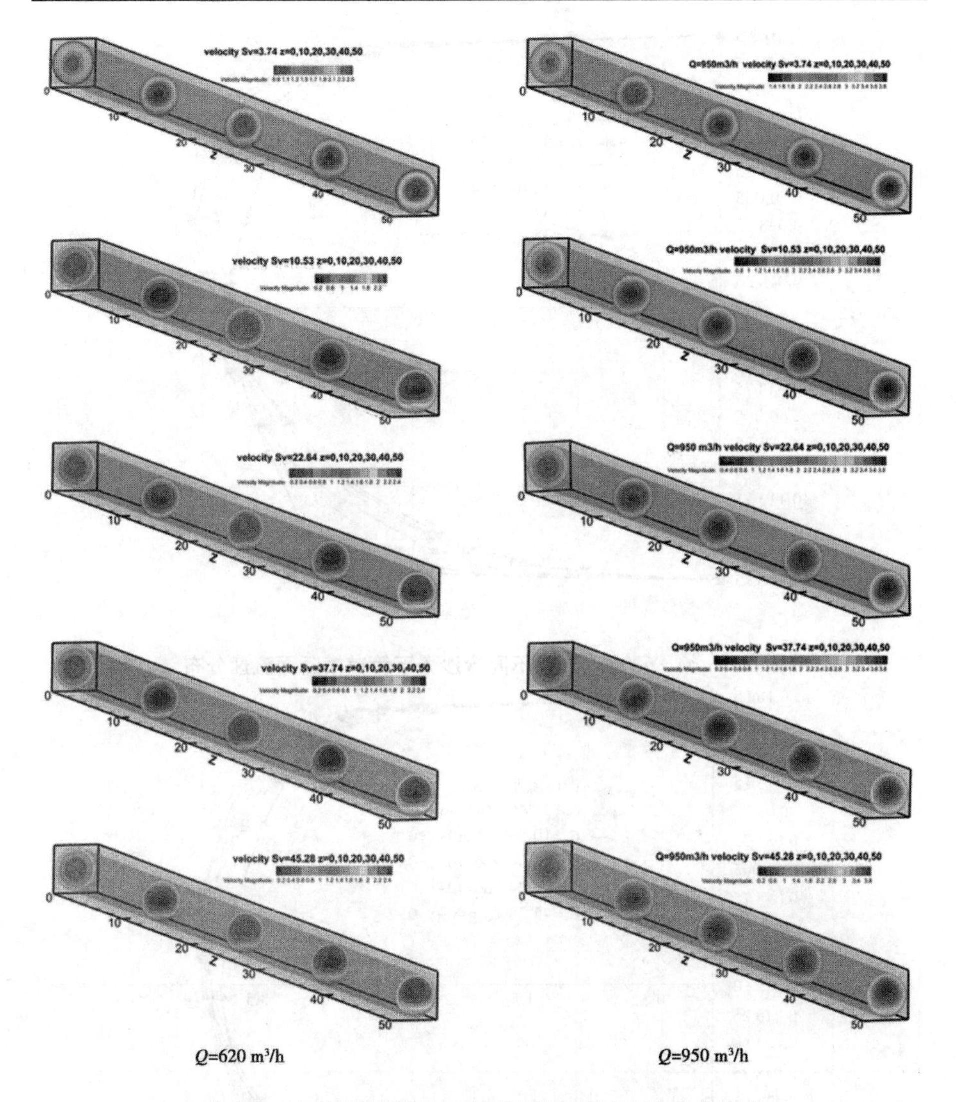

Q=620 m³/h　　Q=950 m³/h

图 5-28　各流量下不同含沙量下管道断面流速分布云图

值及理论值有一定的差值，但阻力损失规律一致，其差异的原因可能与现场测量的局限和测量误差有关。图 5-35 给出计算得到的不同流速下随着含沙量增加的阻力损失规律。

将计算结果与杜兰德阻力损失模型、陈广文阻力损失模型以及费祥俊阻力损失模型进行比较，并将计算和比较的阻力损失分别以压强和损失坡降计，结果如图 5-36 所示。

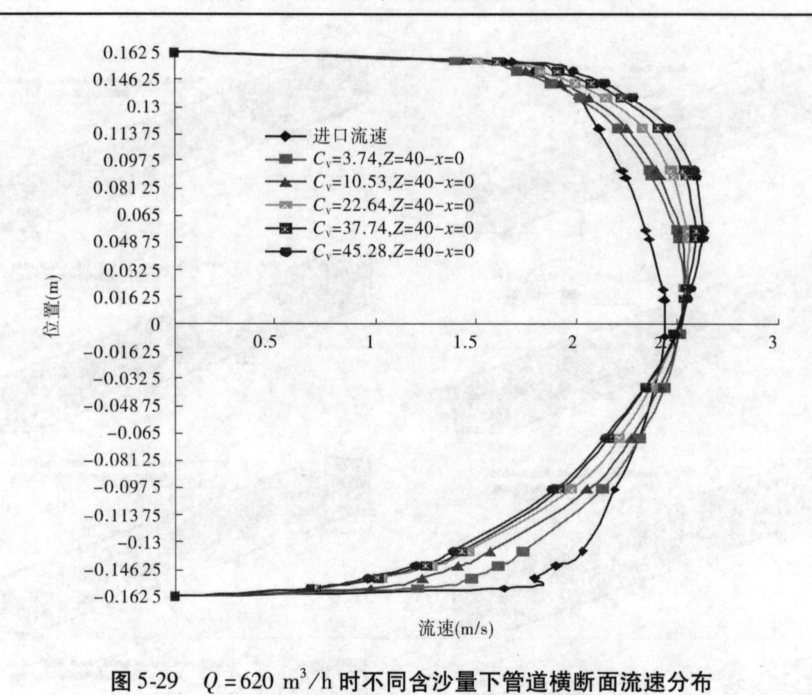

图 5-29　Q = 620 m^3/h 时不同含沙量下管道横断面流速分布

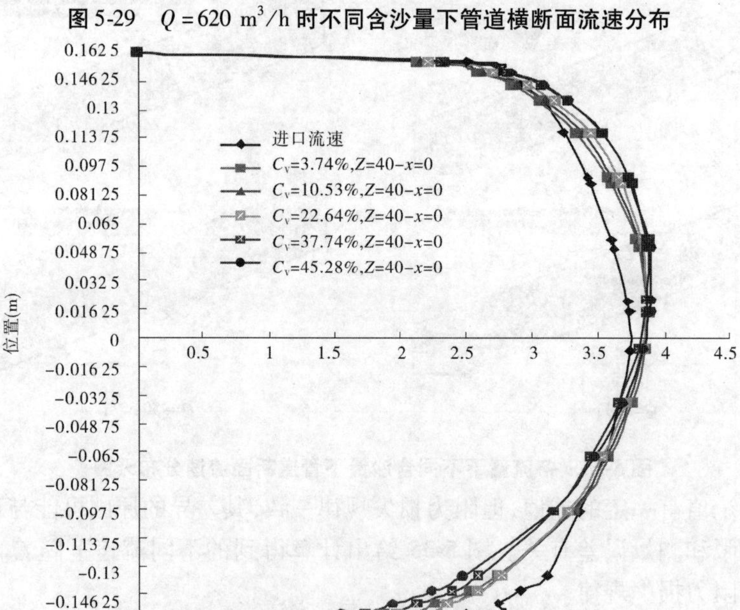

图 5-30　Q = 950 m^3/h 时不同含沙量下管道横断面流速分布

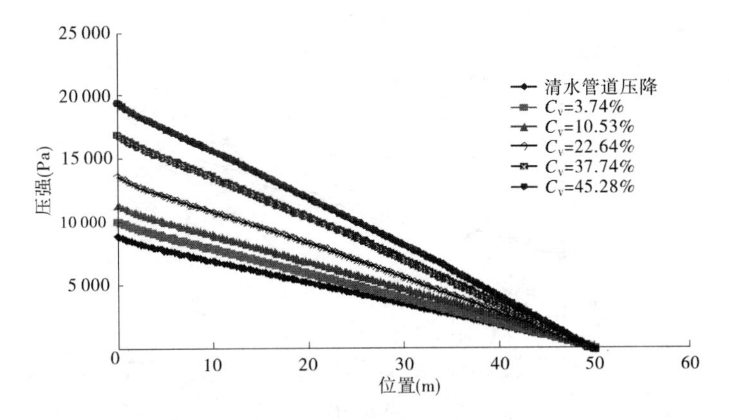

图 5-31　$Q=620\ m^3/h$ 时不同含沙量下管道沿程压强分布

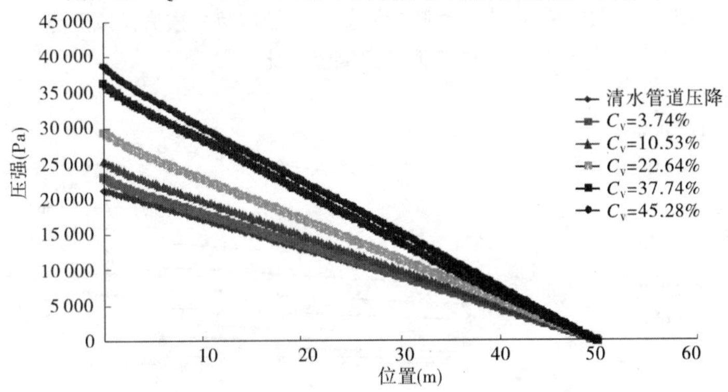

图 5-32　$Q=950\ m^3/h$ 时不同含沙量下管道沿程压强分布

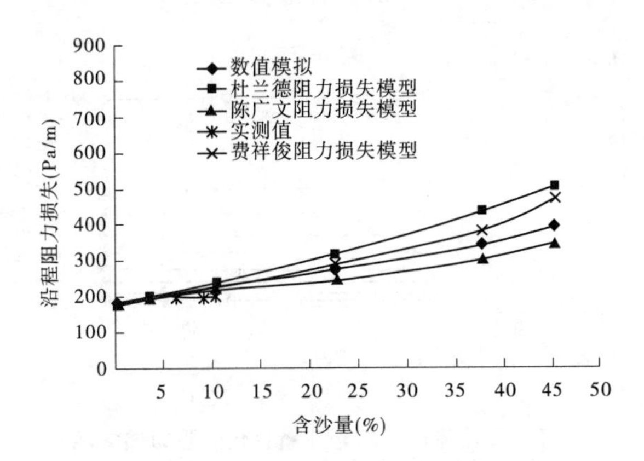

图 5-33　$Q=620\ m^3/h$ 时随含沙量增加沿程阻力损失模拟值与理论值及实测值对比

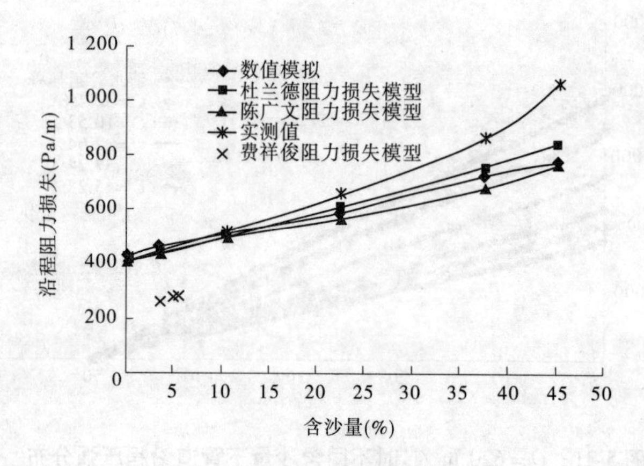

图 5-34　$Q=950\ m^3/h$ 时随含沙量增加沿程阻力损失模拟值与理论值及实测值对比

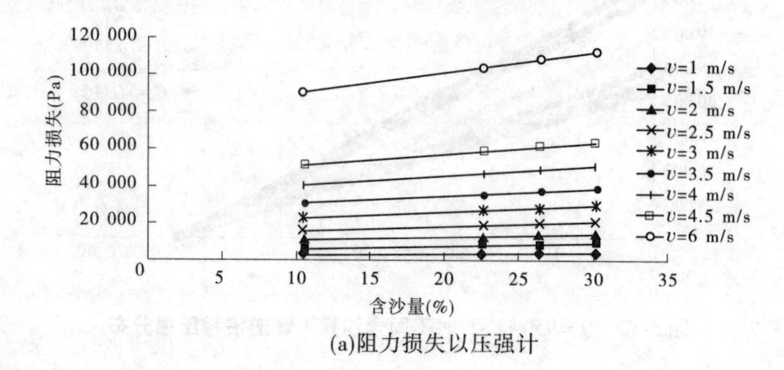

(a)阻力损失以压强计

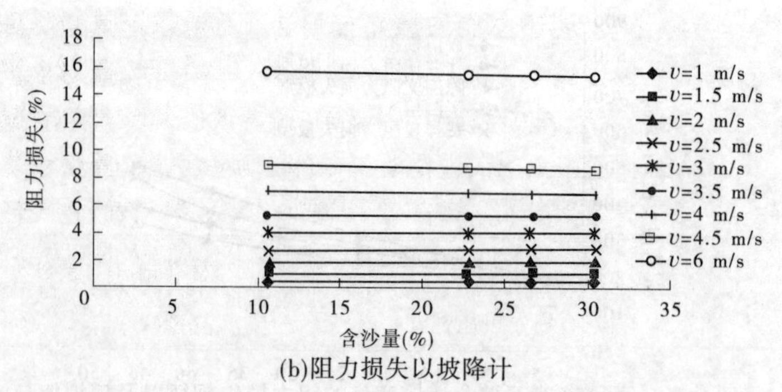

(b)阻力损失以坡降计

图 5-35　不同流速下随含沙量变化的阻力损失规律

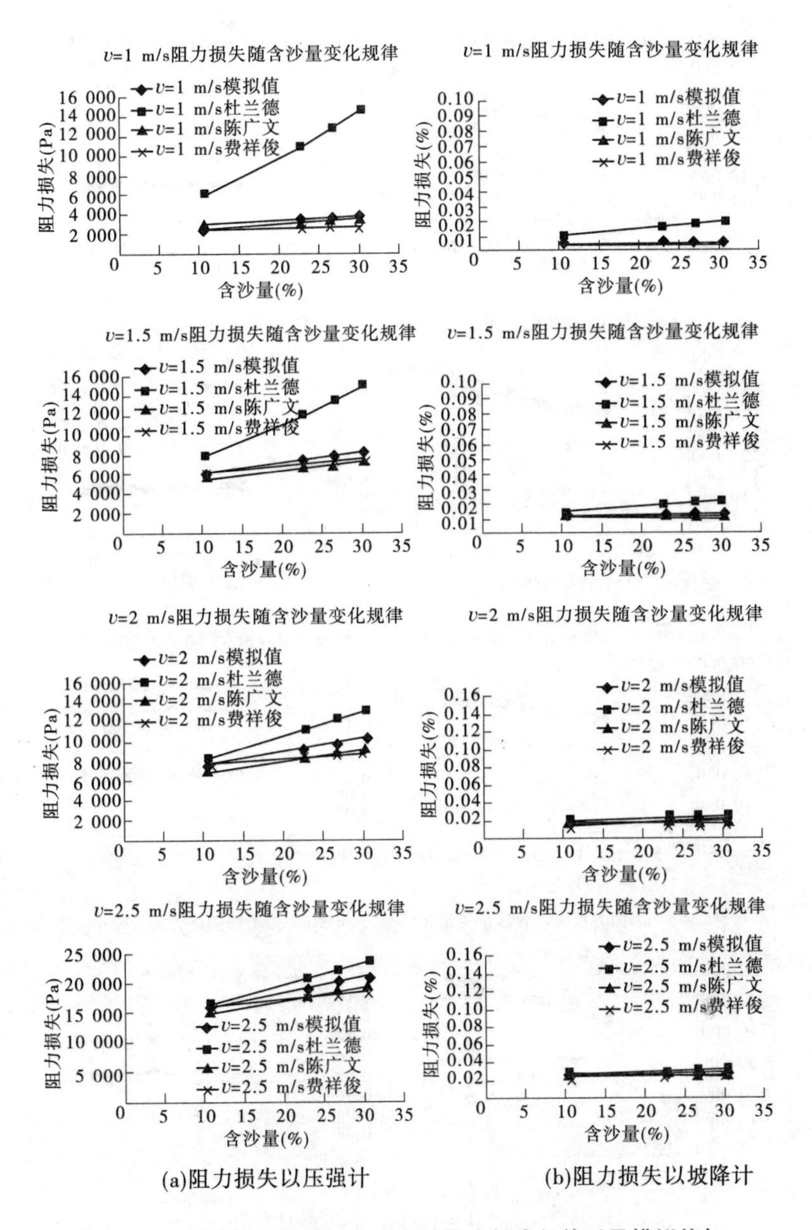

图 5-36　不同流速下随含沙量变化的阻力损失规律以及模拟值与各阻力损失模型计算值对比

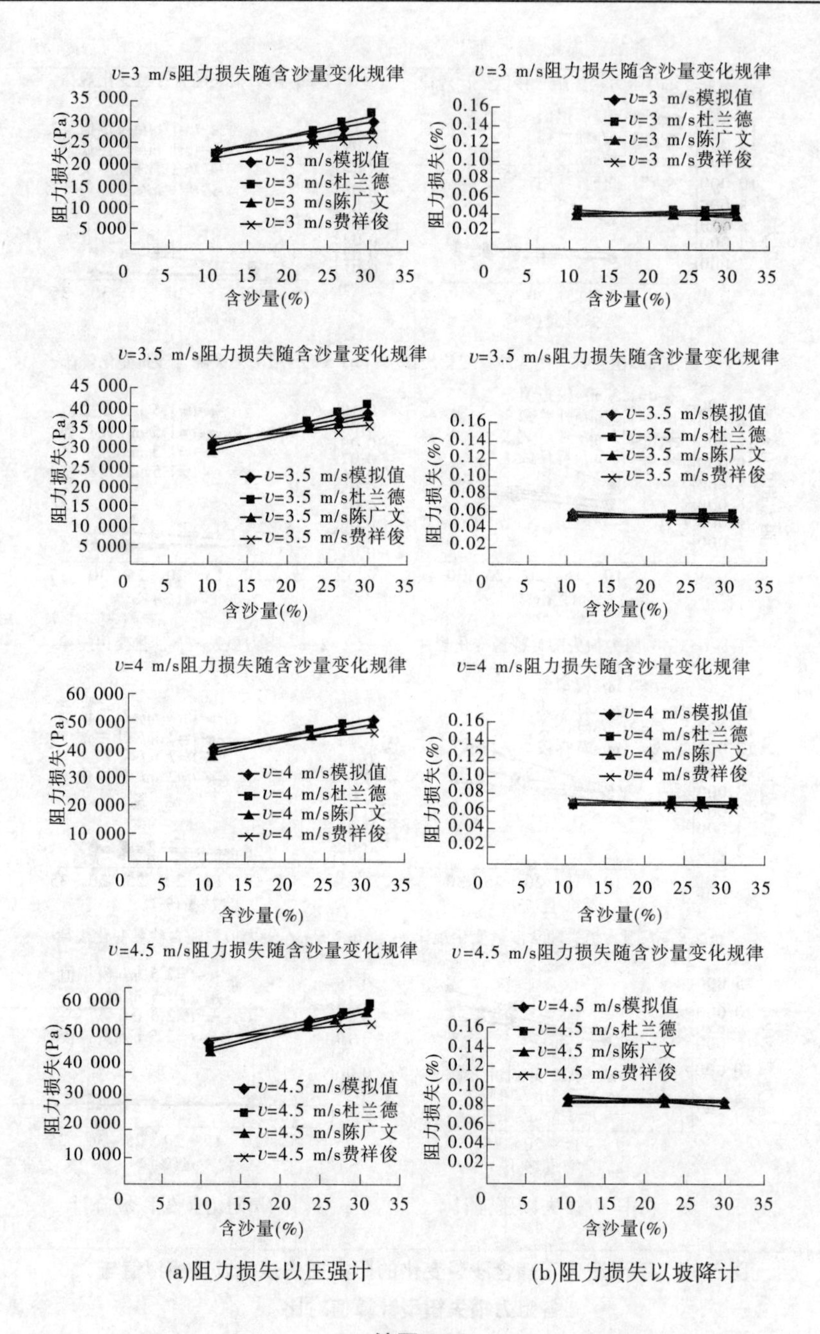

(a)阻力损失以压强计 (b)阻力损失以坡降计

续图 5-36

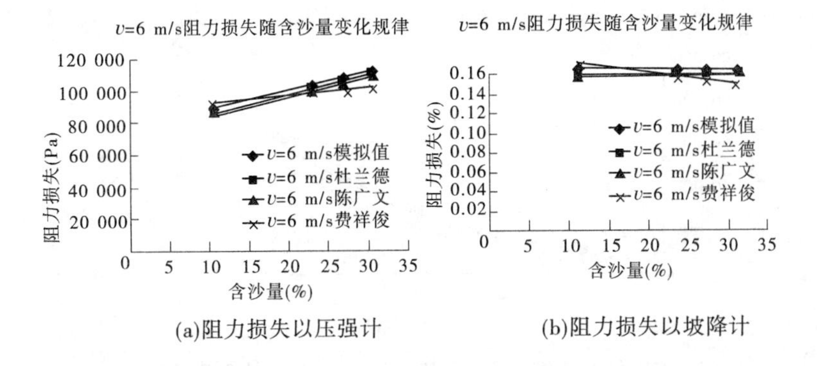

(a)阻力损失以压强计　　(b)阻力损失以坡降计

续图 5-36

4.流速-阻力损失规律

1)流速-阻力损失规律模型计算

按照杜兰德模型、陈广文模型和费祥俊模型计算得到的在同一含沙量下流速-阻力损失规律如图5-37~图5-42所示。

(1)杜兰德模型流速-阻力损失规律。

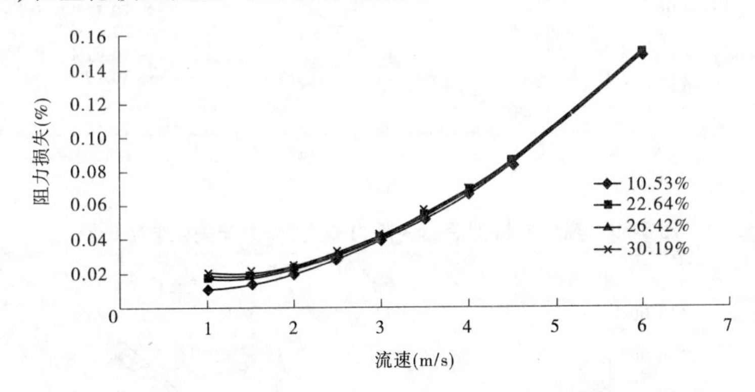

图 5-37 杜兰德模型流速-阻力损失(阻力损失以坡降计)

(2)陈广文模型流速-阻力损失规律。

(3)费祥俊模型流速-阻力损失规律。

2)流速-阻力损失规律模拟结果与模型对比

按照模拟计算方案得到在不同含沙量下,流速与阻力损失规律,并与上述中模型计算得到的流速-阻力损失规律对比。其中,不同含沙量下模拟计算得到的流速-阻力损失规律如图5-43、图5-44所示。

可以看出,在同一含沙量下,随着流速增大,阻力规律近似成指数分布形

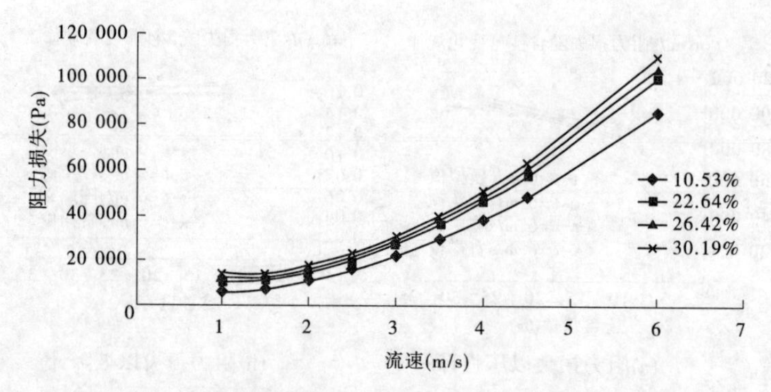

图 5-38　杜兰德模型流速－阻力损失(阻力损失以压强计)

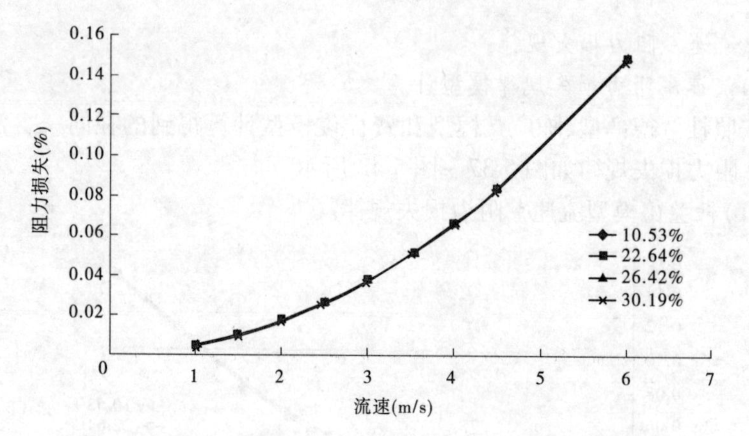

图 5-39　陈广文模型流速－阻力损失(阻力损失以坡降计)

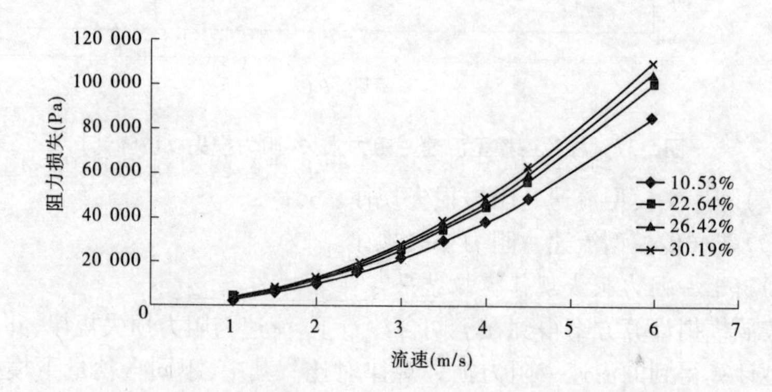

图 5-40　陈广文模型流速－阻力损失(阻力损失以压强计)

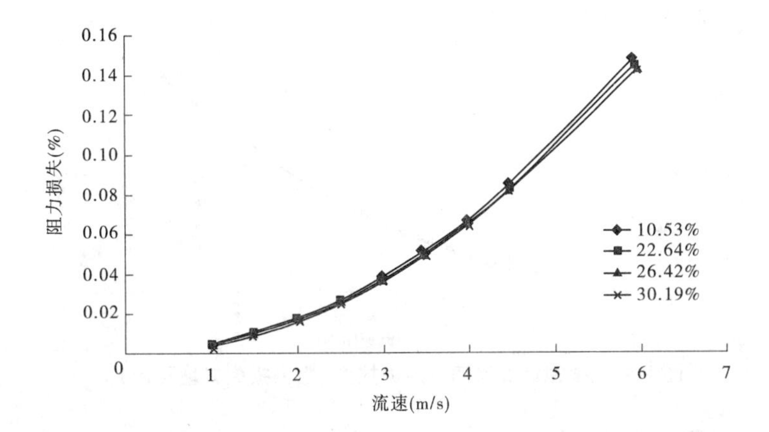

图 5-41　费祥俊模型流速 - 阻力损失(阻力损失以坡降计)

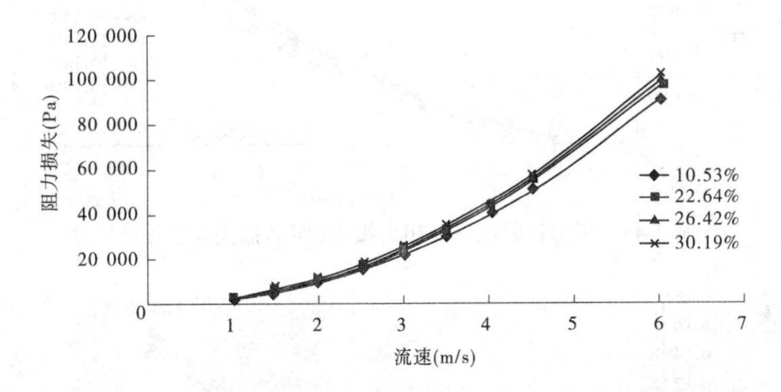

图 5-42　费祥俊模型流速 - 阻力损失(阻力损失以压强计)

式递增,而随着含沙量的增大,沿程压强损失增大,但损失坡降基本不变。模拟流速与阻力损失规律及模型计算得到的流速 - 阻力损失规律对比情况如图 5-45 ~ 图 5-48 所示。

可以看出,模拟得到的流速 - 阻力损失规律与模型计算得到的规律十分吻合,表明模拟计算的准确、可靠性。进一步分析发现,在小流速时,模拟值与陈广文模型计算结果符合得更好。

5.1.4　临界不淤流速分析

由于本次试验条件有限,无法定量地确定本次试验的临界不淤流速,因此

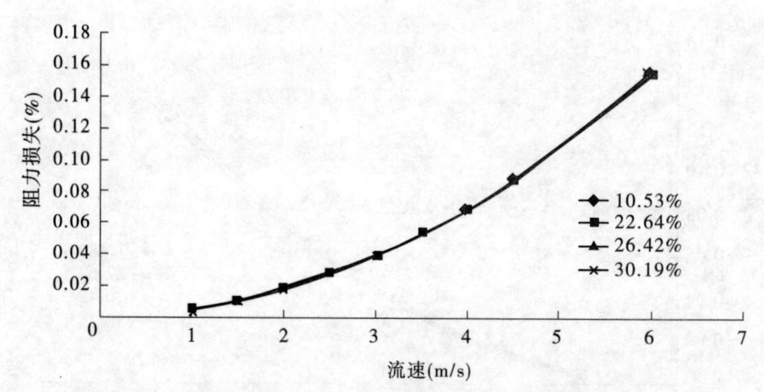

图 5-43　模拟计算流速 - 阻力损失(阻力损失以坡降计)

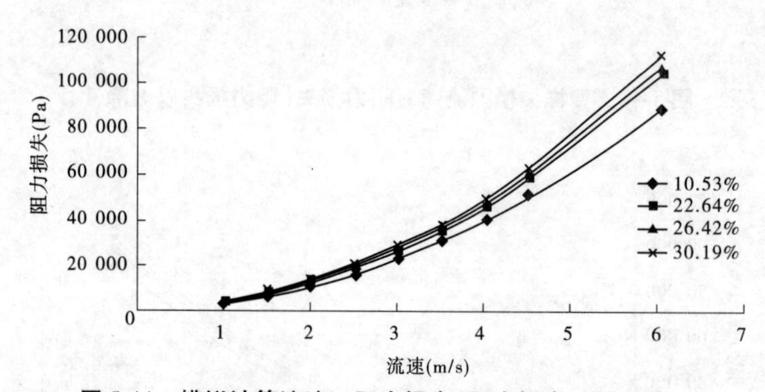

图 5-44　模拟计算流速 - 阻力损失(阻力损失以压强计)

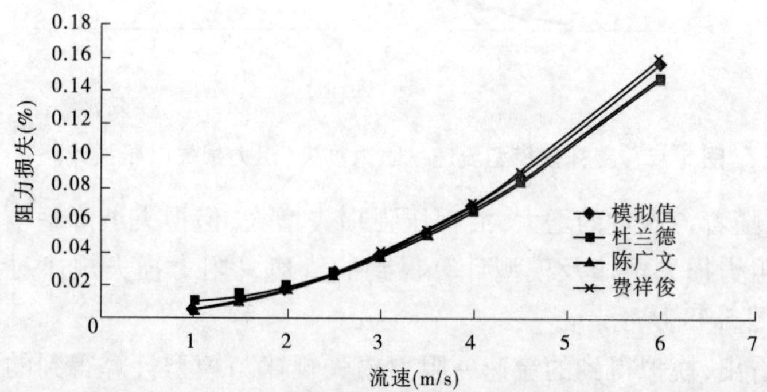

图 5-45　$C_V = 10.53\%$ 时,流速 - 阻力规律模拟值与模型计算值对比(阻力损失以坡降计)

通过对比他人试验的资料来对比分析各个临界不淤流速的计算模型,得出较为合理的模型,并代入本次试验数据进行分析计算。

5.1.4.1　模型分析

在之前章节中介绍的几种临界不淤流速计算模型,虽然各个公式考虑因

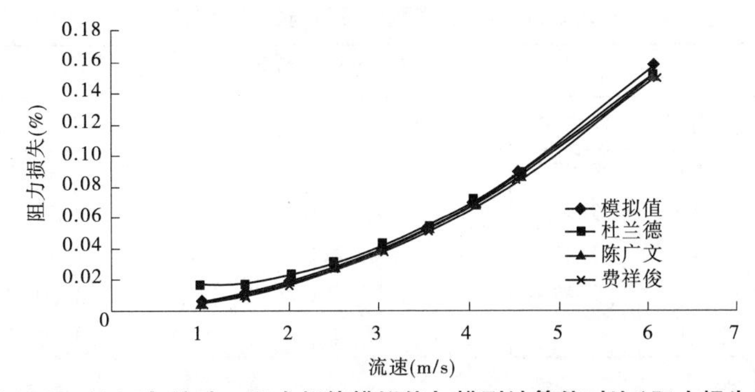

图 5-46　$C_V = 22.64\%$ 时，流速 - 阻力规律模拟值与模型计算值对比(阻力损失以坡降计)

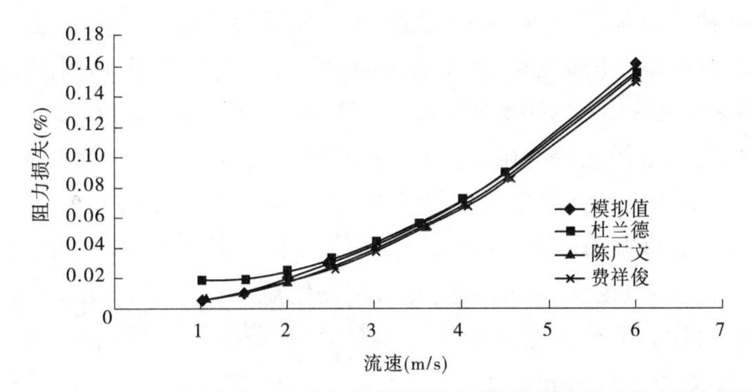

图 5-47　$C_V = 26.42\%$ 时，流速 - 阻力规律模拟值与模型计算值对比(阻力损失以压强计)

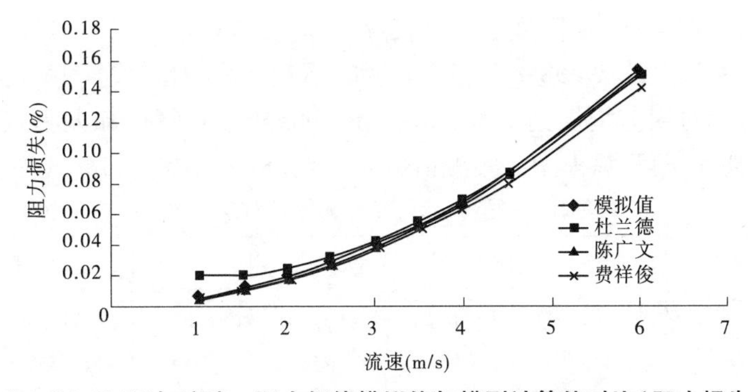

图 5-48　$C_V = 30.19\%$ 时，流速 - 阻力规律模拟值与模型计算值对比(阻力损失以坡降计)

素大体相同，但对同一系统来说各个公式计算的结果差别很大，下面以浓度对临界不淤流速的影响为主比较各个公式。采用丁达宏的试验数据：管径为 315 mm，固液密度比为 2.65，中值粒径为 0.17 mm，计算结果如表 5-20 所示。

表 5-20 各个模型计算值与实测值对比

浓度(%)	临界不淤流速(m/s)						
	实测值	费祥俊	杜兰德	wasp	spells	shook	蒋素绮
12	2.56	2.47	3.51	1.00	2.43	2.35	3.32
18	2.46	2.46	3.51	1.00	2.08	2.69	2.82
24	2.43	2.36	3.51	1.00	1.73	2.96	2.71
25	2.43	2.33	3.51	1.00	1.67	3.00	2.71
30	2.42	2.18	3.51	1.00	1.39	3.19	2.70

其中,杜兰德模型、wasp 模型中在中值粒径确定之后,临界不淤流速只与管径有关,且杜兰德模型和 wasp 模型适用于浓度为 2% ~15% 的浆体计算,故本次计算无论浓度如何变化,临界不淤流速都不改变,与实际情况相违背。实测值是随着浓度的增大而缓慢减小的,且范围是 2.42 ~2.56 m/s;而其他模型中,费祥俊模型的结果是随着浓度的变化先增大后减小,而且计算值普遍偏大;spells 模型计算的临界不淤流速有随浓度增大而减小的趋势,但相对实测值而言变化幅度较大;shook 模型的计算值明显比实测值偏大,并且随浓度变化的规律与实测值相反;蒋素绮模型与实测值规律一样,临界流速随着浓度的增加而减小,计算值比实测值稍大。相对而言,费祥俊模型、spells 模型和蒋素绮模型与实测值还有些相近点。

结合表 5-21 和图 5-49,在低浓度时,费祥俊模型与实测值差距很小,相对误差只有 3.54%;spells 模型也相对较近,相对误差只有 5%;蒋素绮模型则相差较大,相对误差达 29.58%。随着浓度的不断增大,费祥俊模型与实测值有所背离,且相对误差增加到 10% 左右;而 spells 模型计算值却大幅减少,与实测值相差甚远;蒋素绮模型比实测值偏大一点,相对误差在 11% 左右。

表 5-21 模型计算值和实测值相对误差对比

浓度(%)	实测(m/s)	费祥俊		spells		蒋素绮	
		计算值(m/s)	相对误差(%)	计算值(m/s)	相对误差(%)	计算值(m/s)	相对误差(%)
12	2.56	2.47	3.52	2.43	5.08	3.32	29.69
18	2.46	2.46	0	2.08	15.45	2.82	14.63
24	2.43	2.36	2.88	1.73	28.81	2.71	11.52
25	2.43	2.33	4.12	1.67	31.28	2.71	11.52
30	2.42	2.18	9.92	1.39	42.56	2.70	11.57

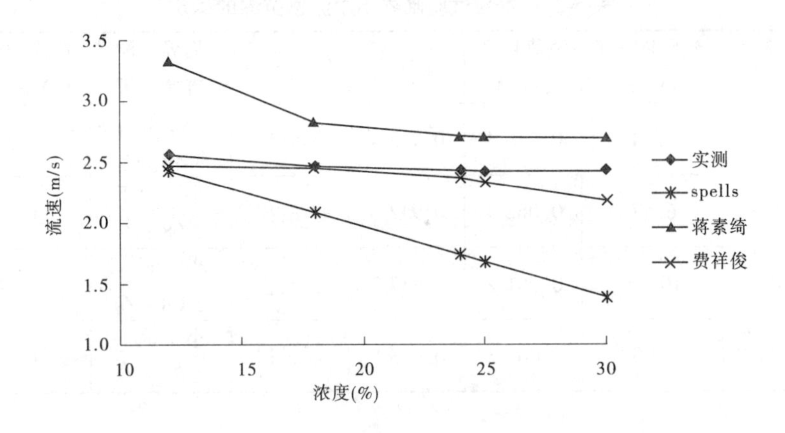

图5-49　模型计算值和实测值对比

相比之下,费祥俊型和蒋素绮模型与丁宏达的实测数据规律更相近。低浓度时(体积含沙量为12%以下),费祥俊模型比蒋素绮模型更接近丁宏达实测值。

总体来说,造成上述差别的原因,一部分是前述各个模型所采用的临界条件不尽相同,但更多的是反映了这些公式本身的局限性。有的是由小管径试验结果延伸到大管径时造成的误差,有的是自身考虑的因子还不够全面。

5.1.4.2　试验分析

本次管道试验中,泥沙中值粒径的范围是0.046 4~0.062 9 mm,含沙量浓度为4.84%~10.53%。从图5-49中可以看出低浓度时丁宏达的实测值与费祥俊模型最为相近,本次试验的含沙量浓度都比较低,因此选用费祥俊模型来试算本次试验的临界不淤流速。

根据表5-22可以得出结论,在本次试验中,各种情况管道均不发生淤积,由费祥俊模型计算的临界不淤流速均小于试验的输送流速,所以本次试验的输送流速是合理的。在阻力部分的分析中,流速为3.18 m/s的情况与模型结果拟合效果不够理想,两者相比较2.08 m/s的输送流速更为合理,因此在之后的预估分析中只针对流速为2.08 m/s的情况。这四组试验中,第三组的参数:含沙量279 kg/m^3(体积浓度10.53%),中值粒径0.051 2 mm时排沙比最大,所以接下来可以选择这一组参数来进一步分析。

表 5-22 本次试验临界不淤流速范围的确定

输送流速（m/s）	含沙量浓度（%）	中值粒径（mm）	排沙比	是否淤积	临界不淤流速范围	费祥俊模型计算值(m/s)
3.18	4.84	0.046 4	0.933 4	不淤积	小于等于3.18 m/s	1.35
2.08	6.57	0.062 9	0.932 6	不淤积	小于等于2.08 m/s	1.51
2.08	10.53	0.051 2	0.957 3	不淤积	小于等于2.08 m/s	1.54
2.08	9.09	0.060 3	0.913 5	不淤积	小于等于2.08 m/s	1.63

考虑到抽沙过程中粒径变化的随机性，可以确定输送参数中的中值粒径范围是 0.040 9 ~ 0.061 2 mm。下面分析中值粒径在此范围下，输送流速为 2.08 m/s 的合理性。

观察表 5-23 可知，随着中值粒径的波动变化，临界不淤流速和阻力坡降变化不大，误差在 10% 以内，且临界不淤流速计算值均小于输送流速 2.08 m/s。所以，可以确定 2.08 m/s 的输送流速是可行的，且实际的临界不淤流速是小于 2.08 m/s 的。在以后的分析计算中，可以将输送流速 2.08 m/s、中值粒径 0.051 2 mm 作为基本参数进行计算。

表 5-23 临界不淤流速和阻力坡降随粒径波动变化情况

体积浓度（%）	含沙量（kg/m³）	D_{50} = 0.040 9 mm		D_{50} = 0.051 2 mm		D_{50} = 0.061 4 mm	
		临界不淤流速(m/s)	阻力坡降（%）	临界不淤流速(m/s)	阻力坡降（%）	临界不淤流速(m/s)	阻力坡降（%）
3.77	100	1.19	1.822 4	1.29	1.830 8	1.36	1.840 9
7.55	200	1.36	1.881 0	1.46	1.895 6	1.56	1.913 2
11.32	300	1.44	1.931 3	1.55	1.950 2	1.65	1.973 1
15.09	400	1.49	1.975 0	1.60	1.996 7	1.69	2.022 9
18.87	500	1.50	2.014 4	1.61	2.037 5	1.72	2.065 5
22.64	600	1.32	2.052 8	1.42	2.076 3	1.51	2.104 7

5.1.4.3 对比分析

将本次得到的 2.08 m/s 的临界不淤流速与他人所做泥沙（密度为 2 650 kg/m³）管道输送试验研究所得到的临界不淤流速进行对比分析，见表 5-24。

表 5-24　与其他试验资料对比分析

试验者	管径(mm)	含沙量浓度(%)	中值粒径(mm)	临界不淤流速(m/s)
本次	325	10.53	0.051 2	2.08
丁宏达	315	12	0.17	2.56
费祥俊	148	16.89	0.17	1.5
Brown	150	20	0.17	4.17
	50	20	0.17	1.66
Roco	150	9.18	0.17	3.78
	50	8.41	0.17	1.66
杜兰德	150	11.9	0.44	3.49
	150	13.3	0.44	5.09

表 5-24 中数据体现了不同管径、浓度和中值粒径下的临界流速，将本次数据与其中几个试验者的数据详细对比分析。

从与丁宏达试验条件对比来看，本次试验条件中管径略大一点，浓度要比他的稍小，中值粒径几乎是他的 1/3，在管径和浓度都相近的情况下，中值粒径越小的，临界不淤流速越小，所以本次数据 2.08 m/s < 2.56 m/s 是合理的。

由于各位学者试验环境或是数据处理方法的不同，导致结果略有偏差，但从整体对比分析来看本次的临界不淤流速是合理的，即管径为 325 mm，浓度为 10.53%，中值粒径为 0.051 2 mm，临界不淤流速小于 2.56 m/s，以 2.08 m/s 作为输送流速合理。

5.2　管道排沙综合分析

基于试验分析，已初步得出了输沙浓度、泥沙粒径以及输送流速与管道阻力损失之间的关系，也讨论了临界不淤流速的取值范围和本次试验特定条件下的临界不淤流速，因此可定量分析本次试验的排沙可行性，并延伸到大管径、高浓度的实际工程项目中的排沙可行性分析。

5.2.1　现状排沙的可行性分析

5.2.1.1　现状的初步分析

在之前小节介绍到本次试验分析了 6 组不同参数下的浆体阻力损失，分析了每组情况下的排沙量和不同水头下的输送距离。

工作时间按每天 8 h,每个月 30 d 来计算。

月实际排沙量(万 t·月)=流量(m^3/h)×含沙量(kg/m^3)×8 h×30 d×排沙比 (5-11)

$$L = \frac{H}{i_m} \tag{5-12}$$

$$H = \frac{P_{始} \times 7.5 \times 13.6}{1\ 000} \tag{5-13}$$

式中:L 为输送距离,km;H 为输送水头,m;i_m 为输送时的坡降(%);$P_{始}$ 为起始断面压力,kPa。

式(5-13)是将压力值先乘以 7.5 转换为汞柱高,P(kPa)=7.5 mmHg 柱,再乘以 13.6 转换为水柱高,1 mmHg 柱 =13.6 mm 水柱。

首先从表 5-25 中的排沙量来看,本次试验中流量为 620 m^3/h(流速为 2.08 m/s)、含沙量为 279 kg/m^3、中值粒径为 0.051 2 mm 的月实际排沙量最大,为 3.97 万 t;其次在大流量情况下,坡降普遍偏大,与低流量低坡降情况相比,输送距离几乎相当,且大流量的情况下,阻力损失较大。因此,在现状条件下,选择低流量 620 m^3/h 输沙更经济合理。

表 5-25 不同条件下实际排沙量和输送距离

组号	流量(m^3/h)	含沙量(kg/m^3)	中值粒径(mm)	坡降(%)	月可排沙量(万 t)	排沙比	月实际排沙量(万 t)	起始断面压力(kPa)	起始断面水头(m)	输送距离(km)
1	950	99	0.047 4	2.69	2.26	0.933 4	2.11	290	29.58	1.100
2	950	140	0.041 0	2.88	3.19	0.933 4	2.98	300	30.6	1.063
3	950	146	0.050 9	2.69	3.33	0.933 4	3.11	290	29.58	1.100
4	950	清水		2.60				310	31.62	1.216
5	620	174	0.062 9	2.08	2.59	0.932 6	2.41	223	22.746	1.094
6	620	279	0.051 2	2.12	4.15	0.957 3	3.97	225	22.95	1.083
7	620	241	0.060 3	2.02	3.59	0.913 5	3.28	220	22.44	1.111
8	620	清水		2.41				255	26.01	1.079

5.2.1.2 现状的最佳输送

从前述的分析可知,无论是从输送时需要较小的坡降、临界不淤流速的合理性考虑,还是从月输沙量最大来考虑,本次试验中第 6 组的效果最好,其输送参数为:流量 620 m^3/h(流速 2.08 m/s)、含沙量 279 kg/m^3、中值粒径

0.051 2 mm。根据前面得出的费祥俊阻力模型与实测值拟合较好的结论，将不同浓度下的费祥俊模型计算结果，即临界不淤流速和水力比降列于表 5-26。其中临界雷诺数采用高含沙水流的有效雷诺公式计算，即 $Re=\dfrac{\rho mud}{\eta\left(1+\dfrac{2\tau_B R}{3\eta u}\right)}$，由前文分析得 500 kg/m^3 为牛顿体与非牛顿体的分界值，故当含沙量小于 500 kg/m^3 时，公式中 τ_B 为 0。

表 5-26　不同浓度下的费祥俊模型计算结果

体积浓度(%)	含沙量(kg/m^3)	浑水容重(kN/m^3)	动力黏滞系数($N\cdot s/m^2$)	修正沉速(m/s)	相对黏滞系数	刚度系数	临界雷诺数	临界不淤流速(m/s)	临界坡降(%)
3.77	100	10 410	0.001 3	0.001 8	1.20	0.001 5	466 551	1.29	1.835 82
7.55	200	11 020	0.001 5	0.001 7	1.45	0.002 1	368 629	1.46	1.900 74
11.32	300	11 631	0.001 8	0.001 5	1.79	0.002 8	283 928	1.55	1.950 21
15.09	400	12 241	0.002 1	0.001 3	2.25	0.004 0	213 132	1.60	1.996 67
18.87	500	12 851	0.002 4	0.001 2	2.89	0.005 7	155 078	1.61	2.037 51
22.64	600	13 461	0.002 9	0.001 1	3.83	0.008 5	28 524	1.57	2.076 26
26.42	700	14 071	0.003 5	0.000 9	5.25	0.013 3	17 136	1.42	2.118 02
30.19	800	14 682	0.004 3	0.000 8	7.52	0.021 8	10 122	1.30	2.170 72
33.96	900	15 292	0.005 4	0.000 7	11.47	0.038 2	5 876	1.18	2.247 57
35.85	950	15 597	0.006 1	0.000 7	14.60	0.052 2	4 444	1.12	2.301 78
37.74	1 000	15 902	0.006 9	0.000 6	19.06	0.073 4	3 339	1.07	2.372 29
41.51	1 100	16 512	0.009 1	0.000 5	36.05	0.160 7	1 833	0.94	2.592 49
45.28	1 200	17 122	0.0124	0.000 4	85.02	0.434 3	933	0.78	3.020 04
47.17	1 250	17 427	0.014 7	0.000 4	150.73	0.813 5	623	0.72	3.154 97
49.06	1 300	17 732	0.017 6	0.000 4	317.19	1.769 3	374	0.66	3.206 58

从图 5-50 及表 5-26 中可以看出，流速方面：输送流速应该大于计算的临界不淤流速，本工况输送流速为 2.08 m/s，故流速方面均满足要求；阻力方面：费祥俊模型在浓度 40% 之前坡降的增长趋势较缓，之后出现较陡的增长情况，所以浓度大于 40% 后应不予考虑。至于输送浓度方面，在之前章节中

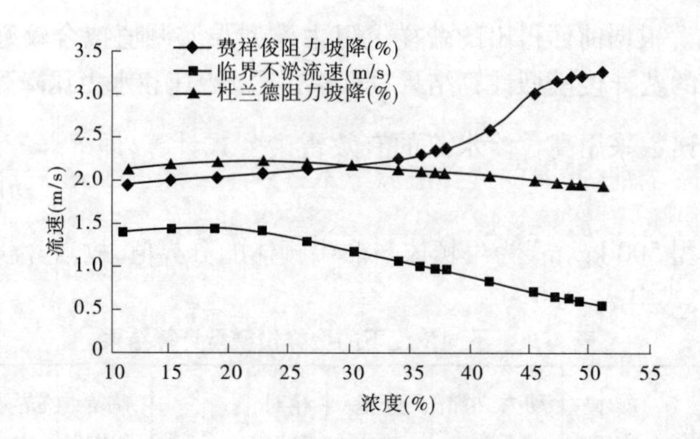

图 5-50　不同浓度下的临界不淤流速和坡降

分析得到实测值与杜兰德模型拟合情况仅次于费祥俊模型，在确定最佳输送浓度时可以综合考虑两个模型的阻力坡降与浓度的关系。杜兰德模型在浓度约为22%（含沙量 580 kg/m^3）时，管道输送的阻力损失最大约为 2.25%，所以应避开浓度为22%的情况。但在实际输送中应避免层流的输送方式，考虑到临界雷诺数大于 4 000 时流动状态为紊流，由表 5-26 知，在管径为 325 mm，中值粒径为 0.051 2 mm，输送流速为 2.08 m/s 的条件下，含沙量 950 kg/m^3 的临界雷诺数为4 444，大于4 000，相对应的浓度为 35.85%，尚处在费祥俊模型计算的阻力坡降增长趋势较缓的位置，同时浓度大于 23%，故将其作为本工况的最佳输送浓度。以试验中 22.44 m 的输送水头、流量 620 m^3/h 来计算，最佳输送浓度情况下，月排沙量达到 14.14 万 t，比之前增加了 241%。考虑到抽沙过程中粒径变化的随机性，可以确定输送参数中的中值粒径范围是 0.040 9 ~ 0.061 2 mm。几种参数月输沙量比较结果列于表 5-27。

表 5-27　本次试验与最佳输送的对比

名称	体积浓度(%)	含沙量(kg/m^3)	输送距离(km)	月排沙量(万 t)
本次试验	10.53	279	1.06	4.15
理论最佳输送	35.85	950	0.98	14.14
实际最佳输送	23.4	620	1.07	8.93

在综合考虑了临界不淤流速、阻力以及临界雷诺数后确定了本次输送的最佳输送浓度为 950 kg/m^3，但这个最佳输送浓度值在试验中是否能够达到是必须要讨论的。根据颗粒级配的资料，计算了 F 组的极限浓度值。

$$C_{\mathrm{Vm}} = 0.92 - 0.2\lg \sum \left(\frac{p_i}{d_i} \right) \tag{5-14}$$

式中：C_{Vm} 为极限含沙量；d_i、p_i 分别为某一粒径组的平均粒径及相应的质量百分数。

通过计算得 F 组的极限浓度为 54.5%，本次试验工况的最佳输送浓度为 35.85%，小于极限浓度。综上所述，高含沙水流管道输沙理论上是可行的。

由之前章节分析可知，在抽沙试验中含沙量的范围是 11.44～622.512 kg/m³，所以现有的抽沙装置较难达到含沙量 950 kg/m³，综合考虑实际情况及输送效率，选取最佳输送参数的含沙量为 600 kg/m³。此时临界雷诺数大于 4 000，可以形成紊流，水力坡降也比较小。以试验中 22.44 m 的输送水头、流量 620 m³/h 来计算，此浓度参数下，月排沙量达到 8.93 万 t，比试验情况增加了 115%，如表 5-27 所示。

由表 5-26 可知不同浓度输送情况下，临界不淤流速最大为 1.61 m/s，小于输送流速 2.08 m/s，从经济角度出发，可以减小输送流速，现计算输送流速为 1.75 m/s 时的输沙状况和临界不淤流速如表 5-28 所示。

表 5-28　1.75 m/s 输送流速下输送状况

含沙量（kg/m³）	浓度（%）	临界雷诺数	临界不淤流速（m/s）	坡降（%）	月排沙量（万 t）	输送距离（km）	
						50 m 水头	100 m 水头
100	0.04	392 531	1.40	1.310 7	1.25	3.81	7.63
200	0.08	310 145	1.59	1.364 8	2.51	3.66	7.33
300	0.11	239 218	1.69	1.409 3	3.76	3.55	7.10
400	0.15	179 570	1.73	1.445 9	5.02	3.46	6.92
500	0.19	130 658	1.74	1.476 8	6.27	3.39	6.77
600	0.23	21 120	1.50	1.504 8	7.53	3.32	6.65
620	0.23	19 081	1.49	1.510 4	7.78	3.31	6.62
700	0.26	12 631	1.43	1.533 8	8.78	3.26	6.52

由表 5-28 可知输送流速为 1.75 m/s 时，现状试验装备条件下不同浓度输送情况的临界雷诺数均大于 4 000，临界不淤流速最大为 1.74 m/s，小于输送流速 1.75 m/s，所以输送流速 1.75 m/s 可行。因此，现状试验装备条件下，当输送含沙量小于 620 kg/m³ 时，输送流速可在 1.75～2.08 m/s 范围调节。

综上所述，此试验中的理论最佳输送参数是流量 620 m³/h（流速

2.08 m/s)、含沙量为 950 kg/m³(浓度 35.85%)、中值粒径范围 0.040 9 ~ 0.061 2 mm。今后若能改善抽沙输沙设备,提高其性能,则可采用这一组输送参数。若考虑现在的实际情况,此试验中的实际最佳输送参数应是流速范围 1.75 ~ 2.08 m/s、含沙量为 620 kg/m³(浓度 23.40%)、中值粒径范围 0.040 9 ~ 0.061 2 mm。

5.2.2 管道输送能力预估

本次试验就是为了以后大规模、大范围地开展管道输沙工程,以减轻水库淤积所带来的危害,因此本书最后以前文分析的规律,按费祥俊阻力损失模型,对高水头、大管径、高浓度、长距离管道输沙的情况做出预测。

本小节仍以 2.08 m/s 流速、中值粒径 0.051 2 mm 为基本参数,对不同管径、水头、输沙浓度下的输送情况进行分析,管径分为 0.63 m、0.92 m、1.22 m,水头分为 50 m 水头和 100 m 水头。预估所用到的参数见表 5-29。

表 5-29　2.08 m/s 流速下不同管径的参数

管径(m)	流量(m^3/s)	清水阻力系数 λ
0.63	0.65	0.025 9
0.92	1.38	0.025 9
1.22	2.43	0.025 9

5.2.2.1 不同管径下最大输送含沙量的预估

首先通过计算不同管径下各种含沙量的输送情况,分析确定不同管径下的最大输送含沙量。表 5-30 ~ 表 5-32 分别列出了不同管径下的输送情况,为确保输送浆体的流动状态为紊流,根据临界雷诺数的计算值确定了三种管径的最佳输送含沙量分别为 960 kg/m³、1 000 kg/m³、1 000 kg/m³。

表 5-30　0.63 m 管径下的月排沙量和输送距离

含沙量(kg/m³)	浓度(%)	临界雷诺数	临界流速(m/s)	坡降(%)	月排沙量(万 t)	输送距离(km)	
						50 m 水头	100 m 水头
500	18.87	301 037	2.05	1.084 8	28	4.61	9.22
620	23.4	29 520	1.97	1.105 3	33.6	4.52	9.05
700	26.42	19 383	1.72	1.126 3	39.19	4.44	8.88
800	30.19	11 345	1.55	1.152 0	44.79	4.34	8.68

续表 5-30

含沙量(kg/m³)	浓度(%)	临界雷诺数	临界流速(m/s)	坡降(%)	月排沙量(万 t)	输送距离(km)	
						50 m 水头	100 m 水头
900	33.96	6 569	1.41	1.189 6	50.39	4.2	8.41
960	36.23	4 705	1.32	1.222 7	53.75	4.09	8.18
1 000	37.74	3 755	1.27	1.251 6	55.99	3.99	7.99
1 100	41.51	2 102	1.11	1.362 7	61.59	3.67	7.34
1 150	43.4	1 550	1.02	1.452 1	64.39	3.44	6.89
1 200	45.28	1 122	0.94	1.580 9	67.19	3.16	6.33
1 300	49.06	508	0.80	1.674 5	72.79	2.99	5.97

表 5-31　0.92 m 管径下的月排沙量和输送距离

含沙量(kg/m³)	浓度(%)	临界雷诺数	临界流速(m/s)	坡降(%)	月排沙量(万 t)	输送距离(km)	
						50 m 水头	100 m 水头
500	18.87	43 969	2.29	0.762 9	59.7	6.55	13.11
600	22.64	30 994	2.18	0.777 3	71.64	6.43	12.86
700	26.42	20 255	1.86	0.791 2	83.58	6.32	12.64
800	30.19	11 813	1.67	0.807 9	95.52	6.19	12.38
900	33.96	6 834	1.51	0.832 2	107.46	6.01	12.02
1 000	37.74	3 915	1.35	0.873 0	119.4	5.73	11.46
1 100	41.51	2 208	1.19	0.947 2	131.35	5.28	10.56
1 150	43.4	1 641	1.10	1.007 5	137.32	4.96	9.93
1 180	44.53	1 365	1.05	1.055 8	140.9	4.74	9.47
1 300	49.06	577	0.87	1.156 9	155.23	4.32	8.64

表5-32 1.22 m 管径下的月排沙量和输送距离

含沙量 (kg/m^3)	浓度 (%)	临界雷诺数	临界流速(m/s)	坡降 (%)	月排沙量(万t)	输送距离(km)	
						50 m 水头	100 m 水头
500	18.87	582 960	2.49	0.591 0	104.99	8.46	16.92
600	22.64	124 316	2.33	0.602 1	125.98	8.3	16.61
700	26.42	39 014	1.96	0.612 3	146.98	8.17	16.33
800	30.19	16 348	1.76	0.624 1	167.98	8.01	16.02
900	33.96	8 167	1.58	0.641 3	188.98	7.8	15.59
1 000	37.74	4 354	1.42	0.670 7	209.97	7.45	14.91
1 100	41.51	2 373	1.25	0.725 3	230.97	6.89	13.79
1 150	43.4	1 750	1.16	0.770 0	241.47	6.49	12.99
1 180	44.53	1 453	1.10	0.805 9	247.77	6.2	12.41
1 300	49.06	629	0.92	0.880 4	272.97	5.68	11.36

5.2.2.2 合理管径和临界流速的预估

单泵工况下流速为2.08 m/s、管径为0.325 m时的输送流量为620 m^3/h，即0.17 m^3/s，当管径为0.63 m时，输送流量为0.65 m^3/s(见表5-33)，相当于需要4台泵同时工作，而管径为0.92 m和1.22 m时则分别需要8台和14台泵同时工作，对于水上作业平台而言，泵的数量越多，越难以甚至不可能实现，同时0.92 m和1.22 m管径对应临界流速较大，部分值大于2.08 m/s。因此，为提高输沙效率，合适的管径只可能取0.63 m。

表5-33 2.08 m/s 时最佳输送浓度下的月排沙量和输送距离

管径(m)	流量 (m^3/s)	含沙量 (kg/m^3)	临界流速 (m/s)	坡降 (%)	月排沙量 (万t)	输送距离(km)	
						50 m 水头	100 m 水头
0.63	0.65	960	1.32	1.222 7	53.75	4.09	8.18
0.92	1.38	1 000	1.35	0.873 0	119.40	5.73	11.46
1.22	2.43	1 000	1.42	0.670 7	209.97	7.45	14.91

考虑实际工作中流速限定为2.08 m/s难以达到，将流速选为一个范围值较为合理。对于0.63 m管径，4台泵同时工作时，流速可达到2.21 m/s。2.08 m/s的输送流速比费祥俊公式计算的临界流速大，在实际工作时也可适

当减小输送流速,但流速的变化会引起临界雷诺数的改变,从而影响水流的流动状态,为此计算出保证输送浓度不变时,不同流速的临界雷诺数(见表 5-34)。

表 5-34　不同流速的临界雷诺数及临界流速

管径(m)	含沙量(kg/m^3)	2.2 m/s		2.08 m/s		2.00 m/s		1.9 m/s	
		雷诺数	临界流速(m/s)	雷诺数	临界流速(m/s)	雷诺数	临界流速(m/s)	雷诺数	临界流速(m/s)
0.63	960	5 226	1.32	4 705	1.32	4 371	1.29	3 969	1.28

从表 5-34 可知,在 0.63 m 管径下,若输沙过程中维持含沙量为 960 kg/ m^3不变,流速可以在 2.0 ~ 2.2 m/s 范围调整,低于 2.0 m/s 时临界雷诺数则低于 4 000。

从表 5-35 可知,管径为 0.63 m,含沙量为 960 kg/m^3,流速为 2.0 ~ 2.2 m/s 时的 50 m 水头输送距离为 3.68 ~ 4.4 km,100 m 水头输送距离为 7.36 ~ 8.8 km,月排沙量为 51.69 万 ~ 56.85 万 t。

表 5-35　含沙量为 960 kg/m^3 时的输送距离与月排沙量

管径(m)	含沙量(kg/m^3)	2.20 m/s			2.08 m/s			2.00 m/s		
		输送距离(km)		月排沙量(万 t)	输送距离(km)		月排沙量(万 t)	输送距离(km)		月排沙量(万 t)
		50 m 水头	100 m 水头		50 m 水头	100 m 水头		50 m 水头	100 m 水头	
0.63	960	3.68	7.36	56.85	4.09	8.18	53.75	4.4	8.8	51.69

5.2.2.3　含沙量限制下的管径和临界流速的预估

同样,考虑抽沙装置的实际抽沙能力,含沙量为 960 kg/m^3 较难达到,所以将最佳含沙量降到 620 kg/m^3。由于 0.92 m 和 1.22 m 的管径在实际生产中不合适,故这里就对管径 0.63 m、含沙量小于 620 kg/m^3 时的输送情况进行分析。由表 5-32 可知,当含沙量小于等于 620 kg/m^3 时,临界雷诺数均远大于 4 000,故下面只分析不同输送流速下的临界不淤流速情况,从而确定合理的输送流速范围。

实际输送过程中应考虑含沙量存在上下波动,因此临界不淤流速应随含沙量波动而变化。由表 5-36 可知,当输送流速为 2.00 m/s 时,部分浓度下临界不淤流速大于输送流速,故在实际应用中流速范围应为 2.08 ~ 2.20 m/s。

而理论最佳含沙量为一定值,相应临界不淤流速也为定值,实际中难以做到。故认为2.08~2.20 m/s的流速范围更符合实际。

表5-36　0.63 m管径时不同输送流速下的临界不淤流速

含沙量(kg/m^3)	临界不淤流速(m/s)		
	2.20 m/s	2.08 m/s	2.00 m/s
100	1.70	1.63	1.63
200	1.95	1.86	1.86
300	2.07	1.98	1.97
400	2.13	2.04	2.02
500	2.14	2.05	2.05
620	1.66	2.02	2.02

综上所述,当管径扩大到0.63 m时,考虑实际情况,最佳输送参数是:含沙量应为620 kg/m^3,输送流速可以在2.08~2.2 m/s范围调整,中值粒径仍为0.040 9~0.061 2 mm。输送情况计算结果见表5-37。

表5-37　含沙量为620 kg/m^3时的输送距离与月排沙量

管径(m)	含沙量(kg/m^3)	2.08 m/s			2.20 m/s		
		输送距离(km)		月排沙量(万t)	输送距离(km)		月排沙量(万t)
		50 m水头	100 m水头		50 m水头	100 m水头	
0.325	620	2.4	4.8	8.93	2.15	4.3	9.78
0.63	620	4.52	9.05	33.6	4.51	9.01	34.72

由表5-37可知:当管径为0.63 m、含沙量为620 kg/m^3、流速为2.08~2.2 m/s时,50 m水头输送距离为4.51~4.52 km,100 m水头输送距离为9.01~9.05 km,月排沙量为33.6万~34.72万t,是0.325 m管径的3.55~3.76倍。

5.3 结　论

依据本次试验所收集的实测资料,探讨不同粒径泥沙、浓度、管道流速等对管道输沙能力的影响,分析确定管道泥浆浓度、泥沙颗粒粒径、管道流速与管道摩阻损失之间的关系以及临界不淤流速的确定,推求了最小坡降下的输送浓度，根据各自输送流量计算月排沙量，并假设两种不同的输送水头求得相应的输送距离。可以得到以下结论：

(1)本次试验的浆体在含沙量小于 500 kg/m^3 时，浑水可视为属于牛顿体范畴；含沙量大于 500 kg/m^3 时，浆体属于非牛顿体范畴。

(2)根据不同阻力模型，计算分析管道阻力变化规律，结果表明：在同管径、同粒径情况下，流速为 3.18 m/s 时，阻力损失与各阻力损失模型拟合不够理想；当流速为 2.08 m/s 时，阻力损失与费祥俊阻力损失模型拟合较好，杜兰德模型次之，水力坡降随着浓度的增大而增大。

(3)通过数值模拟分析得出，模拟得到的含沙量和阻力损失规律与费祥俊模型拟合良好，在流量 Q = 620 m^3/h、断面平均流速为 2.08 m/s 时，模拟值与实测值以及理论模型均拟合良好，而在 Q = 950 m^3/h、断面平均流速为 3.18 m/s 时，实测值与模拟值及理论值有一定的差值，但阻力损失规律一致；模拟得到的流速－阻力损失规律与模型计算得到的规律十分吻合，相比之下，费祥俊模型拟合更为精确。

(4)在同管径、同浓度情况下，当流速为 3.18 m/s 时，水力坡降随着粒径的增加而减小；流速为 2.08 m/s 时，水力坡降随着粒径的增加而先减小后增大。水力坡降随着流速的增大而增大。

(5)在管径为 325 mm、浓度为 4.83%～10.53%、中值粒径为 0.040 9～0.061 2 mm 的条件下，临界不淤流速小于 2.08 m/s，以 2.08 m/s 作为输送流速合理。

(6)现状试验中在管径 0.325 m、流量 620 m^3/h(流速 2.08 m/s)、含沙量为 279 kg/ m^3(浓度 10.53%)、中值粒径为 0.051 2 mm 的参数组合下，管道排沙效果较好，月输沙量为 3.97 万 t；而此试验中的理论最佳输送参数可取流量 620 m^3/h(流速 2.08 m/s)、含沙量为 950 kg/ m^3(浓度 35.85%)、中值粒径为 0.040 9～0.061 2 mm，月排沙量为 14.14 万 t。若考虑实际情况，此试验中的实际最佳输送参数可取输送流速为 1.75～2.08 m/s、含沙量为 620 kg/ m^3(浓度 23.4%)、中值粒径为 0.040 9～0.061 2 mm，则月输沙量为 7.78 万～8.93 万 t。

(7)增加管径是提高输沙效率的有效途径，但对于水上操作平台而言，不同管径对其产生的负荷不同。按现状泵的工作能力，管径为 0.92 m 和 1.22 m 时，分别需要 8 台与 14 台泵同时工作，数量较多，不易实现。因此，将管径扩大为 0.63 m，此时 4 台泵一起工作，可以大大增加输沙效益。

(8)今后实际工程应用中，若以 2.00～2.20 m/s 的输送流速、0.040 9～

0.061 2 mm 中值粒径为基本参数,管径为 0.63 m 时,取理论最佳输送含沙量 960 kg/m^3,则 50 m 水头输送距离为 4.4 ~ 3.68 m,100 m 水头输送距离为 8.8 ~ 7.36 km,月排沙量为 51.69 万 ~ 56.85 万 t,是 0.325 m 管径条件的 6.4 ~ 6.6 倍;若考虑实际情况,实际最佳输送含沙量为 620 kg/m^3,流速范围为 2.08 ~ 2.20 m/s,此时 50 m 水头输送距离为 4.51 ~ 4.52 km,100 m 水头输送距离为 9.01 ~ 9.05 km,月排沙量为 33.6 万 ~ 34.72 万 t,是 0.325 m 管径的 3.55 ~ 3.76 倍。

第 6 章　抽沙及输沙试验可行性分析

6.1　高浓度泥沙远距离管道输送可行性分析

试验利用加工自动驳船作为抽沙平台,采用自主改进研制的抽沙泵以及射流装置作为抽沙装备,以自主研究、拼装的管道输送装备作为泥沙输送装置,安全有效地完成了高含沙水流远距离管道输送试验。试验装备基本可用于小浪底水库任何区域进行抽沙、输沙作业。试验操作简单、安全、有效,能够有效保证抽沙、输沙顺利和高效进行。

6.1.1　管道最佳输送参数可行性分析

根据管道输沙理论研究,结合考虑了临界流速、阻力以及临界雷诺数情况,提出本次试验在管径 0.63 m,中值粒径为 0.040 9 ~ 0.061 2 mm 下,最佳输送流速为 2.08 ~ 2.2 m/s、实际最佳输送含沙量为 620 kg/m^3(体积浓度 23.4%)。

根据管道阻力规律以及试验分析,结合实际情况,研究结果提出:在操作平台上布置 4 台抽沙泵同时抽沙,将输沙管道直径增加为 0.63 m,可提高输沙效率。本次试验中抽沙平台上实际布置 2 台抽沙泵,因此需增加布置 2 台抽沙泵。由于本次试验抽沙平台载重可达 280 t,平台长 27 m、宽 9 m,在平台的空间布置和承载方面,增加 2 台抽沙泵是完全满足要求的。本次试验在试验装备布置上,首先将抽沙泵抽沙的泥浆共同注入操作平台的集浆罐中,然后通过加压泵二次加压,后经输沙管道输送。因此,增加 2 台抽沙泵以后,只需相应调整集浆罐的尺寸大小,便可有效输沙。本次试验管道流速主要受加压泵的控制,管径增加后,只需对加压泵进行调整,就可以达到所需流速。综上所述,试验研究成果提出的增加 2 台抽沙泵,将输沙管道的直径增加为 0.63 m,在设备和技术上都是可行的。

针对提出的实际最佳输送参数,其最佳输送流速(2.08 ~ 2.2 m/s)为试验中实际采用的流速,因此其流速级已经达到。提出的最佳输送含沙量(620 kg/m^3),在小浪底库区抽沙试验中,实际抽沙含沙量曾达到过 620 kg/m^3,主要问题是维持时间较短。针对本次试验研制改进的深水抽沙泵抽沙浓度可达50%,而且在抽沙泵测试试验中实际抽取的泥沙浓度也达到38%,因此深水抽沙泵可以满足提出的浓度要求。其浓度维持时间较短的主要原因是水下沙板结严重,为稳定提高抽沙浓度,需进一步优化水下扰沙装备增加泥沙扰动,可通过购买或加工强扰沙装备,解决抽沙浓度偏低的问题。在试验操作中,抽沙泵抽取含沙量高低变化能够在抽沙操作平台电流表中直接显示,可根据电流变化及时调整抽沙泵深度,从而获得稳定的高含沙水流。综上分析,无论从试验装备还是试验操作上,最佳输送流速和最佳输送浓度在实际操作中都是可行的。

6.1.2 管道长距离输送可行性分析

6.1.2.1 管道远距离输沙系统设计与布置

在库区抽沙位置和出沙口位置确定后,总输沙管道长度就可确定,总输沙管道长度 L 为一定值,抽沙、输沙所需要的总扬程 H 可通过有能量加入的能量方程式求得:

$$z_1 + \frac{p_1}{\gamma} + \frac{v_1^2}{2g} + H = z_2 + \frac{p_2}{\gamma} + \frac{v_2^2}{2g} + h_f + \sum h_j \tag{6-1}$$

输沙管道的水头损失以沿程水头损失为主,局部水头损失和流速水头损失所占比重较小,根据水力学原理,计算时可忽略局部水头损失 $\sum h_j$ 和流速水头 $\frac{v^2}{2g}$,同时进出水口断面的压强均为大气压强,故有 $p_1/\gamma = p_2/\gamma$,另 $h_f = \frac{LQ^2}{K_2}$,整理后变为

$$H = z_2 - z_1 + \frac{Q^2}{K^2}L \tag{6-2}$$

式中:H 为管道输送所需总扬程,m;z_1 为进水口水面高程,m;z_2 为出水口中心线高程,m;Q 为抽沙泵额定流量,m^3/s;K 为流量模数,是综合反映管道断面形状、尺寸及边壁粗糙程度对输水能力影响的系数,在管道一定的情况下,随着含沙量的增大而减小。

根据抽沙泵和加压泵的扬程 H_t 以及管道输送总扬程 H 的比较,即可确定所需要的加压泵级数。当加压泵使用多年,达不到额定扬程时,应考虑实际情况确定。根据输沙长度和进出口的高程差、综合流量和管道情况,便可计算出输送一定距离所需总扬程,根据单个加压泵的额定扬程,便可计算出所需加

压泵数,以及加压泵级数。

系统各站间距离同样可以用有能量加入的能量方程式求得。将式(6-2)中的输沙距离所需总扬程 H 换为抽沙泵扬程 H_t,总输沙管道长度 L 换为系统各站间距离 L_t,整理后得

$$L_t = [H_t - (z_2 - z_1)]\frac{K^2}{Q^2} \tag{6-3}$$

根据加压泵的扬程就可计算出一次加压所能输送的距离,即可求得系统各站间的距离。根据试验提出的实际最佳输送参数,即管径为 0.63 m,含沙量为 620 kg/m^3,流速范围为 2.08 ~2.2 m/s 时,50 m 水头输送距离为 4.51 ~4.52 km,100 m 水头输送距离为 9.01 ~9.05 km。若以本次试验抽沙位置计算,通过管道输送至坝前 HH01 到 HH03 断面处,管道输送距离约 40 km,如果采用扬程 50 m 加压泵,则需要布置约 10 级加压;如果采用扬程 100 m 加压泵,则需布置约 5 级加压。加压泵实际布置中,可根据实际抽取含沙量以及加压泵的扬程相机布置。考虑输沙协调性等问题,长距离管道输沙中,应采用扬程较大的加压泵。

为了使各泵之间的输送协调一致地工作,应选用型号相近的泵型、等径的输沙管道。加压泵的泵型,选择扬程高一点的,以便在选择加压位置时有较大的余地。在实际运行中,当管道适当接长或缩短时,也可不移动加压泵位置。泵间加压最好使用柴油机驱动,一旦抽沙泵流量变化,可借助加压泵柴油机的喷油量来调节转速,以适应抽沙泵流量的变化。

此外,在加压泵具体布置时应考虑:加压泵入口处的压力在任何情况下都不低于大气压力,但也不能大于设计压力。例如,对于 3 mm 厚的钢管,排管工作压力应低于 3.0 kg/cm^2,以免破坏排管。

最后一级加压泵在整个系统中的位置应尽量满足其出力要求,并且其站后输沙距离不能低于其设计长度的 40%。若最后一级加压泵在整个系统中的位置达不到以上要求,则可适当压缩前面加力站间的输沙距离,增加最后一级加力站的输沙距离,这样可以降低消耗,提高经济效益,使整个系统协调运转,达到最佳状态。

在远距离输沙过程中,如果各级泵之间管道内的空气不能及时排除,致使管道内压力骤增,从而导致管道经常发生焊缝“开口”和管道间“坐管子”的现象,同时由于管道内空气的存在,使加压泵“吸空”现象频繁,抽沙整体震动加剧,抽沙轴承及叶轮损坏严重,盘根使用寿命减少、更换次数增多,增加了工程成本,降低了生产效率。因此,需在加压泵前、后增设“排气阀”,既能使管道

内的空气在开机后及时排出,又能在正常运转时使管道内的空气可绕过加压泵,不但有效地解决了上述问题,而且输沙距离也大大提高,效果非常明显。

为了各泵之间的协调工作,各泵之间必安装精确的测量仪表,以显示加压装置的运行状况。在抽沙泵入口处安装真空表,用以显示泥浆浓度,在加压泵出口处安装压力表,用以显示排管压力。根据各处压力变化调整加压装置。

为防止管道淤积,对一定颗粒的床沙,输沙距离不宜超过规定距离。在一定输沙距离内,不宜超过最大含沙量。在安装配套时,应尽量少用阻力较大的胶管,以减少沿程水头损失,力求减少闸阀、弯管、渐变管、变形管、管道接头和附件等局部摩阻造成的水头损失。

6.1.2.2 管道远距离输沙系统运行管理

在长期的淤背固堤生产实践中,逐渐摸索出长管道远距离输沙系统的运行管理经验和技术要求。

1. 开、停机

开机:在管道远距离输沙系统开机准备工作全部完成后,从上至下顺序开机,即在抽沙泵开机约10 min后第一级加压泵前排气阀开始排气,待气排净开始排水时,合上离合器使第一级加压泵正常运行,第二级加压泵开机程序同第一级加压泵。在运行过程中,要随时注意调整加压泵的转速,以适应抽沙泵流量的变化。

停机:首先从抽沙泵开始,抽沙泵停机后,加压泵前压力下降,此时加压泵主机应减小油门,待泵后压力降至一定值时即可停机。

2. 协调各站机泵出力,确保整个系统正常运转

在管道远距离输沙系统正常运转生产中,抽沙泵起着非常关键的作用,它决定着整个系统的出水量和含沙量。抽沙泵应出满力,使泵后压力稳定在一定范围,保证足够的出水量。输水含沙量的高低可通过抽沙泵泵前电流表读数进行判断,电流表值大,相应的含沙量高,电流表值小,相应的含沙量低。

加压泵同样应根据泵前、泵后压力值来调节主机油门,使其运行平稳,协调出力。一般情况下加压泵不允许出现负压,泵前压力过大则说明该级加压泵出力不足造成阻水,易造成管路淤积、管道接头滑脱或鼓裂胶管等事故;泵前压力若为负压会造成机泵运行不稳,主泵轴套石棉填料磨损加快,甚至吸扁胶管。泵后压力受管道内流量、含沙量、管道长度、布置方式等因素的影响,其压力过大则说明管道阻水或下级加压泵出力不足,应根据情况及时处理。

3. 配备通信联络系统,加强各级间联系

管道远距离输沙系统由于距离较长,必须配备通信联络系统以加强各级

加压泵间的联系。及时联系情况能够使各级负责人对各站的机泵运转情况、出水口流量、含沙量以及加压泵管路事故等情况及时了解掌握，并据此正确有效地指挥和协调各级间的运行，提高生产效率，减少事故和损失。

4. 坚持维修保养制度

为使管道远距离输沙系统保持良好的运行状态，减少机泵事故对生产的影响，坚持对各级加压泵进行经常性、规律性的维修保养是非常必要的。在运转时，要保持泥泵叶轮完整，力求达到额定转速，要经常检查胶管有无重皮、内部撕裂现象，及时清除吸头处的杂物，严防吸头被杂物覆盖。

6.2　输沙效益分析

本次试验费用主要包括设备租赁费、燃料费、人工费、后勤保障费用等。租赁费包括水上抽沙平台、发电机组、交通运输船、加压泵等租赁费，燃料费，主要是整个抽沙平台的燃料消耗费以及运行抽沙泵燃料消耗费，人工费主要包括人员工资费用，后勤保障费主要包括场地占用、作业人员生产生活后勤供应等费用。

在试验正常进行中，燃料费方面，整个抽沙系统每小时的耗油量为柴油50 L，燃料费用为每小时357.5元；人工费方面，本次现场试验正常作业时需要20名工人，按照每人每天150元，每天工作10个小时计算，每小时的人工费为300元；租赁费方面，水上抽沙平台租赁费每月40 000元、发电机组每月22 000元、加压泵每月4 000元，交通运输船等租赁费每月10 000元，设备租赁费合计为每月76 000元，按照每月30 d，每天工作10 h计算，每小时抽沙试验所需租赁费为253.33元；其他生活费、工具材料费等杂项费用平均每月20 000元，按每月30 d，每天工作10 h计算，其他杂项支出为每小时66.67元，以上各项费用合计为977.5元/h。因此，实际抽沙过程中，按照每天工作10 h，每月工作30 d计算，每月约花费29.32万元。

两台抽沙泵每小时流量为800～1 000 m^3/h，按照水流中含沙量为400 kg/m^3计算，单泵每小时将抽取160～200 t泥沙，按照每天工作10 h计算，每天抽沙3 200～4 000 t，考虑到实际生产作业中，设备检查以及设备移动、固定时间，每月实际抽沙工作约为25 d，因此每月30 d抽沙为8万～10万t。根据每月抽沙量和实际费用情况，计算抽取每吨泥沙的费用为2.93～3.66元。如采用实际最佳输送参数方案（管径0.63 m、流速2.08～2.2 m/s、、含沙量620 kg/m^3），单泵每小时可抽取泥沙360～380 t，抽沙效率大大提高。

6.3 抽沙对库区测验项目影响分析

抽沙施工影响对库区测验项目影响主要分为对常年观测项目的影响以及对定期观测项目的影响。根据试验分析论证，抽沙施工对常年观测项目有一定的影响，但影响较小，且抽沙施工通过空间上避开测验断面以及加强施工管理，可降低甚至消除对常年观测项目的影响；抽沙施工对定期观测项目的影响通过时间和空间上错开的方式有效解决。

6.3.1 库区抽沙对常年观测项目的影响

6.3.1.1 库区水沙因子测验

库区水沙因子测验有桐树岭和河堤两个水沙因子站。桐树岭水文站位于河南省济源市大峪乡桐树岭村，基本断面距小浪底水库大坝上游 1.32 km；河堤水沙因子站位于山西省垣曲县安窝乡河堤村，距小浪底大坝 64.7 km。

观测和测验主要项目有水位、水温、比降、含沙量、水力泥沙因子、异重流、泥沙颗分、河床质等。水沙因子站汛期一般为每周进行一次流量和含沙量测验，调水调沙及异重流测验期间为每天一次。非汛期每月进行一次流量及含沙量测验。

本次试验抽沙区域距离测验断面较远，不影响水沙因子测验，所以在此不考虑抽沙对库区水沙因子测验的影响。在以后开展抽沙时，应尽量避开测验断面，留一定的距离使得测验断面一定区域内泥沙稳定，减小对测验断面流速和含沙量观测的影响。

6.3.1.2 库区水位观测

库区尖坪、白浪、五福涧、河堤、陈家岭、西庄 6 个水位站常年进行库区水位观测。由于水位观测基本上在岸边进行，而抽沙作业机械及其管道距离岸边较远，初步分析对其不会造成什么影响，但应注意抽沙作业船只及人员流动对岸边水尺组的意外损坏或碰撞，水尺组附近设置警示标志，尽量减少非观测人员和船只的靠近，加强人为保护。

6.3.1.3 库区支流三站水沙测验

库区支流水文站有亳清河皋落站、西阳河桥头站和畛水石寺站。三站均属于小河站，测验项目有水位、流量、含沙量、输沙率及泥沙颗粒级配等，测验设备为水文缆道吊箱测验，无测船。方案设计库区抽沙作业主要在主河道位置附近，加上支流三站水沙测验无测船作业，分析认为不会对其造成影响。

6.3.2　库区抽沙对定期观测项目的影响

6.3.2.1　库区淤积测验

小浪底库区布设断面 174 个，干流设 56 个，平均间距为 2.20 km。以黄河 40 断面为界，上段河长 54.02 km 布设 16 个断面，平均间距为 3.38 km；下段河长 69.38 km 设 40 个断面，平均间距为 1.73 km。在一级支流 28 条、二级支流 12 条共布设淤积断面 118 个，控制河段长 179.76 km，平均断面间距为 1.52 km。

库区淤积测验汛前一般在 4 月 20 日开始，汛后一般在 10 月 10 日开始，汛期在发生较大入库洪水后进行。观测项目有水下地形测量、最高水位以下的陆上地形测量、河床质的取样和颗粒级配等。主要测验设备为 28 m 测船 1 艘，快艇及冲锋舟 2 艘。

库区淤积测验布设 174 个淤积断面，较为密集，但其测验时间是有规律的，即汛前一般在 4 月 20 日开始 1 个月左右时间，汛后一般在 10 月 10 日开始 1 个月左右时间，汛期在发生较大入库洪水后加测。

根据库区淤积测验时间规律，可通过时间和空间上错开的办法减小或解决对其观测的影响，即将抽沙设备全面维修保养时段放在 4 月及 10 月两月淤积测验时间期间，在库区淤积测验船只工作的时段和地域，利用停止部分抽沙、输沙设备生产的办法避免冲突和影响。

6.3.2.2　异重流测验

异重流测验一般在每年汛前调水调沙运用小浪底水库人工塑造异重流期间及汛期较大洪水产生异重流时，有时根据需要在汛期临时增加测次。

为了解异重流在坝前的变化情况，在库区共布设测验断面 10 个，其中固定断面数量 4 个，分别是 HH01（桐树岭）、HH09、HH29 和 HH37（河堤）断面；辅助断面 6 个，分别是坝前断面（距坝 410 m）、HH05、HH13、HH17、HH29、沇西河口和潜入点下游断面。当回水末端位于河堤断面以下时，河堤断面改为河道断面测验，并以 HH13 断面替代 HH29 断面作为固定断面并进行全断面测验。同时为了解异重流在支流河口的倒灌情况，在沇西河口、西阳河口均增加了一处辅助断面。目前异重流测验固定断面布设情况详见图 6-1。

由于异重流测验时间较短，通过科学调度和及时协调，暂时停止抽沙，因此不影响异重流测验。

6.3.2.3　坝前漏斗测验

每年汛后 10 月，淤积测验的同时，进行坝前漏斗的测验，漏斗断面共 21

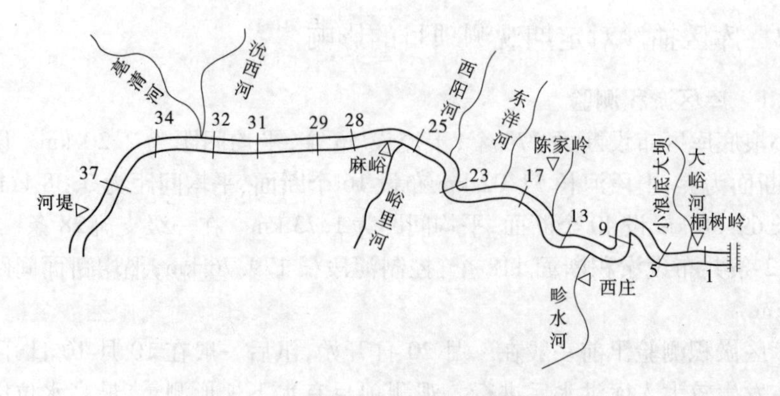

图 6-1　异重流测验固定断面布设情况

个,分布在大坝—HH04 断面之间。库区抽沙作业距离坝前漏斗距离较远,漏斗区范围内的输沙干管也是靠近岸边布设,不影响坝前漏斗区测验船只的移动和定位测验,因此水库抽沙施工不会对坝前漏斗区测验造成影响。

6.4　抽沙作业对枢纽运行及下游河道影响分析

6.4.1　库区抽沙及管道输送对发电影响分析

根据库区大规模抽沙方案设计,库区抽沙施工主要集中在小浪底坝前 5 km 以上的水库河道,抽沙泵扰起的泥沙主要在水下 40 m 左右水库底层,发电泄水洞口高程较高,加之发电流量相对较小,在水库发电期,其泄水很难诱发坝前 5 km 以外的深层浑水向坝前蠕动,进入发电洞的水流仍然是坝前常规的清水。因此,水库抽沙不会增加发电洞水流的含沙量,不会加重水轮机的泥沙磨损,相反因水库清淤减少了水库排沙用水,腾出大量的兴利库容,延长水库使用寿命,可以增加水库高水位发电的运用概率,提高发电效益。

6.4.2　库区抽沙对下游河道冲淤影响分析

在对下游非漫滩洪水特性分析的基础上,根据河床淤积泥沙颗粒分析成果,河槽中主要沉积较粗颗粒泥沙,细颗粒泥沙基本上可以全部输送入海。因此,对于由近几年小浪底调水调沙已塑造的相对单一窄深、输沙能力大幅度提高的下游河道而言,根据细颗粒泥沙水流运动规律判断,无论是小浪底水库供水、发电运用期抽沙排泥施工而下排进入下游河槽的 400 m^3/s、20 kg/m^3 长时段细颗粒泥沙水流，还是十几天调水调沙运用期的 4 000 m^3/s、200 kg/m^3 以上的细颗粒泥沙水流，都不会造成河槽淤积，而且能促进河槽冲刷和远距离输送入海。

6.5　抽沙及输沙试验对水库生态环境影响分析

河道及库区抽沙清淤工程不可避免地将对河道产生较大范围的扰动和改变，对河流水沙含量、生态产生一定的影响。除抽沙作业过程中抽沙泵扰动底质中的沙和淤泥，以及作业中溢流产生的悬浮泥沙对库区环境的影响外，还包括抽沙作业对库区生态环境的影响等。

6.5.1　对底栖生物的影响

抽沙作业过程中，一些栖息于开采区内的底栖生物由于来不及逃离而被抽沙泵抽到输沙管道导致死亡。然而，一旦小浪底库区抽沙结束，库底泥沙稳定，库区内的底栖生物就能逐渐恢复。

6.5.2　对水生生物的影响

鱼类等水生生物比较容易适应水环境的缓慢变化，但对骤变的环境，它们的反应则是敏感的，悬浮物质含量变化的过程呈跳跃式和脉冲式，这必然引起鱼类等其他水生生物行动的改变，它们将避开这一点源浑区，产生“驱散效应”。

根据水质预测结果，整个抽沙过程中，扩散范围大约 100 m 以内。因此，水生生物会由于施工影响范围内的悬浮物质浓度增加而游离施工海域。施工作业完成后，悬浮物质浓度降低，鱼类等水生生物又可游回，这种影响是暂时性的，一般不会对该水域的水生生物资源造成长期的不良影响。

6.5.3　对库区水质影响

抽沙施工的机械设备和人员活动对水库水质的主要影响是污染，机械设备的燃料、润滑等油料有可能从设备机体漏入水库造成水质污染，尤其是破旧机械设备更容易因机体漏油污染水库水质；再就是众多施工及管理人员的生产、生活污水和垃圾排泄入水库造成水质污染。解决的办法是加强施工人员环境保护意识教育，强化对施工设备和人员的管理，提高施工人员环境保护的自觉性和强制性，施工机械设备尽可能地采用电力驱动，必须使用油料的，可在加油、维修和养护过程中尽可能地在库外进行和增设隔离体等防护措施，防止油料外漏和抛洒直接造成水质污染，尽可能多地设置生产、生活污水和垃圾采集器具，专人收集和处理，防止其散落污染水质。

另外，抽沙泵、船只螺旋桨等在水中高速旋转的部件，船体、平台、输沙管道及其浮体等长期与库水接触的金属设备，以及抽沙泵搅动、扰起的河床淤泥等，也可能在某种程度上增加水库水质金属离子含量和水库底水含沙量而造成对水质的污染，但增加的水库水质金属离子含量微小，可以忽略不计。增加水库底水含沙量是提高水库异重流排沙效能的需要，且增加的水质浑浊集中在水库底层，不会对水库上层水体造成影响，可以不予考虑。

第 7 章　结论与展望

7.1　结　论

(1)通过对小浪底水库库区水沙运移规律及冲淤变化特点分析,得出小浪底水库清淤的总目标是坝前 40 km 内的细泥沙;将八里胡同以下作为库区清淤的重点河段;将支流河口等局部区域作为优先清淤区域。

(2)小浪底库区抽沙试验位置选择。选择三个区域方案研究分析。方案 1 靠近淤积三角洲顶点位置,新淤积泥沙颗粒较细,D_{50}为 0.007 mm;方案 2 选定在淤积趋于稳定河段,此河段泥沙组成较方案 1 略粗,D_{50}约为 0.016 mm;方案 3 选定区域为粗颗粒泥沙代表,D_{50}约为 0.195 mm。方案选择的三个抽沙位置水深为 21 ~50 m,河宽为 570 ~1 640 m,都能满足抽沙装置水下作业深度。

根据施工单位现场勘察结果和各方案地形特点,方案 2 交通方便,不仅便于试验,而且便于后勤保障和生活居住。因此,选取方案 2 位置 HH25—HH26(距坝 41 ~43 km)断面附近开展抽沙试验较为合适。

(3)小浪底抽沙试验区年平均风速为 2.5 m/s,主风向为西南,夏季大风多为阵风,时间短、风速大,年极大风速多在 25 m/s 以下,极大风速具有突变性。为把小浪底库区抽沙试验时风速影响降至最低,试验开展时间为 9 ~11 月,施工作业时段根据当天天气确定。

(4)试验设备选择与研制。根据多方分析研究,本次试验设备选择 280 t 自动驳船作为抽沙平台;采用改进研制的深水 LQ 两相流潜水渣浆泵、扰沙射流装置、抽沙胶管等作为抽沙装备;利用管径 325 mm、单长 6 m 的输沙钢管和管长 1.2 m 的胶管作为输沙装置;采用自主加工的空油桶浮筒作为浮体装置。此外,在操作平台上加工安装龙门架和卷扬机等设备。水利部水工金属结构质量检验测试中心对本次试验设备进行专业检测,检测结果表明:本次试验设备结构合理,质量合格,满足试验要求。试验设备保证了试验安全、顺利进行。

(5)抽沙、输沙技术。本次试验研究总结了水上抽沙平台固定和移动技术、输沙管道固定与移动技术、水下抽沙施工工艺技术等。基本解决了深水抽

沙、输沙等技术难题。主要技术成果如下:

①抽沙平台固定与移动。抽沙平台固定方式采用抛锚固定,然而普通锚体太轻,无法有效固定抽沙平台,经过多次试验后,固定抽沙平台利用自制约 3.5 t 锚体抛于船体对称四角,可有效固定抽沙平台。

抽沙平台小范围移动通过收放锚体缆绳长度,其大范围移动依靠自动驳船自身动力即可达到。

②输沙管道固定与移动。输沙管道固定采用在管道进口和管道出口处固定,并在管道中间段每隔 100 m 用 500 kg 固定锚体固定于管道上。经现场试验,输沙管道移动固定方式是合适的。

输沙管道小范围移动只需要抽沙平台带动或者其他动力装备拖动就可达到需要的移动。如输沙管道需大范围移动,则需将输沙管道拆卸分组,每组长不超过 500 m,然后逐次牵引于指定位置后固定连接。

③抽沙泵运用。高含沙水流远距离管道输送试验中抽沙泵运用十分关键,决定了高浓度含沙量的产生。试验主要根据抽沙泵操作装置中显示的电流信息,调整抽沙泵的起降幅度与时机。通过小幅度地提升或降低抽沙泵的深度可以改变抽沙浓度,而改变管道中泥沙级配则需要大幅度改变深水泵的水下位置。

(6)测验断面布设及数据测量。为研究管道阻力损失和临界流速问题,布设测验断面时考虑到钢管和柔性连接管道内壁阻力不同,在 1 000 m 试验管道上共布设 7 个量测断面,每个断面包括用于管道压力(P),混合沙样(S_u、S、S_d)黏度、含沙量、屈服应力及颗粒级配等参数量测。现场测量管道含沙水流流量、流速、含沙量等参数,泥沙样本颗粒级配、浑液黏度、浑液屈服应力(剪切应力)等值由施工现场取样后实验室进行测验,试验共测量 55 组数据,双泵测量 21 组数据,单泵测量 34 组数据。

(7)试验数据分析研究。根据试验测量的管道泥沙含量、泥沙粒径、管道流速、摩阻损失等参数,分析确定管道泥浆浓度、泥沙颗粒粒径、管道流速和管道摩阻损失之间的关系,确定临界不淤流速,并为高含沙水流远距离管道输送提供合理的参数化建议。经过多次专家咨询和讨论,认为研究成果可靠,提出的参数建议合理。具体结论如下:

①本次试验的浆体在含沙量小于 500 kg/m^3 时,浑水可视为属于牛顿体范畴;大于 500 kg/m^3 时浆体属于非牛顿体范畴。

②通过理论分析后得出,在同管径、同粒径情况下:流速为 3.18 m/s 时,阻力损失与各阻力损失模型拟合不够理想;流速为 2.08 m/s 时,阻力损失与

费祥俊阻力损失模型拟合较好，杜兰德模型次之，水力坡降随着浓度的增大而增大。

③通过数值模拟分析得出，模拟得到的含沙量和阻力损失规律与费祥俊模型拟合良好，在流量 $Q=620\ m^3/h$、断面平均流速为 2.08 m/s 时，模拟值与实测值以及理论模型均拟合良好，而在 $Q=950\ m^3/h$、断面平均流速为 3.18 m/s 时，实测值与模拟值及理论值有一定的差值，但阻力损失规律一致；模拟得到的流速－阻力损失规律与模型计算得到的规律十分吻合，相比之下，费祥俊模型拟合更为精确。

④在同管径、同浓度情况下：流速为 3.18 m/s 时，水力坡降随着粒径的增加而减小；流速为 2.08 m/s 时，水力坡降随着粒径的增加而先减小后增大。水力坡降随着流速的增大而增大。

⑤在管径为 325 mm、浓度为 4.83%～10.53%、中值粒径为 0.040 9～0.061 2 mm 的条件下，临界不淤流速小于 2.08 m/s，以 2.08 m/s 作为输送流速合理。

⑥现状试验中管径为 0.325 m、流量为 620 m^3/h（流速 2.08 m/s）、含沙量为 279 kg/m^3（浓度 10.53%）、中值粒径为 0.051 2 mm 的参数组合下，管道排沙效果较好；根据理论计算分析，试验中的理论最佳输送参数可取流量为 620 m^3/h（流速 2.08 m/s）、含沙量为 950 kg/m^3（浓度 35.85%）、中值粒径为 0.040 9～0.061 2 mm。实际最佳输送参数可取输送流速为 1.75～2.08 m/s、含沙量为 620 kg/m^3（浓度 23.4%）、中值粒径为 0.040 9～0.061 2 mm。

⑦增加管径是提高输沙效率的有效途径，但对于水上操作平台而言，不同管径对其产生的负荷不同。按现状泵的工作能力，管径为 0.92 m 和 1.22 m 时，分别需要 8 台与 14 台泵同时工作，数量较多，不易实现。因此，将管径扩大为 0.63 m，此时 4 台泵一起工作，可以增加输沙效益。

（8）高含沙远距离输送可行性。从设备和技术操作上分析其可行性，并计算高含沙水流远距离输送的输沙效率，研究了抽沙、输沙作业对小浪底水库的影响，具体研究成果如下：

①针对提出的管道最佳输送参数（管径 0.63 m、中值粒径 0.040 9～0.061 2 mm、含沙量 620 kg/m^3），试验装备和试验操作上都可满足提出的参数要求。将管径增加为 0.63 m，保持流速不变的情况下，根据计算，需增加 2 台抽沙泵，在平台空间布置和平台的承载方面，都是可行的。

②管道远距离输沙系统根据输沙距离需要，依据长管能量方程、加压泵扬程和管道输送距离，即可确定所需要加压泵级数以及各加压泵各站间的距离。

以 2.08 ~ 2.2 m/s 作为输送流速，中值粒径 0.040 9 ~ 0.061 2 mm 为基本参数，管径为 0.63 m 时，实际最佳输送含沙量为 620 kg/m^3 下，50 m 水头输送距离为 4.51 ~ 4.52 km，100 m 水头输送距离为 9.01 ~ 9.05 km。

③本次试验中 2 台抽沙泵流量为 800 ~ 1 000 m^3/h，按照水流中含沙量为 400 kg/m^3 计算，单泵每小时将抽取 160 ~ 200 t 泥沙；如果采用实际最佳输送方案（管径 0.63 m、流速 2.08 ~ 2.2 m/s、含沙量 620 kg/m^3），单泵每小时可抽取泥沙 360 ~ 380 t，抽沙效率有很大提高。

④研究了本次试验对小浪底库区观测项目、水库运用、下游河道以及水库生态环境的影响。根据分析，库区内抽沙、输沙作业对测验项目观测、库区环境等存在一些影响，但影响有限，能够通过时间、空间调整，以及加强施工管理等措施解决其产生的不利影响。但小浪底库区内抽沙、输沙作业对库区枢纽发电、延长水库使用寿命以及下游河道冲刷都产生有利影响。

7.2　展　望

（1）由于水库水沙边界条件的复杂性，各水沙参数因子之间互相影响，而本次试验在研究方法上主要利用固定其他因子，研究单一因子与管道阻力的关系，提出管道输沙参数化建议。试验中由于时间和流量的限制，对各因子耦合特性关系需进一步研究。

（2）本次试验装备主要依靠社会租赁后简单改造后使用，如果能进一步引进先进技术，研制专用设备，增加试验时间，试验得到的结论会更加全面、精确。

参 考 文 献

[1] 王绍周. 粒状物料的浆体管道输送[M]. 北京:海洋出版社,1998.

[2] Wasp E J, Kenny J P, Gandhi B L. Solid-Liquid flow slurry pipeline transportation[M]. Clausthal:Trans. Tech. Publications,1977.

[3] 张兴荣. 管道水力输送[M]. 北京:冶金出版社,1990.

[4] K·N·阿德希卡里. 固体管道水力运输——煤炭运输的新远景[J]. 水力采煤与管道运输,1993(1):26-28.

[5] 夏建新. 复杂条件下管道水力输沙研究进展与挑战[J]. 泥沙研究,2011,2(6):7-11.

[6] 丁宏达. 浆体长距离管道输送工程中的管道设计[J]. 冶金矿山设计与建设,1996,3(3):1-8.

[7] Liu H. Past,present and future of capsule pipelines for freight transportation[J]. The 3rd International Conference on material Handing & International Conference on Freight Pipeline,1999:127-131.

[8] 刘德忠,矿浆管道水力输送的试验研究[J]. 泥沙研究,1984(4):140-147.

[9] 许德全. 发展我国的煤浆管道势在必行[J]. 水力采煤与管道运输,1992,(2):24-27.

[10] Newit D M, Richardson J F, Abbot M, et al. Hydraulic conveying of solids in horizontal pipes[J]. Trans. Inst. Chem. Engrs. 1955,33 (2):93-113.

[11] Newitt D M, et al. Hydraulic conveying of solids in vertical pipes[J]. Trans. Inst. Chem. Engrs. 1961,39 (2):93-100.

[12] 中国赴德管道运输技术考察团. 西德管道运输技术[J]. 水力采煤与管道运输,1984(1):48-58.

[13] 徐继怀. 加拿大浆体管道输送实验室及实验技术介绍[J]. 水力采煤与管道运输,1993(4):19-23.

[14] 王为民. 国内外石油管道输送技术发展综述[J]. 管道设备与技术,1997(4):4-8.

[15] 白晓宁. 固液管道输送实验装置系统设计及两相流动阻力特性研究[D]. 上海:上海理工大学,2001.

[16] 邓祥吉. 管道输沙阻力特性研究[D]. 南京:河海大学,2005.

[17] 张奇兴. 抓住机遇迎接挑战发展管道运输业[J]. 石油化工动态,1998(6):37-39.

[18] Thomas D G. Transport characteristics of suspensions:partVI, minimum transport Velocity for large particle size suspensions in round horizontal pipes[J]. AIChE Jounral,1962, 8(3):373-378.

[19] Graf W H, Robinson M, Yucel O. The critical deposit velocity for solid-liquid mixtures [J]. Proc. Hydrotransport 1,1970:7-10.

[20] Sundqvist A, Sellgren A, Addie G. Pipeline friction losses of coarse sand slurries. Compari-

son with a design model [J]. Powder Technology,1996,89(1):9-18.

[21] Oroskar Z A R,Turian R M. The critical velocity in pipeline flow of slurries[J]. AIChE Joural,1980,26(4):550-558.

[22] Sauermann H B. The influence of particle diameter on the pressure gradients of gold slimes pumps[J]. Proc. Hydrotransport,1982(E1):241-248.

[23] Sakamoto K,Mase M,Nagawa Y,et al. A hydraulic transport study of coarse materials including fine particles with hydrohosit[J]. Proc. Hydrotransport 5,1978,D6:79-84.

[24] 丁宏达. 浆体管道输送原理和工程系统设计[R]. 长沙:中国金属学会浆体输送学术委员会,1990.

[25] 华景生. 管道输沙的阻力及有关问题的研究[D]. 北京:水利水电科学研究院,1988.

[26] 王光谦,倪晋仁. 固液两相流流速分布特性的试验研究[J]. 水利学报,1992(11):43-49.

[27] 赵利安. 水平管道中粗颗粒浆体摩阻损失的研究[J]. 湖南文理学院学报,2007,19(1):89-91,95.

[28] 岑可法,黄国权,倪明江,等. 高粘度煤水混合物的管道输送和流化床燃烧[J]. 浙江大学学报,1988,20(6):1-8.

[29] 费祥俊,王可钦,翟大潜,等. 长距离管道输送中浆体物理特性及输送参数的试验研究[J]. 水利学报,1984(11):15-25.

[30] 丁宏达. 矿浆管道输送实验临界流速和管道磨损率的放大方法[J]. 油气储运,1990,9(1):58-65.

[31] 翟大潜. 浆体输送的管道阻力及其预测方法[J]. 水力采煤与管道运输,1986(1):30-36.

[32] 赵洪烈. 宽粒度分布煤浆管道输送参数的研究[J]. 煤炭学报,1996(3):27-34.

[33] 戴继岚. 粒径分布和细颗粒含量对两相管流水力特性的影响[J]. 泥沙研究,1982,3(1):24-37.

[34] 杨小生. 水煤浆管道运输测试方法及摩阻计算的研究[D]. 徐州:中国矿业大学,1991.

[35] 孙东坡. 管道高浓度泥浆阻力系数的试验研究[J]. 泥沙研究,2004,4:44-50.

[36] 韩旭. 管道输送中浆体水力坡度的研究[J]. 有色矿冶,1997,2:1-4.

[37] 王绍周. 讨论紊流区浆体管道摩阻损失的物理图形和数学模型[J]. 管道运输,1997, 2(4): 21-26.

[38] Durand R. The hydraulic transportation of coal and solid materials in pipes[J]. college of National Coal Board, London, 1952:39-52.

[39] 白晓宁,胡寿根,张道方,等. 固体物料管道水力输送的研究进展与应用[J]. 水动力学研究与进展,2001,16(3):303-311.

[40] Dmnewitt, et al. Hydraulic conveying of solids in horizontal pipes [J]. Trans. Inst.

Chem. Engrs, 1995, 33: 93-113.

[41] Zaudi I, Govatos G. Heterogeneous flow of solids in Pipeline[J]. J Hyd Div. Proc. A mer. Soc. Civil Engrs., No. HY3, 1967, 93: 145-159.

[42] Wasp E J, et al. Cross country coal pipeline hydraulics[J]. Pipeline News, 1963: 20-28.

[43] Shook C A, Daniel S M. Flow of suspensions of solids in pipelines, part 1: flow with a stable stationary deposit[J]. Cabadian J. Chem. Engrs., 1965: 56-61.

[44] 费祥俊. 浆体的物理特性与管道输送流速[J]. 设计与研究, 2000(1): 1-8.

[45] 蔡保元. 固体物料水力管道最佳输送流速的确定[J]. 机械工程学报, 2001(12): 91-93.

[46] 王绍周. 管道输送工程[M]. 北京: 机械工业出版社, 2004.

[47] 钱宁, 万兆惠. 泥沙运动力学[M]. 北京: 科学出版社, 1983.

[48] Durand R. Basic relationships of the transportation of solids in pipes[R]. London: college of National Coal Board, 1952.

[49] Wasp E J, Kenny J P, Gandhi B L. Solid-liquid flow slurry pipeline transportation[M]. Clausthal: Trans. Tech. Publications, 1977.

[50] Usui H, Li L, Suzuki H. Rheology and pipeline transportation of dense fly ash-water slurry [J]. Korea-Australia Rheology Journal, 2001, 13(1): 47-54.

[51] Smith R A. Experiments on the flow of sand-water slurries in horizontal pipes[J]. Trans. Inst. Chem. Engrs., 1955, 33: 22.

[52] Newitt D M, Richardson J, Shook C A. Hydraulic conveying of solid in horizontal pipes [J]. Proc. Symp. Interaction Between Fluids and Particles, Inst. Chem. Engrs., 1962: 87.

[53] 费祥俊. 浆体与粒状物料输送水力学[M]. 北京: 清华大学出版社, 1980.

[54] 陈广文. 浆体管道输送流型特性及其阻力损失分析[J]. 有色金属, 1994(1): 15-19.

[55] 陈广文, 古德生, 高泉. 浆体水平管道输送阻力损失计算探讨[J]. 中国矿冶学院院报, 1994(2): 162-166.

[56] 王绍周. 粒状物料的浆体管道输送[M]. 北京: 海洋出版社, 1998.

[57] 费祥俊. 高含沙水流长距离输沙机理与应用[J]. 泥沙研究, 1998(3): 55-61.

[58] 费祥俊, 王可钦. 长距离管道输送中浆体物理特性及输送参数的试验研究[J]. 水利学报, 1984(11): 15-24.

[59] 费祥俊. 固体管道水力输送摩阻损失的预测[J]. 水利学报, 1986(12): 20-28.

[60] Kazanskjj I B. Critical velocity of slurries in pipelines[J]. Amer. Inst. Chem. Angrs., 1977, 23: 232-242.

[61] Durand R. The hydraulic transportation of solids in pipes[R]. London: college of National Coal Board, 1952.

[62] Shook C A. Some experiental studies of the effect of particle and fluid properties upon the

pressure drop for slurry flow[J]. Proc. Hydrotransport,1972(2):13-22.
[63] E·J·瓦斯普,等.固体物料的浆体管道输送[M].黄河水利委员会科研所,译.北京:水利出版社,1980.
[64] Wasp E J, et al. Hetero-Ho mogeneous solids/liquid flow in the turbulent regime, in advances in solid-liquid flow in pipes and its application[M]. I. Zaudi:Pergamon Press, 1971:189-210.
[65] 蒋素绮,孙东智.高浓度管道输沙及其基本特性的研究[J],陕西水利科技,1980(2):51-60.
[66] 蒋素绮.管道高浓度输沙的计算方法[J].泥沙研究,1982(2):45-51.
[67] 费祥俊.煤浆管道输送参数的计算模型[J].煤炭学报,1991,16(1):1-11.
[68] 费祥俊.浆体管道的不淤流速研究[J].煤炭学报,1997,22(5):532-536.
[69] 费祥俊.浆体的物理特性与管道输送流速[J].管道技术与设备,2000(1):1-8.
[70] 曹慧群.三峡水库挖粗沙减淤方式研究[D].北京:清华大学,2010.
[71] 沈佳,赖冠文,程禹平,等.水库清淤绕库排沙初探[J].广东水利水电,2007,6:1-4.
[72] 冉大川,左仲国,上官周平,等.黄河中游多沙粗沙区淤地坝拦减粗泥沙分析[J].水利学报,37:443-450.
[73] 冉大川,罗全华,刘斌,等.黄河中游地区淤地坝减洪减沙及减蚀作用研究[J],水利学报,2004,35(5):7-13.
[74] 李国英.黄河答问录[M].郑州:黄河水利出版社,2009.
[75] 唐海东.水库异重流排沙研究与实践[J].水科学与工程技术,2009,2:42-44.
[76] 勾兆莉,陈俊杰,宋莉萱,等.小浪底水库清淤与黄河下游减淤分析[J].人民黄河,2008,30(12):41-42.
[77] 高航,江恩惠,李远发,等.小浪底水库自吸式管道排沙系统研究[J].人民黄河,2007,29(11):23-26.
[78] 陆宏圻,杨勇,何培杰,等.小浪底水库射流冲吸式清淤设备研究[J].人民黄河,2011,33(4):15-19.
[79] 高航,王普庆,李婷,等.小浪底水库管道输沙入海关键技术研究[J].人民黄河,2008,30(7):99-100.
[80] 向文英,李晓红,程光均,等.浅谈河道和水库清淤的新工艺[J].环境工程,2005,23(2):77-78.
[81] 胡涛,郑方帆,等.库区清淤方式探讨和应用[J].浙江水利科技,2013,1:27-28.
[82] 孟庆伟,杨金叙,邵明明.黄河小浪底水库深水泥沙处理技术与装备构想[J].工程建设与管理,2009,14:41-43.
[83] 陈成林,夏新利,魏祖涛,等.大盘峡水库管道排沙系统实验研究[J].水资源与水工程学报,2011,22(3):89-91.
[84] 黄河水利科学研究院.2014 黄河河情咨询报告[M].郑州:黄河水利出版社,2015.

[85] 高航，江恩惠，尚宏琦，等.小浪底水库库区管道排沙技术及装备研究[C]//黄河小浪底水库泥沙处理关键技术及装备研讨会论文集.郑州:黄河水利出版社,2007:26-30.

[86] 许洪元.渣浆泵的固液流设计原理[J].工程热物理学报,1992,13(14):389-393.

[87] 许洪元.离心式渣浆泵的设计理论研究与应用[J].水力发电学报,1998,16(1):76-84.

[88] 姬鸿丽,俞飞,禹东晖,等.孟津县历史极大风速推算及其气候特征分析[J].气象与环境科学,2011,34(3):74-78.